“十四五”时期国家重点出版物出版专项规划项目

大规模清洁能源高效消纳关键技术丛书

新型能源消纳
——水光互补研究与实践

肖斌　奚瑜　张国强　主编

· 北京 ·

内 容 提 要

本书是《大规模清洁能源高效消纳关键技术丛书》之一，以龙羊峡水光互补项目的具体实践为例，在光资源、风资源集中的西北地区，采用多能互补、集成优化方式建设新能源电站，并通过特高压外送通道的方式，保障新能源在新型电力系统中的稳定消纳，实现了多能互补一体化的解决方案。全书共7章，包括概述、光伏电站规模确定及接入水电站研究、水光互补运行分析、水光互补运行对电网的影响、大型光伏电站电气设计、水光互补协调运行控制方案、水光互补协调运行试验等内容。

本书既可供新型电力系统从业的工程技术人员学习参考，也可作为高等院校相关专业的教学参考书。

图书在版编目（CIP）数据

新型能源消纳 : 水光互补研究与实践 / 肖斌, 奚瑜, 张国强主编. -- 北京 : 中国水利水电出版社, 2023.4
（大规模清洁能源高效消纳关键技术丛书）
ISBN 978-7-5226-1143-3

Ⅰ. ①新… Ⅱ. ①肖… ②奚… ③张… Ⅲ. ①新能源一发电 Ⅳ. ①TM61

中国版本图书馆CIP数据核字(2022)第228342号

书　　名	大规模清洁能源高效消纳关键技术丛书 **新型能源消纳——水光互补研究与实践** XINXING NENGYUAN XIAONA——SHUIGUANG HUBU YANJIU YU SHIJIAN
作　　者	主编　肖　斌　奚　瑜　张国强
出版发行	中国水利水电出版社 （北京市海淀区玉渊潭南路1号D座　100038） 网址：www.waterpub.com.cn E-mail：sales@mwr.gov.cn 电话：（010）68545888（营销中心）
经　　售	北京科水图书销售有限公司 电话：（010）68545874、63202643 全国各地新华书店和相关出版物销售网点
排　　版	中国水利水电出版社微机排版中心
印　　刷	天津嘉恒印务有限公司
规　　格	184mm×260mm　16开本　16.5印张　350千字
版　　次	2023年4月第1版　2023年4月第1次印刷
印　　数	0001—2000册
定　　价	**98.00**元

《大规模清洁能源高效消纳关键技术丛书》
编 委 会

《新型能源消纳——水光互补研究与实践》编委会

主　　编　肖　斌　奚　瑜　张国强

副 主 编　张　娉　康本贤

参编人员　徐嘉瑞　解统成　张　轩　于　佼　马　琴
　　　　　　朱　洁　张　埪　张哲源　程　卓　王薛茹

编制单位　中国电建集团西北勘测设计研究院有限公司

Preface

序一

世界能源低碳化步伐进一步加快，清洁能源将成为人类利用能源的主力。党的十九大报告指出：要推进绿色发展和生态文明建设，壮大清洁能源产业，构建清洁低碳、安全高效的能源体系。清洁能源的开发利用有利于促进生态平衡，发展绿色产业链，实现产业结构优化，促进经济可持续性发展。这既是对我中华民族伟大先哲们提出的“天人合一”思想的继承和发展，也是党中央、习近平主席提出的“构建人类命运共同体”中“命运”质量提升的重要环节。截至2019年年底，我国清洁能源发电装机容量9.3亿kW，清洁能源发电装机容量约占全部电力装机容量的46.4%；其发电量2.6万亿kW·h，占全部发电量的35.8%。由此可见，以清洁能源替代化石能源是完全可行的。

现今我国风电、太阳能等可再生能源装机容量稳居世界之首；在政策制定、项目建设、装备制造、多技术集成等方面亦具有丰富的经验。然而，在取得如此优势的条件下，也存在着消纳利用不充分、区域发展不均衡等问题。目前清洁能源消纳主要面临以下困难：一是资源和需求呈逆向分布，导致跨省区输电压力较大；二是风电、光伏发电的出力受自然条件影响，使之在并网运行后给电力系统的调度运行带来了较大挑战；三是弃风弃光弃小水电现象严重。因此，亟须提高科学技术水平，更加有效促进清洁能源消纳的质和量，形成全社会促进清洁能源消纳的合力，建立清洁能源消纳的长效机制，促进清洁能源高质量发展，为我国能源结构调整建言献策，有利于解决清洁能源产业面临的各种技术难题。

“十年磨一剑。”本丛书作者为实现绿色能源高效利用，提高光、风、水、热等多种能源综合利用效率，不懈努力编写了《大规模清洁能源高效消纳关键技术丛书》。本丛书从基础研究、成果转化、工程示范、标准引领和推广应用五个环节着手介绍了能源网协调规划、多能互补电站建模、测试以及快速调节技术、多能协同发电运行控制技术、储能运行控制技术和全国集散式绿色能源库规模化建设等方面内容。展现了大规模清洁能源高效消纳领域的前沿技术，代表了我国清洁能源技术领域的世界领先水平，亦填补了上述科技工程领域的出版空白，望为响应党中央的能源转型战略号召起一名“排头兵”的作用。

这套丛书内容全面、知识新颖、语言精练、使用方便、适用性广，除介绍基本理论外，还特别通过实测建模、运行控制、测试评估等原创性科技内容对清洁能源上述关键问题的解决进行了详细论述。这里，我怀着愉悦的心情向读者推荐这套丛书，并相信该丛书可为从事清洁能源消纳工程技术研发、调度、生产、运行以及教学人员提供有价值的参考和有益的帮助。

中国科学院院士 卢强

2019 年 12 月

Preface
序二

随着我国能源转型工作的不断深化，光伏电站建设逐步规模化、基地化。2021年2月国家发展和改革委员会、国家能源局联合发布了《关于推进电力源网荷储一体化和多能互补发展的指导意见》，国家能源局发布了《关于开展“十四五”水风光一体化可再生能源综合开发基地专题研究的通知》，鼓励利用水风光发电出力的互补特性，在不增加弃水的前提下，借助水电站外送通道和灵活调节能力，建设配套风电和光伏发电项目，实现水风光协同互补外送。

2012年，针对光电的随机性、间歇性、波动性问题，龙羊峡水光互补项目研究将光伏电站与水电站结合、将不可存蓄的太阳能资源以水能的形式存蓄在水电站水库，开创性地实现了水光互补的运行方式：研究将水电机组的快速调节性能与光伏电站发电实时出力受资源变化影响结合起来，以水电机组调节光伏电站实时出力的变化为电网提供更为稳定的电源；立足水光互补运行不影响水电站在梯级流域的作用和在电网承担的任务；研究水光互补协调运行控制策略。

黄河上游水电开发有限责任公司作为项目的发起人与投资人，决策建设本项目，组织相关各方对工程需解决的问题进行研究、分析、论证、实验。经过各方的共同努力，各项关键技术得以解决，项目投产后的各项试验进一步验证了理论研究的结论，证实水光互补运行项目的可行性。

中电建西北勘测设计研究院有限公司是龙羊峡水光互补项目的设计方和科研工作的主要参与方，现在，他们将水光互补项目的主要研究内容和研究结论编撰成书，书中数据翔实、资料丰富、论述清晰，系统地介绍了水光互补项目需要解决的问题和解决问题的思路及方法，为多能互补项目开发建设提供了可借鉴的技术路线，为大规模清洁能源的高效消纳提供了关键可行的技术方案。

龙羊峡水光互补项目运行模式可以为多能互补基地建设提供一定的借鉴，水电站对新能源项目的调节深度要与水库运行方式相结合，参与对新能源电站调节的水电站应考虑设备的适用性，多种能源互补协调运行应该制定可靠的控制策略、针对水电站设备特性和新能源发电特性选择合理的调节参数，既要保证水电机组的安全稳定运行，又要保证多种能源互补发电满足电网调度的要求。通过本书的出版，相信会对新型电力系统多能互补项目的开发建设贡献一份力量。

谢小平

2022.9

Foreword
前言

2020年9月，习近平总书记在第75届联合国大会一般性辩论上郑重宣布“我国二氧化碳排放力争2030年前达到峰值，努力争取2060年前实现碳中和”，2020年12月，习近平总书记在气候雄心峰会上宣布“2030年，我国非化石能源比重将达到25%左右，风电、太阳能发电总装机容量将达到12亿kW以上”。2021年3月，中央财经委员会第九次会议提出“要控制化石能源总量，着力提高利用效能，实施可再生能源替代行动，构建以新能源为主体的新型电力系统”。

未来的电力系统结构将发生较大的改变，电源清洁化将使新能源发电成为未来主要的增量电量和电力的主体，而新能源发电的不确定性使得电网的运行方式和电力电量平衡发生很大变化，新能源的消纳将给电力系统带来巨大的挑战。

受太阳能资源不可控性的影响，光伏电站发电固有的随机性、波动性和间歇性对接入的电力系统安全稳定性和经济性都会造成影响，大规模光伏电站接入电力系统增加了电网调峰、调频的压力。因此，需要对大规模光伏发电实施有效控制调节，在保证电网安全稳定运行的前提下最大化地提高电网对光伏电站的消纳能力。

2011年在青海格尔木建成投运了全球一次性并网规模最大的黄河水电格尔木200MW光伏电站，由于光伏电站发电固有的特性，该电站接入电网后对电网的安全稳定运行造成了一定的影响。如何解决大规模光伏电站接入电网的问题成为一个新的课题。当时，电化学储能还在引进、研究和实践阶段，抽水蓄能电站前期论证和建设周期相对都比较长，不能在短时间内解决大规模光伏电站接入电网的消纳问题。

2011年年底，青海省水电电源装机容量10953.4MW，占全口径装机容量的77.31%，而且拥有龙羊峡、拉西瓦、李家峡、公伯峡等大型水电站，对电网具有很强的调节和支撑能力。龙羊峡水电站是黄河上游的龙头水电站，水库库容大、调节能力强，随着拉西瓦等大型水电站的建成，龙羊峡水电站的调峰、调频任务逐渐转移到拉西瓦等大型水电站。黄河上游水电开发有限责任公司提出先行先试建设龙羊峡水光互补运行项目，以龙羊峡水电站水库库容的调节和水电机组的快速响应能力对光伏电站发电进行调节，优化光伏电站实时发电出力匹配电网调度任务、解决大规模光伏电站接入电网的问题。依托项目开展了龙羊峡水光互补协调运行研究工作，深入论证了光伏电站接入水电站通过水光互补方式运行的可行性；分析了水光互补运行对水电站的影响；研究开发了水光互补协调控制方案等，并将研究成果应用于工程实践。

龙羊峡水光互补运行项目由龙羊峡水电站和光伏电站组成。龙羊峡水电站装机容量1280MW，龙羊峡水库具有优良的多年调节性能。850MW的光伏电站分两期建设，其中一期工程建设320MW，二期工程建设530MW，是当时世界上最大的集中式并网光伏电站，也是在国际上第一次采用水光互补协调运行发电控制方式的并网光伏电站。光伏电站以1回330kV线路接入龙羊峡水电站330kV GIS的备用间隔，利用龙羊峡水电站的送出线路与龙羊峡水电站共同接入电力系统。

以水光互补协调运行方式建设光伏电站是解决新能源消纳时发电不确定性的重要途径之一，水光互补协调运行是水光互补运行项目的关键技术问题。项目建设当期，世界上无先例可循，要想使项目投运时达到世界先进水平，保证电站和电网安全稳定运行，需要解决一系列的重要技术问题，如合理确定光伏电站建设规模、水光互补运行方式、水光互补运行对梯级流域及电网的影响，特别是水光互补协调运行控制方案和控制策略等。中国电建集团西北勘测设计研究院有限公司依托项目开展了大型水光互补工程设计关键技术研究，并将研究结果应用于工程建设，在工程实践中不断完善。

项目提出了光伏电站与水电站作为同一电源点接入电力系统、互补运行的模式，在水电站水量平衡分析的基础上，最大限度保证光伏电站发电出力，实现了水电以容量支持光电、光电以电量支持水电、优化光电出力曲线、为电网提供优质电能，增强了项目功能，提高了项目效益。水光互补协调运行方式为大型光伏电站接入电力系统开创了新的思路，为新能源的消纳进行了有意义的工程实践。

水光互补运行项目的特点是将水电站与光伏电站结合起来，利用水电站的调节性能对光伏电站发电的不确定性进行调节，使组合后的电源具有可调可控的性能；光伏电站发电的同时在水电站的水库蓄水，相当于将太阳能资源以水能的方式存蓄；与抽水蓄能电站比较，少了抽水工况的损耗，因而也称为“无损储能”过程，故将光伏电站称为“虚拟水电”。但是，这种特点需要水电站的配合运行，整体项目需要研究水电站的情况、水光互补运行对水电站的影响及对电网的影响、水光互补的运行方式等，本书以“龙羊峡水光互补项目”为一个完整案例，以项目当期的背景条件下从设计的角度出发，将项目研究解决的问题阐述呈现给读者，以期读者对水光互补运行项目要解决的问题和设计方法有一个清晰的了解。

2022年1月，习近平在中共中央政治局第三十六次集体学习时指出：“推动能源革命。要立足我国能源资源禀赋，坚持先立后破、通盘谋划，传统能源逐步退出必须建立在新能源安全可靠的替代基础上。要加大力度规划建设以大型风光电基地为基础、以其周边清洁高效先进节能的煤电为支撑、以稳定安全可靠的特高压输电线路为载体的新能源供给消纳体系。”

新型电力系统的建设和发展是能源行业的重大变革，实现绿色低碳是电力系统转型发展的根本目标。以新能源为主体的新型电力系统核心特征在于新能源占据主导地位，成为主要能源形式，新能源将逐步占据电量主体、出力主体和责任主体的地位。新能源发电量占据主体地位、新能源机组承担支撑系统运行的主体责任是新型电力系统建成的两个重要标志。新能源作为主体电源，必须具备自主支撑电网电压和频率的能力，目前在不具备这些能力的情况下，新能源机组的发电出力占比受到了限制。新型电力系统以多能互补的特征打破新能源发展瓶颈，在电源侧表现为一次能源在时空尺度下优化配置，多能互补一体化开发，解决新能源发电的波动性与随机性问题，形成各类可再生能源协调发展；在负荷侧表现为以源网荷储一体化为特点的电—气—热—冷多能耦合、协同互补的局部区域综合能源开发利用。

就电源侧而言，水电由电量为主逐渐转变为容量支撑为主，增强抽水蓄能电站在电网调峰调频中的作用，而新能源相较于水电受外部环境的影响更为显著，利用水电输送通道，实现风光水火储一体化开发，是解决新能源发电的波动性与随机性问题、形成各类可再生能源协调发展的重要措施。抽水蓄能是电力系统最经济、可靠，且寿命长、容量大的储能型式，也是目前技术最成熟、设备容量最大的商业化储能技术，应用于调峰填谷、调频、调相、黑启动和提供系统备用容量等。我国抽水蓄能发展已有较好的基础，但双碳目标对抽水蓄能的发展提出了新的要求，作为构建新型电力系统的重要支撑，抽水蓄能电站与新能源电站的建设周期不匹配，从前期工作到建成投产，风电、光电等新能源电站只需要1～2年时间，而抽水蓄能电站则需要8～10年时间。

目前，在建设以新能源为主体的新型电力系统过程中，对新能源的合理消纳与利用依然是需要重点解决的问题，特别是在光资源、风资源集中的西北地区，建设大规模的新能源电站或基地可以通过特高压外送通道的方式将能源打捆送入中东部地区消纳。为了提高新能源的消纳水平，提升特高压送电通道的利用率和安全可靠运行，大规模新能源基地也在寻求多能互补一体化解决方案。其中，黄河中上游、金沙江上游、雅砻江等有着水电开发优势的企业正在实践水电与新能源整体开发的方案。本书对水光互补运行项目的设计研究成果进行了较为系统的分析与总结，希望能对多能互补、集成优化方式建设新能源项目、解决新能源消纳问题等有所帮助。

本书的整体内容包括了龙羊峡水光互补项目论证设计所涉及的内容及投运后进行的试验验证工作，主要对工程论证和设计工作中的关键技术问题进行论述，并以试验资料和数据等说明水光互补运行方式的可行性、先进性和示范性。书中对水光互补技术问题的研究和论述都是在工程资料和科研成果的基础上形成的。本书的编写主要基于《青海省科技项目大规模水光互补关键技术研究及示范专题研究报告》和《大型水光互补工程设计关键技术研究与应用研究成果报告》等，在此，对参与工程项目研究及实践的各方、对本书所引用的有关研究成果的各方表示衷心的感谢。

本书共分7章，其中：前言及第1章由肖斌、张国强编写，介绍了龙羊峡水光互补项目的概况、项目建设背景及项目过程中开展的研究工作等；第2章由奚瑜、解统成编写，通过定性化分析和定量化计算研究确定了光伏电站建设规模，阐述了光伏电站接入龙羊峡水电站需要解决的问题；第3章由张娉编写，提出了水光互补项目运行的原则，结合水电站的发电特性和光伏电站的发电特性对水光互补项目运行的原理进行分析和论述；第4章由奚瑜、张娉编写，对龙羊峡水光互补项目运行进行了8760h的生产模拟，分析了水光互补运行对水电站电气设备及运行方式的影响；基于水光互补协调运行模式提出了水电机组成组参与控制的控制策略，并结合生产实际数据的统计分析拟定了水光互补协调运行控制系统调节参数；分析计算了水光互补运行后对水电站承担电网一次调频功能及对其他新能源消纳和调峰能力的影响；第5章由张轩、解统成、徐嘉瑞编写，对大规模光伏电站建设的升压汇集、集电线路设计和监控系统等关键技术进行了阐述；第6章由徐嘉瑞、奚瑜编写，介绍了水光互补协调运行控制方案，包括系统的构建方式及主要功能等；第7章由奚瑜、徐嘉瑞编写，介绍了龙羊峡水光互补项目投运后进行的一系列试验情况，并对试验结果进行了分析；附录A由徐嘉瑞、张国强编写，介绍了水光互补协调运行系统AGC及AVC控制试验方案，提出了试验时的安全保证措施；附录B由奚瑜编写。另外，于佼、马琴、朱洁、张堃、张哲源、程卓、王薛茹等也参与了相关章节和附录的编写，在此一并表示感谢。于佼对全书进行了最后的编辑、校稿。全书由奚瑜、张国强统稿，由肖斌、康本贤、张国强、张娉主审。

本书在建设当期的技术水准和可用资料的基础上完成，由于编者人员水平有限，书中难免存在疏漏与不足之处，恳请读者批评指正。

作者

2022年12月

Contents 目录

第1章

概　述

龙羊峡水光互补项目在青海省海南藏族自治州（以下简称海南州）共和县建设850MW并网光伏电站，光伏电站以一回330kV线路接入已建的龙羊峡水电站330kV GIS的QF9备用间隔，利用龙羊峡水电站的5回送出线路与龙羊峡水电站共同接入电力系统。电网调度将光伏电站与龙羊峡水电站作为一个电源点调度，采用水光互补协调运行的控制方式运行。工程建成后，在水电站水量平衡的基础上，最大限度地保证光伏电站发电，实现了间歇电源的平滑出力，为电网提供更为友好的电源，同时，将光伏电站虚拟为水电机组，通过水电站水库储能发电更加充分的利用了水资源、光资源等清洁能源。

光伏电站位于青海省海南州共和县光伏发电园区内，东距龙羊峡水电站直线距离约30km，项目占地面积约24km^2。龙羊峡水光互补项目并网光伏电站总装机容量为850MW，装机年利用小时1556h，是当期建设的世界上最大的集中式并网光伏电站项目，也是在国际上第一次采用水光互补协调运行控制方式的并网光伏电站。

龙羊峡水光互补项目，结合龙羊峡水电站设计时的定位及其发展变化，确定为以供电青海电网为主。2013年11月光伏电站一期工程320MW通过验收、并网发电，2015年11月二期工程530MW并网发电。龙羊峡水光互补项目示意如图1-1所示。

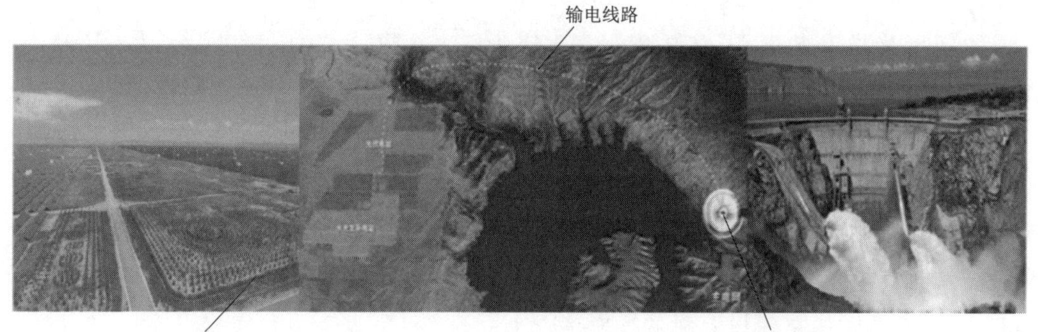

图1-1　龙羊峡水光互补项目示意图

1.1 项目建设背景

我国地域辽阔、江河众多，径流丰沛、落差较大，蕴含着极为丰富的水能资源，总量位居世界首位。根据全国水力资源复查成果，我国大陆水力资源理论蕴藏量在10MW及以上河流上的水力资源理论蕴藏量年电量为60829亿kW·h，平均功率为694400MW；理论蕴藏量在10MW及以上河流上单站装机容量0.5MW及以上水电站的技术可开发装机容量为541640MW，年发电量为24740亿kW·h，其中经济可开发水电站装机容量401790MW，年发电量17534亿kW·h，分别占技术可开发装机容量和年发电量的74.2%和70.9%。

太阳能是一种取之不尽用之不竭的自然资源。我国有十分丰富的太阳能资源。据估算，我国陆地表面每年接受的太阳辐射量约为5×10^{16}MJ，全国各地接受的年平均辐射总量为3350～8370MJ/m^2，中值为5860MJ/m^2。

青海省位于中国西部腹地，青藏高原东北部，东西长约1200km，南北宽约800km，全省总面积72万km^2。青海省水能资源十分丰富，根据2003年全国水资源调查数据显示，理论蕴藏量在10MW以上的河流干支流共计108条，理论蕴藏总量为21873.8MW。全省装机容量0.5MW以上技术可开发的水电站共有241座（其中界河段12座）；总装机容量23140.4MW，年发电量913.44亿kW·h。青海省太阳能资源十分丰富，在全国仅次于西藏。由于地处中纬度地带，青海省太阳辐射强度大，光照时间长，年总辐射量可达5800～7400MJ/m^2，其中直接辐射量占总辐射量的60%以上。

截至2011年年底，青海省全口径装机容量为14168.71MW。其中，水电装机容量10953.4MW，光电装机容量1003MW，所占比例分别为77.31%和7.08%。青海省规划的新增水电装机容量：2012—2015年为1097MW；2016—2020年为6630MW。青海省水电实际装机容量：2015年为12050.4MW；2020年为18680.4MW。青海省规划的新增光电装机容量：2012—2015年为3100MW；2016—2020年为3400MW。青海省光电实际装机容量：2015年为4103.3MW；2020年为7503.3MW。

基于国家"十二五"中对太阳能、风能等新能源应用提出的目标，2011年我国的风电、光伏发电应用规模获得了爆发性的增长，当年新增风电并网容量约18000MW，新增光伏电站总容量约2500MW。其中青海省以其辐照、土地以及电网、负荷方面的综合资源优势，成为光伏电站建设大省，新增光伏电站总容量约1000MW。青海省在"十二五"期间光伏总建设容量约5000MW。

从大型光伏电站的发展趋势来看，电站建设规模已经从万千瓦级向十万千瓦级发展；电站的接入、送出也从单个电站单独考虑向光伏电站集群以及多种电源组合（如风光互补、水光互补）方向发展；此外，在电能消纳方面也从就近消纳、省内输送向远距离跨省输送发展。

1.2 项目决策与研究、设计过程

1.2.1 设想提出及项目前期工作

2011年年底，黄河上游水电开发有限责任公司提出将光伏电站接入龙羊峡水电站，利用龙羊峡水电站5回线路的空余送出容量接入电力系统，利用龙羊峡水电站调节光伏电站发电的设想。

2012年，西北勘测设计研究院编写完成《龙羊峡水光互补320MW并网光伏发电项目预可行性研究报告》并通过审查。

2012年11月，国家能源局下发《国家能源局关于同意中电投龙羊峡水光互补320MW并网光伏发电项目开展前期工作的复函》（国能新能〔2012〕364号），同意开展龙羊峡水光互补320MW并网光伏发电项目前期工作，并要求继续完善水光互补协调运行系统方案。

2013年，西北勘测设计研究院编写完成《龙羊峡水光互补320MW并网光伏发电项目可行性研究报告》并通过审查。

2013年4月，青海省发展和改革委员会下发《青海省发展和改革委员会关于青海黄河上游水电开发有限责任公司中电投龙羊峡水光互补320MW并网光伏发电项目核准的批复》（青发改能源〔2013〕452号），同意建设青海黄河上游水电开发有限责任公司中电投龙羊峡水光互补320MW并网光伏发电项目。

2014年，西北勘测设计研究院编写完成《龙羊峡水光互补二期530MW并网光伏发电项目可行性研究报告》并通过审查。

2014年9月，青海省发展和改革委员会下发《青海省发展和改革委员会关于龙羊峡水光互补二期并网发电项目有关事宜的函》（青发改函〔2014〕469号），同意建设青海黄河上游水电开发有限责任公司龙羊峡水光互补二期530MW并网光伏发电项目。

2014年12月，青海省发展和改革委员会下发《青海省企业投资项目登记备案》（青发改能源备字〔2014〕46号），核准并备案青海黄河上游水电开发有限责任公司建设龙羊峡水光互补二期530MW并网光伏发电项目。

1.2.2 研究工作启动与开展

1. 研究工作的启动并召开第一次协调会

2012年11月，启动龙羊峡水光互补协调运行研究工作。

2012年12月，在西宁召开了龙羊峡水光互补协调运行研究工作第一次协调会暨启动会。会议期间，针对以龙羊峡水力发电补偿光伏电站出力的各种工况进行了充分的讨论。同时，还对龙羊峡水光互补协调运行专题研究大纲（讨论稿）进行了讨论，对后续工作的开展做了安排。

2. 研究工作的第二次协调会

第一次协调会后，各参加单位按照会议安排分头开展大量的基础工作。2013年2月，在西宁召开了第二次协调会，讨论并确定了水光互补协调运行的补偿原则及控制模式。

由于当时接入系统设计相对滞后，电力部门对龙羊峡水光互补项目投产后龙羊峡水电站、光伏电站、龙羊峡水电站与光伏电站组合电源点的调度模式及调度管理要求尚不明确。而这些内容是开展水光互补协调运行研究的基础，为此，假定龙羊峡水光互补项目投产后调度部门将龙羊峡水电站与光伏电站看作一个电源点进行调度，即在日内调度部门对龙羊峡水光互补项目下达整体发电量指标，由水光互补协调运行控制系统对龙羊峡水电站及光伏电站进行自动发电控制（Automatic Generation Control，AGC）及自动电压控制（Automatic Voltage Control，AVC），实现其调度目标。同时，在此假定基础上进行了详细的讨论，确定以龙羊峡水电站的4台水电机组的调节共同补偿光伏电站发电特性，以光伏电站发电为基荷，调度下达的实时发电出力曲线与光伏电站实时发电出力曲线之间的出力由水电机组完成；确定以龙羊峡计算机监控系统为基础构建水光互补协调运行控制系统，实现对龙羊峡水电站水电机组及光伏电站的AGC及AVC等，达到调度调节的目标。

同时，还就龙羊峡水电机组及调速系统、励磁系统响应水光互补协调运行控制指令的特性进行了分析讨论，为确定上述设备对光伏电站发电调节特性，会议确定对龙羊峡水电站的水电机组进行评估试验。

3. 研究工作的第三次协调会及专家座谈

第二次协调会后，对龙羊峡水电站1号水电机组进行了稳定性试验及振动摆度测试，对调速系统进行了频率变化情况下设备响应特性测试，完成了试验报告。

2013年6月，在西宁召开了第三次协调会，讨论了龙羊峡水电站水电机组试验情况及试验结论，并就水电机组状态提出对协调控制的要求。同时，结合试验结论提出了水光互补协调运行AGC控制策略及AGC与一次调频的关系。

会议确定光伏电站不进行有功功率调节，调度给定光电和水电的总有功功率，水光互补AGC软件读取给定总有功功率（取自预留的备用间隔的实际测量值），剩余有功功率在参与调节的水电机组间分配。当光伏电站由于光照等原因造成出力变动时，若变化超出预设值时，AGC调节参与调节的水电机组，维持总出力不变；AGC不考虑一次调频，与一次调频各自并行工作；光功率预测系统不考虑参与控制调节，只给电力系统调度上报光伏发电预测的发电曲线信息。

2013年6月，经过多方论证后认为龙羊峡水电站及并网光伏电站作为一个电源点接入电网、电网结合龙羊峡水电站及光伏电站的发电特性下达发电计划从技术上可行，但龙羊峡水电站及并网光伏电站的运行信息可以各自分别接入电力系统数据网，并且在水光互补协调运行控制系统设置软开关，可以将对光伏发电的控制权限交与电力调度部门。

4. 研究工作的第四次协调会

根据第三次协调会结论及与国家电网西北调控分中心专家座谈的建议，西北勘测设计研究院提出了水光互补协调控制系统控制功能要求、设备硬件配置及信息量采集等要求，中国水利水电科学研究院根据要求在龙羊峡水电站构建了水光互补协调运行控制系统，并提出初步控制流程。

2013年10月，召开了第四次协调会议，对相关工作成果进行了讨论，并确定了工程实施方案。

2014年，龙羊峡水光互补项目一期工程投产发电后，西安理工大学对项目进行了数学模型研究。以黄河上游水资源系统、西北电网、龙羊峡水光互补项目并网光伏电站、龙羊峡水电站和拉西瓦水电站等为研究对象，建立水光互补短期运行数学模型，提出模型的求解方法；分析水光互补运行对龙羊峡水电站调峰能力以及水资源综合利用的影响。

1.2.3 工程实践与研究试验

结合龙羊峡水光互补协调运行研究工作的开展，2013年3月龙羊峡水光互补320MW并网光伏电站开工建设，2013年11月并网发电。

2013年11月，龙羊峡水光互补320MW并网光伏电站并网发电，光伏电站计算机监控系统投入运行，龙羊峡水电站计算机监控系统上位机改造完成，水光互补协调运行控制系统具备运行条件，龙羊峡水电站与并网光伏电站信息互传成功。

2013年12月，黄河上游水电开发有限责任公司组织召开了龙羊峡水光互补协调运行控制试验方案讨论会，根据理论研究的结论及水光互补协调运行控制系统的功能要求，制定了水光互补协调运行控制试验方案。

2014年1月，龙羊峡水光互补协调运行控制试验方案报国家电网有限公司西北分部调度控制分中心批准。

2014年3月，根据最终的试验方案，对龙羊峡水光互补协调运行控制系统进行了真机试验，试验内容包括AGC、AVC及水量平衡，根据试验过程记录曲线完成试验报告并给出试验结论。

1.3 关键技术

1.3.1 项目主要勘测设计的重点及难点

首先要考虑光伏电站并网消纳的解决方案，即在充分研究论证资源分布与建设方案的同时，要解决大型光伏电站的数据采集与监控运行，大型光伏电站集电汇集及升压送出等问题。

光伏发电具有随机性、间歇性和波动性的特点，而且随天气变化电站出力波动性大。龙羊峡水电站是黄河上游龙头电站，肩负着黄河中上游梯级电站发电及综合用水的调节重担，本项目利用龙羊峡水电站已建成的330kV GIS备用间隔接入光伏电站，与龙羊峡水电站共同接受电力系统调度，以水电站与光伏电站互补发电运行，以水电站的出力调节光伏电站的波动性，光伏电站发电的同时在水库蓄水储能，水光互补运行后接入电力系统，项目实施需研究落实龙羊峡水电站可接入光伏电站的规模、水光互补运行方式对龙羊峡水电站的影响、水光互补协调运行控制方式等重点问题。

项目实施时，大规模集中式并网光伏电站建设在我国还处于起步状态，水电机组与光伏发电联合调节控制也是第一次采用，设计工作中没有成熟的经验可供借鉴。项目针对性地开展水光互补关键技术的科研工作，结合水电站水电机组、调速器及计算机监控系统的调节特性、光伏电站的光功率预测系统及集中监控系统的功能，研究水光互补协调运行方式、水电机组对不同规模光伏电站发电的长期、中期、短期及超短期的调节能力，实现水力发电及光伏发电协调运行控制的AGC及AVC功能。

1.3.2 项目主要勘测设计的先进性及创新点

龙羊峡水光互补项目并网光伏电站是当期建设全球最大的集中式并网光伏电站，也是在国际上第一次采用水光互补协调运行发电控制方式的并网光伏电站。

依托项目开展了针对性的科研工作，通过龙羊峡水电站及青海共和地区光伏发电特性研究，论证了工程实现水光互补的技术可行性，包括：首次提出了大型水光互补工程设计可行性分析的路径与方法；提出光伏电站与水电站作为同一个电源点协调运行的模式，在水电站水量平衡分析的基础上，结合水库调节能力和水电机组快速调节性能，最大限度保证光伏发电出力，实现了间歇电源的平滑出力，提高了电力系统的安全性和稳定性；开展了水光互补运行对电网影响、对黄河水量调度及下游梯级电站发电影响、对龙羊峡水电站运行方式及控制影响等分析研究，提出了水光互补运行分析的关键技术及分析方法；通过对水光互补协调运行控制策略及其试验方法的研究，首次提出一套完整的水光互补协调运行原则，形成了大型水光互补工程联调联试方法，制定了依托工程水光互补协调运行的控制方案；将科研结论应用于工程建设。研究成果填补了国内大规模水光互补关键技术的空白，推动国内乃至国际大规模水光互补技术的发展，对后续工程起到重要借鉴作用。

通过项目实践进一步总结了大型水光互补工程设计的关键技术，提出一套完整的水光互补工程设计研究内容及方法，为今后的工程设计及水光互补项目的推广奠定了基础。

1.4 水光互补项目特点

我国是一个能源消耗的大国，能源的开发利用将严重制约经济的可持续发展。随着煤、石油、天然气等不可再生资源的大量消耗，新能源替代传统能源的形式显得更加严峻和紧迫。太阳能是一种取之不尽、用之不竭的可再生清洁能源。据统计，地球每年接收到的太阳能相当于现在地球上每年燃烧的固、液、气体化石燃料产生能量的两千倍左右，且太阳能资源的总存储量相当于目前人类所使用能源的一万多倍。我国属太阳能资源丰富的国家之一，全国总面积 2/3 以上地区的年日照时数大于 2000h，年辐射量在 $5000MJ/m^2$ 以上。我国陆地面积每年接收的太阳辐射总量为 3350～$8370MJ/m^2$，相当于 2.4×10^4 亿 t 标准煤的储量。由于太阳能资源储量丰富，并且开发难度小，积极开发太阳能资源以逐步取代传统能源将是大势所趋，世界能源专家共同认为，太阳能将成为 21 世纪最主要的能源之一。

太阳能发电具有安全、可靠、无污染、无地域分布限制、无需消耗燃料等特点，并且年发电量稳定，发电质量高，电站建设周期短。但是，光伏发电受季节变化、昼夜交替、云层厚度等众多随机性因素的影响，导致光伏发电出力日内变化较大。光伏发电呈现出显著的波动性、间歇性和随机性特点。将光伏发电直接并入电网，会对电网的稳定运行造成冲击，将进一步加剧电网的调峰难度。这些都成为制约光伏发电发展的突出问题。

水力发电在调峰性能上具有很大优势，具有启动灵活、调节速度快等优点。从河道不能断流的角度考虑，水利枢纽必须连续不断放水；同时由于水电站担负着电网调峰的任务，调峰时水电站的发电出力较大，相应也需要出库更多的水量。如果河道来水不充裕，水电站水库蓄水的负担就变得很大。充分结合我国优势的水能与光能资源进行水光互补协调运行是一种新的思路。将水电与光电互补运行，形成了一种资源互补关系。一方面当光伏发电承担电网负荷之后，水电就可以在相应的时段内减少发电出力，或缩短白天低负荷时的运行时间，以便在水库内储备更多的水能，这使得水电的调峰能力增大，灵活运用的能力增强，是光伏发电对水电的补充；另一方面，在晚间光伏电站没有发电出力的情况下，水库就可以将白天储存起来的水能用于发电以弥补光伏发电的缺额，这是水电对光伏发电的补充。

龙羊峡水光互补项目建成后，为大规模光伏发电并网运行探明了一条新途径，标志着大规模光伏电站并网运行不但是可行的而且是可靠的。

1.4.1 大型光伏电站发电特点

青海省共和地区的大型光伏电站在同一月份内的日平均发电量变化比较稳定，日变化特性主要受季节因素、昼夜、天气、温度等影响比较大。光伏电站的日内发电出力变化特性具有一定的波动性、随机性、间歇性。晴天时，发电出力曲线呈光滑的开口朝下的抛物线型；其他天气，发电出力曲线呈不同波动幅度的锯齿形。不同天气光伏电站典型发电出力曲线如图1-2所示。

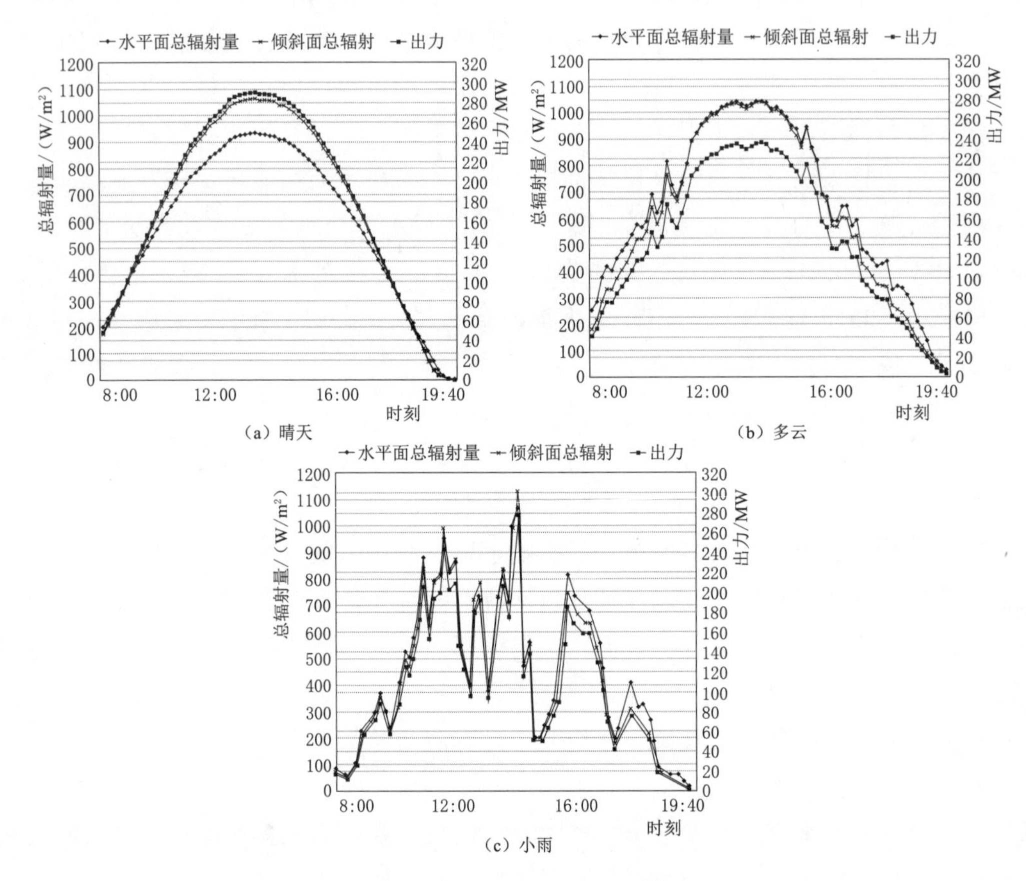

图1-2 不同天气光伏电站典型发电出力曲线

1.4.2 水光互补运行特点

从接入电力系统的角度看龙羊峡水电站和光伏电站是作为一个电源点接入电力系统，因而在日内电网调度对龙羊峡水光互补项目下达整体发电量指标，为水光互补项目制定的发电计划是在以往考虑梯级水电站发电及下游综合用水需求制定的龙羊峡水电站日发电计划的基础上，综合考虑光伏电站的发电特性，叠加光伏电站的发电量后的整体日发电计划。由水光互补协调运行控制系统对龙羊峡水电站及光伏电站进行AGC和AVC控制。光伏电站和龙羊峡水电站作为一个整体接受电力系统的调度，参加电网自动发电控制。

从水光互补协调运行的调节方式看，可以将光伏电站与龙羊峡水电站作为一个水光互补组合电源接受系统的调度调节；从电量的角度看，光伏电站可作为龙羊峡水电站扩建的5号机组。但是，与其他4台水电机组比较，5号机组具有以下特点：

（1）原则上不具备调节能力，即不进行有功功率调节。

（2）$\cos\varphi=1$。

（3）有发电量但无下泄流量。

（4）发电具有间歇性，表现在白天有电量，晚上没电量，正常情况下白天的电量呈现一个馒头形的曲线。发电具有波动性、随机性，受天气影响的发电曲线随机波动。

水光互补电站协调运行后满足下游综合用水的前提下，调度下达的发电计划由光伏电站和水电站共同完成。光伏电站发电的过程将在水电站水库存蓄相应的水量，相当于抽水蓄能电站向上库蓄水的过程，但没有抽水工况的耗能，水库存蓄的水量用于水电站在负荷高峰期发电，相当于抽水蓄能电站的发电工况，可以说光伏电站借用龙羊峡水库虚拟为水电机组，从这一意义上说，水光互补组合电源增加了电网的水电容量。

1.4.3 水光互补协调控制

针对光资源的不可存蓄性，对光伏电站发电应按照“能发尽发”考虑。日间光伏电站大发时，以光伏电站发电出力匹配电网负荷，以水电站调节特性补偿光伏电站发电出力波动，同时在水电站水库蓄水。针对梯级流域用水需求，水电站水库日出库流量不变，在晚间光伏电站不发电时，以水电站发电出力匹配电网负荷，并满足下游综合用水的需求。将光伏电站作为龙羊峡水电站的5号机组发电单元与龙羊峡水电站的其他4台水电机组共同接受电网调度管理命令。

龙羊峡水光互补项目以水光互补协调运行的模式运行，以龙羊峡水电站监控系统为基础构建水光互补协调运行控制系统，采用“无人值班”（少人值守）的原则、开放的分层全分布式系统结构，即采用功能分布方式和分布式数据库系统，光伏电站的信息作为水电站的一个机组发电单元接入，开发水光互补的AGC和AVC控制策略，以水电站两台及以上水电机组参加成组控制，既满足对光伏电站的全容量调节，又保证水轮发电机组的安全稳定运行。

水光互补协调控制系统接受电力系统下达的发电任务后，对龙羊峡水电机组及光伏电站按AGC和AVC控制策略进行控制，当新能源发电由于气象等其他原因实时发电量与下达的发电计划不一致时，可以通过龙羊峡水电站的水电机组对其进行发电量补偿，使水光互补发电量最大程度的满足发电计划要求。龙羊峡水电站的水电机组由于补偿光伏电站的电量对下泄水量产生影响时，可以通过调整下一时段的发电计划或调整下一日的发电计划来调整龙羊峡水电站的出库流量。不同天气条件下水光互补协调运行曲线如图 1-3 所示。

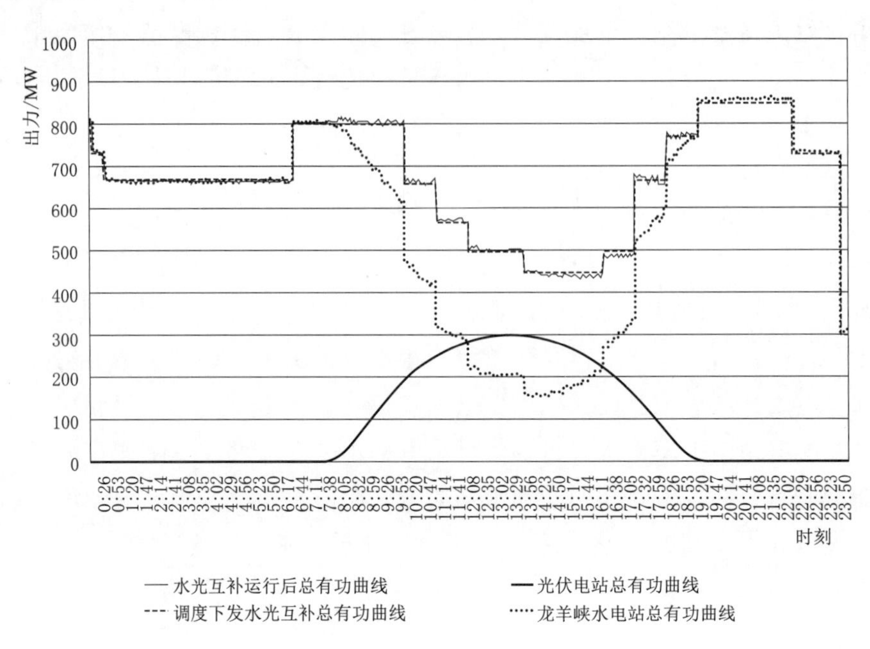

(a) 晴天

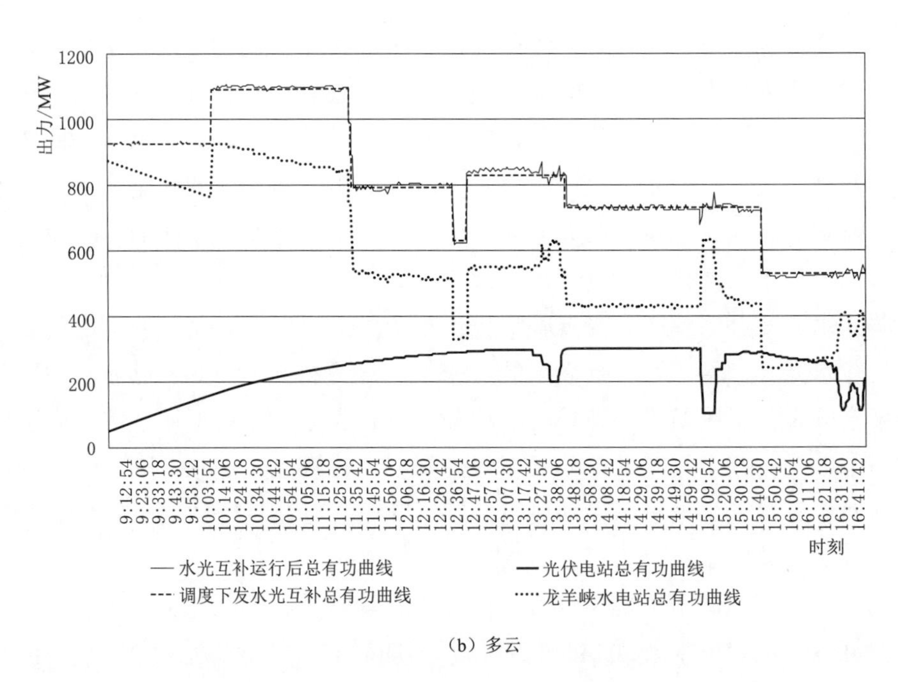

(b) 多云

图 1-3（一） 不同天气水光互补协调运行曲线

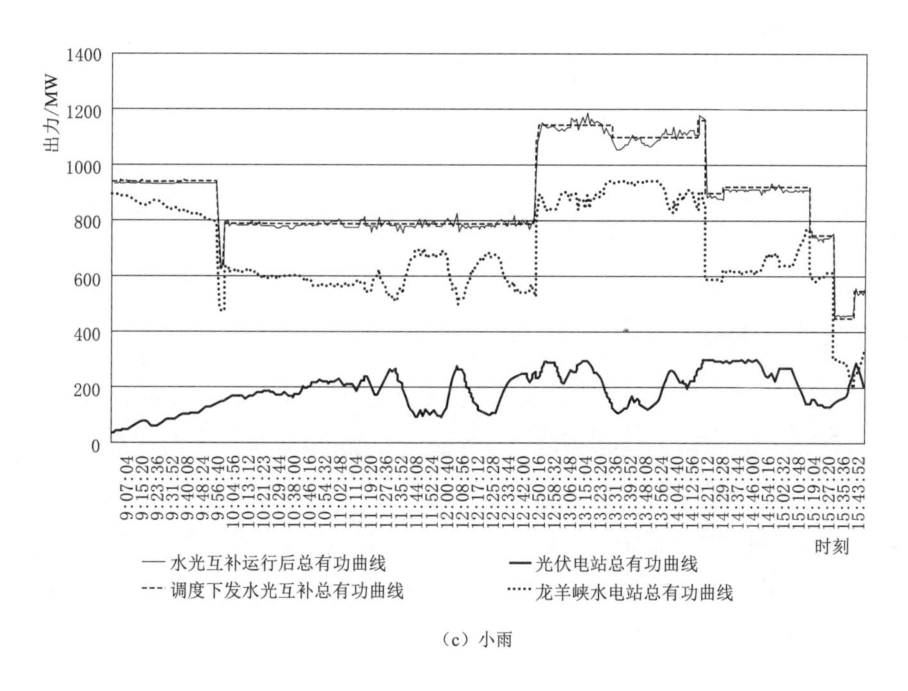

(c) 小雨

图 1-3(二) 不同天气水光互补协调运行曲线

1.4.4 龙羊峡水光互补项目并网光伏电站与其他光伏电站的区别

(1) 接入方式不同。水光互补项目并网光伏电站距离水电站近，光伏电站接入龙羊峡水电站备用间隔，以水光互补协调控制方式运行，利用水电站已有送出线路与水电站共同接入电力系统。其他光伏电站一般经多级升压方式接入电力系统。由于光伏电站年利用小时数低，通过水光互补运行后接入电力系统提高了已有线路的利用率。

(2) 补偿方式不同。龙羊峡水光互补项目通过水电站与光伏电站补偿后送入电网，是一种点对点补偿，经水电站补偿后的水光互补总发电出力过程以适应电力系统的需求为主，仅在水电站补偿不足时，需要电力系统其他电站对其进行补偿。其他光伏电站通过变电站直接送入电力系统，其消纳以电力系统其他电站补偿为主，即网对点的补偿。

(3) 调度复杂度不同。龙羊峡水光互补项目通过水电站与光伏电站的补偿后送入电网，接入电网的发电出力曲线较其他直接接入电网的光伏电站发电出力曲线突发性变化少，需要电网对其的突发性变化调节少，从而减轻了电网的调节压力。

(4) 接入电网的电能质量不同。光伏电站受气候、天气变化等因素的影响，其发电出力曲线波动性大，与其他直接接入电网的光伏电站比较，龙羊峡水光互补项目以水电站的快速调节特性调节光伏电站的发电出力，平滑光伏电站发电曲线，提高了光伏电站接入电网的电能质量。

（5）对水电站的影响不同。龙羊峡水库是一座多年调节水库，作为水光互补组合电源协调运行后在满足下游用水的前提下，按照调度下达的发电计划在光伏电站发电的过程将在龙羊峡水电站储存相应电量对应的水量，相当于一个无损储能的过程，即光伏电站借用龙羊峡水库可以虚拟为水电机组。从某种意义上说，增加了电网的水电容量。

1.4.5 电站运行情况

龙羊峡水光互补项目自2013年投运以来，运行情况良好。先后多次对龙羊峡水光互补项目按水光互补协调运行方式进行有功给定闭环调节、负荷曲线跟踪、网调联调试验及光伏电站甩负荷等试验，试验证实龙羊峡水电站水电机组能够按照水光互补协调运行控制策略运行，对光伏电站发电出力进行补偿，既能满足网调遥调的要求，又能对光伏电站发电出力的波动性进行连续补偿调节，水光互补协调运行满足电网下达的发电任务及调节目标。

1.5 水光互补运行项目研究的重点问题

启动龙羊峡水光互补项目一期工程320MW并网光伏电站的前期工作中就开展了大型水光互补工程设计关键技术研究，一方面解决开工项目的急难问题；另一方面对后续工程起到重要借鉴作用，同时总结大型水光互补工程设计的关键技术及设计方法。

2012年时大规模集中式并网光伏电站建设在我国还处于起步状态，将大型光伏电站接入已建的水电站，与水电站共同接入电力系统接受电网的调度并完成发电任务，需要重点研究并解决以下问题：

（1）光伏电站的建设规模。光伏电站接入已建的水电站，利用水电站的电气设备送出，与水电站互补运行，必须先确定水电站可接入的光伏电站规模。

（2）大型并网光伏电站研究。龙羊峡水光互补项目一期工程建设320MW并网光伏电站，是当期世界上已建及在建规模最大的集中式并网光伏电站。针对大规模并网光伏电站的特点研究其计算机监控系统的构成，并结合水光互补协调控制的要求构建光伏电站各智能控制设备。

（3）接入水电站的方案。确定了光伏电站的接入规模，水电站就要在既有的设备和建构筑物基础上落实接入方案。针对龙羊峡水电站电气系统设置及设备现状，对光伏电站接入龙羊峡水电站进行定性分析；在定性分析的基础上，有针对性地对水电机组及其附属设备进行诊断性试验，分析研究水电机组及其附属设备参与水光互补协调运行的情况。

(4) 水光互补运行的影响性分析。光伏电站接入已建的水电站，不能影响水电站在梯级流域的功能和作用，不能影响水电站水电机组的安全稳定运行，不能影响水电站在电网中承担的作用。在水光互补协调运行后水量平衡分析的基础上，对光伏电站的弃光情况、水光互补项目对其他新能源消纳及调峰能力影响、对黄河水量调度及龙羊峡下游梯级流域水电站发电影响进行宏观定性分析，对龙羊峡水电站的运行方式、控制调节方式及一次调频的影响进行定性分析及定量计算。

(5) 水光互补运行方式及水光互补协调控制方案。针对青海电网情况，以龙羊峡水电站多年的发电特性为基础，结合光伏发电的出力特性，综合考虑下游综合用水的情况，结合水量平衡分析研究水光互补发电运行的方式。在水光互补运行分析的基础上，针对既定的补偿原则，研究具体的协调运行控制方案，并运用于工程实践。根据协调运行控制方案理论研究的目标，制定 AGC 控制、AVC 控制及水量平衡试验方案，报请调度部门开展试验工作，验证并完善理论研究结论，达到优化设计，总结经验，为下一步科研及工程实践开展提供实践基础的目的。

1.6 水光互补能源消纳的成果

龙羊峡水光互补项目成功并网发电是大规模光伏电站建设的成功实践。850MW 光伏电站多年平均发电量 13.03 亿 kW·h，装机年利用小时数 1533h，其发电量相当于年节约标煤 52 万 t，减少一氧化碳排放 132t，减少二氧化碳排放 144 万 t，减少烟尘排放 6093t，减少氮氧化物排放 2.2 万 t，节约水 5776t。龙羊峡水光互补项目利用龙羊峡水电站的备用间隔接入光伏电站，将光伏电站与水电站互补运行后共同接入电力系统。水光互补项目建设盘活了龙羊峡水电站的备用间隔设备，提高了已建送电线路的利用率。

从资源特性角度看，太阳能资源不可储、不可控，但“取之不尽用之不竭”；从资源利用角度看，光伏发电清洁、绿色，大规模建设光伏电站可以有效地推进能源转型，实现碳中和，同时节约建设成本，推动技术进步；从光伏电站的发电特性看，光伏电站发电在日间具有间歇性、在日内具有波动性。由于 2011 年我国大型光伏电站建设还处于起步阶段，高比例渗透的绿色新能源发电接入电网的问题还未突出显现，只是从电源特性上看，与常规电源发电进行比较光伏电站发电具有间歇性和波动性，这种特性的电源大规模接入电网会对电网造成重大影响。在满足电量消纳的同时，电网需要更多的旋转备用容量调节补偿其波动性、需要更多的备用容量补偿其间歇性、需要更多的电力设施和线路走廊接入光伏电站。

龙羊峡水光互补项目在当时的建设背景下，考虑利用已有电力设施接入光伏电站，解决光伏电站接入通道的问题，利用水电与光电打捆接入的方式，以水电调节光电，使水光互补后的电源具有一定的常规电源特性，减少光伏电站对电网调峰和调频的需求。

因此，龙羊峡水光互补项目一期工程建设光伏电站 320MW，与水电站的一台水电机组同容量。设想以 1 台水电机组作为光伏电站的补偿机组，在光伏电站满发时该台水电机组热备不发电，光伏电站不满发时该台水电机组将其补偿到满发，光伏电站不发电时该台水电机组满发。这样，水电机组就可以将光伏电站补偿成为一台常规水电机组。针对这一设想，光伏电站接入水电站是否有可行的方案；运行时，是否能够保证水电机组的安全稳定运行。该台水电机组是否能够先于电网其他机组实现对光伏电站发电出力波动的补偿调节；水电机组或水电站实现了对光伏电站的补偿调节是否会影响水电站承担的黄河梯级流域综合用水的调节任务；是否会影响水电站承担的电网中调峰调频的任务；光伏电站规模超过 1 台水电机组的容量时会出现什么样的问题等。这些问题必须在建设项目的可行性研究中论证清晰。

为了解决这些问题，龙羊峡水光互补项目开展了一系列的研究工作，通过定性分析和定量计算论证了水光互补项目的可行性，提出了一套完整的水光互补运行理论和水光互补协调运行控制方案，通过研究也修正了一些最初的工程设想，为了保证水电机组的安全稳定运行和在电网及梯级流域承担的调峰、调频及调水等任务，应该以多台水电机组成组参与水光互补协调运行，并按多机成组参与控制定量计算了水光互补协调运行控制系统调节参数，通过工程实践和联网试验验证了研究结论的正确性，通过推演计算确定了一期工程结论在二期工程的适用性。

在当时的建设背景下，为使光伏电站接入电网消纳成为电网友好型电源，龙羊峡水光互补项目先行先试在项目策划、前期论证、理论计算、先期实验、后期检测试验、科研理论支撑等方面提出了完整的工作路径和解决方案，以示范工程的建设模式开创了一种大规模光伏电站接入电网的新模式，对于促进绿色的新能源消纳起到了良好的示范作用。

2016 年国家发展和改革委员会、能源局发布《关于推进多能互补集成优化示范工程建设的实施意见》（发改能源〔2016〕1430 号）要求利用大型综合能源基地风能、太阳能、水能、煤炭、天然气等资源组合优势，推进风光水火储多能互补系统建设运行，并于 2017 年公布首批 23 个多能互补集成优化示范工程；2021 年国家发展和改革委员会、能源局发布《关于推进电力源网荷储一体化和多能互补发展的指导意见》（发改能源〔2021〕280 号）指出在实施路径上通过利用存量常规电源、合理配置储能，强化电源侧灵活调节作用。多能互补项目的开发建设已经成为我国新能源开发建设的必要手段，龙羊峡水光互补项目基于当时的建设背景，只是新能源多能互补开发建设先行先试的示范工程，虽然没有完全研究解决现行新能源开发建设的全部问题，但很多问题的研究结论仍然适用于多能互补项目的开发建设，研究问题的方法和思路为多能互补项目的开发建设提供可借鉴的技术路线。

第2章

光伏电站规模确定及接入水电站研究

2.1 龙羊峡水电站概况

龙羊峡水电站位于黄河上游青海省共和县与贵南县交界的龙羊峡谷进口段，距西宁公路里程147km，是黄河龙羊峡—青铜峡河段（简称龙青河段）梯级的“龙头”水库电站。龙青河段梯级电站，根据所在地区经济社会发展要求及黄河中下游水资源利用需要，开发的主要任务有发电、灌溉、供水、防洪、防凌，并兼顾中下游用水，龙青河段梯级电站纵剖面示意如图2-1所示。

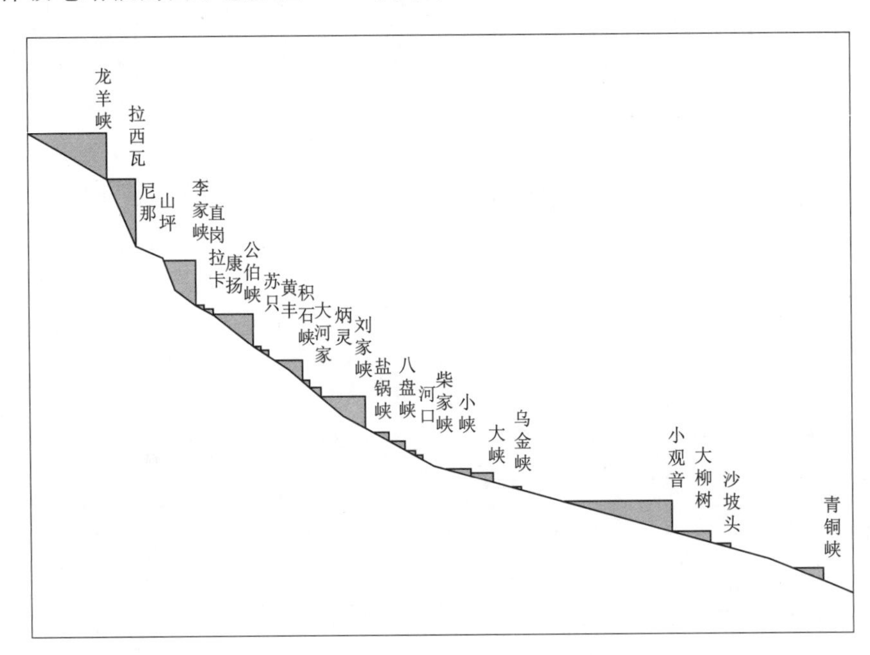

图2-1 龙青河段梯级电站纵剖面示意图

灌溉、供水范围为黄河上游河口镇断面以上，涵盖青、甘、宁、内蒙古四省（自治区）；防洪对象主要为兰州市及下游宁、内蒙古沿河农田村庄和包兰铁路等；防凌河段为宁、内蒙古河段。同时为兼顾中下游河段的用水需求，在满足河口镇以上综合利用要求的同时，保证河口镇断面一定的流量。综合利用任务主要由龙羊峡与刘家峡水库联合运用来完成，龙羊峡是目前国内承担综合利用任务最多、补偿区域最广的多年调节水库电站。

龙羊峡坝址以上控制流域面积131420km^2，占黄河流域总面积的17.5%，坝址多年平均流量659m^3/s。龙羊峡水库设计正常蓄水位2600.00m，死水位2530.00m，汛期限制水位2594.00m，设计洪水位2602.25m，校核洪水位2607.00m。校核洪水位以下库容274.19亿m^3，正常蓄水位以下库容247亿m^3，调节库容193.5亿m^3，库容系数0.94，具有优良的多年调节性能。

截至2011年年底，在龙羊峡—青铜峡河段已建成龙羊峡、尼那、李家峡、直岗拉卡、康扬、公伯峡、苏只、炳灵、刘家峡、盐锅峡、八盘峡、柴家峡、小峡、大峡、乌金峡、沙坡头、青铜峡等17座水电站，在建的有拉西瓦、黄丰、大河家、积石峡、河口等5座水电站，形成了以龙羊峡为“龙头”水库，梯级水电站联合运行的局面，龙羊峡以下梯级电站除刘家峡有年调节能力外，其余大部分电站均有日调节能力。

作为龙羊峡—青铜峡梯级水电站的“龙头”——龙羊峡水电站，自蓄水运用以来一直以其优良的多年调节性能，通过与刘家峡水库和梯级水电站群联合补偿调节运行，在发电、防洪、防凌、供水等方面取得了显著的经济效益，为青、甘、宁、内蒙古、陕五省（自治区）及全流域的国民经济发展发挥了重要作用。

龙羊峡水库具有多年调节性能，通过龙羊峡水库补偿调节，将丰水年的水量蓄至水库，增加枯水年的可用水量，达到年际间的蓄丰补枯。根据龙羊峡水电站1988—2010年实际运行资料分析，龙羊峡水库年入库及出库流量过程如图2-2所示。其中：龙羊峡水库平均入库流量为572m^3/s；2002年入库流量最小，为345m^3/s；1989年入库流量最大，为1030m^3/s。1989年龙羊峡水电站还处于初期蓄水阶段，受蓄水限制出库流量较大。

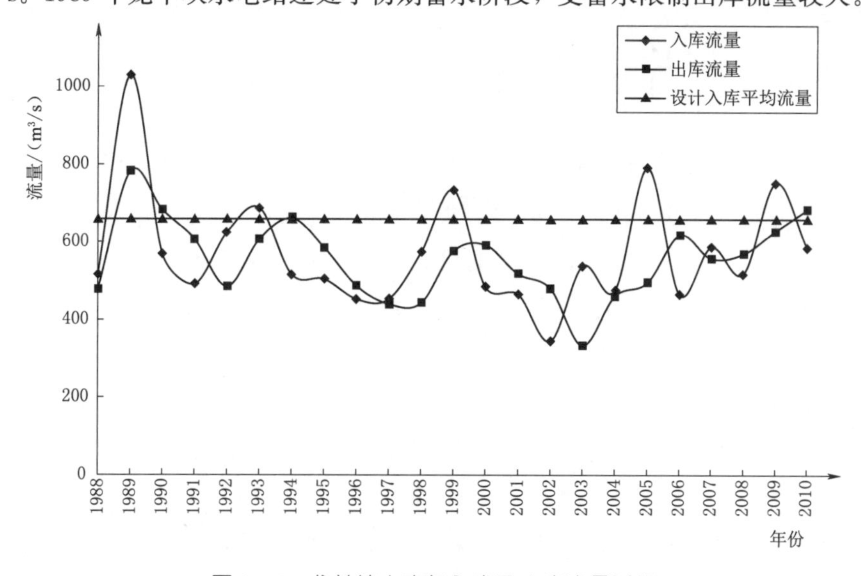

图2-2　龙羊峡水库年入库及出库流量过程

图 2－2 所示，自龙羊峡水库建成发电以来，大部分年份天然入库流量小于设计入库平均流量，即龙羊峡水库蓄水运行以来遭遇了连续枯水段。通过龙羊峡水库调节，水量年际间的变幅减小，在来水较枯的年份，通过水库泄放补偿来水；而在来水较丰的年份，水库蓄水，来水补偿水库。龙羊峡水库多年调节为年际间水量的分配起到了重要的调节作用。

对龙羊峡水电站 1988—2010 年实际运行期各月平均入库流量分析，其各月平均入库及出库流量如图 2－3 所示。根据图 2－3 可知，龙羊峡出库流量年内相对较平稳，枯水期出库较入库增加较多，而丰水期出库较入库大大减少，年内月出库平均流量变化在 400～700m^3/s。龙羊峡水库在年内出入库水量也进行了蓄丰补枯的调节作用。龙羊峡水电站运行调度的基本原则为：年际及年内各月以水定电，月内日运行以电调水。

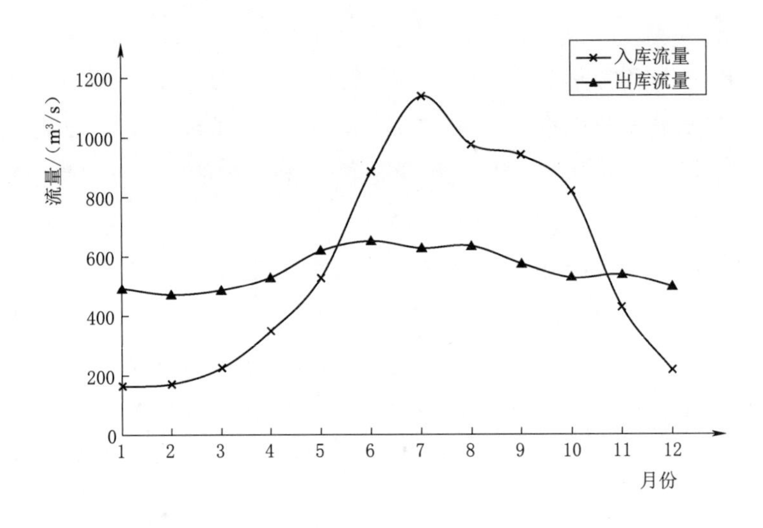

图 2－3　1988—2010 年龙羊峡水电站各月平均入库及出库流量

龙羊峡水电站安装 4 台单机容量为 320MW 的水电机组，总装机容量 1280MW，全站水电机组满发流量 1192m^3/s，设计保证出力 589.8MW，多年平均年发电量 59.42 亿 kW·h。1987 年 9 月首台水电机组投产发电，1989 年 6 月 4 台水轮发电机组全部投产发电，龙羊峡水电站以 330kV 一级电压送出，出线 5 回，备用 1 回。电站建成时是国内已建水电站中，库容最大、坝体最高和单机容量最大的水电站。具有多年调节性能的大型综合利用枢纽工程，库容大、补偿能力强、运行调度采用“以水定电，以电调水”的方式。龙羊峡水电站运行特性表明，龙羊峡水电站不仅承担系统的基荷，同时为系统承担一定的调节容量，运行方式灵活，日运行基本不受综合利用要求的影响，具有为光伏电站进行补偿调节的现成库容和调度运行的优越条件。

2.2 光伏电站规模确定

龙羊峡水光互补项目并网光伏电站位于青海省海南州共和县恰卜恰镇西南的塔拉滩上，拟在青海省海南州生态光伏园区内选址，光伏园区规划建设光伏电站总规模1700万kW。龙羊峡水光互补项目并网光伏电站的主要任务是发电，拟接入龙羊峡水电站，与龙羊峡水电站共同接入电力系统。

水光互补项目并网光伏电站利用已建成的龙羊峡水电站送出线路接入电力系统，可提高送出线路的利用率，节省光伏电站送出电力设施投资，水光互补运行后光伏电站送出条件优越，有利于电网消纳。确定光伏电站建设规模是龙羊峡水光互补项目并网光伏电站建设的基础，首先基于龙羊峡水电站330kV系统设备的相关参数计算分析光伏电站的接入容量；然后研究光伏电站接入后，龙羊峡水电站开关设备的运行方式是否会受到影响，或者为确保电力系统安全稳定运行，在接入光伏电站后龙羊峡水电站的运行方式应做哪些调整。

龙羊峡水电站1987年投产发电，安装4台320MW的水电机组，以5回330kV线路接入系统，预留QF9备用间隔（图2－4）。水光互补项目并网光伏电站拟利用龙羊峡水电站330kV GIS QF9备用间隔接入龙羊峡水电站，在初步建设规模论证时，假设水光互补运行后实现水电站对光伏电站的日内调节能够满足龙羊峡水库运行水量平衡的要求，假定龙羊峡水电站的水轮机、调速器及油压装置等机械部件能够满足调节响应的要求，以电气参数为限制条件，对龙羊峡水电站可接入的光伏电站规模进行分析计算。

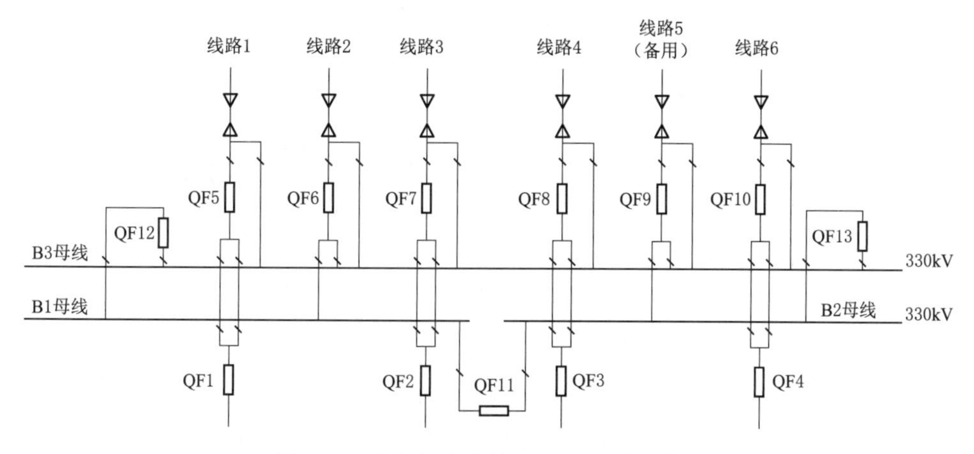

图2－4　龙羊峡水电站330kV系统接线图

1. 根据QF9备用间隔设备参数计算光伏电站可接入规模

龙羊峡水电站330kV系统设备参数，各回出线电流互感器的变比为1200/1A，断路器、隔离开关的额定电流为1600A，对于QF9备用间隔回路，如果调整电流互感器变比，充分利用断路器、隔离开关等设备参数，在不考虑龙羊峡水电站内330kV母线潮流及其对电站运行方式影响的情况下计算QF9备用间隔可接入的光伏电站规模。

《光伏发电站接入电力系统技术规定》（GB/T 19964—2012）规定并网逆变器应满足额定有功出力下功率因数在超前0.95～滞后0.95的范围内动态可调，以QF9备用间隔设备额定电流为限制条件，计算光伏电站可接入规模为914MW（$\cos\varphi=1$），考虑到光伏电站功率因数可运行在0.95，则建议光伏电站建设规模为850MW，同时更换电流互感器等元器件。

2. 以龙羊峡水电站330kV线路电气参数复核光伏电站接入规模

（1）龙羊峡水电站送出线路现状。龙羊峡水电站已建4回送出线路导线及送电距离如下。根据青海电网长期运行情况，其中线路3、线路4、线路1、线路6均为龙羊峡水电站向青海电网供电线路，线路2为青海海西电网与海南电网的联络线，考虑日间以397MW容量由海西电网流入向海南电网供电：①线路3架空线路采用双分裂400mm^{2}的导线，输送距离约67km；②线路4架空线路采用双分裂400mm^{2}的导线，输送距离约95km；③线路1架空线路采用双分裂400mm^{2}的导线，输送距离约74km；④线路6架空线路采用双分裂400mm^{2}的导线，输送距离约100km；⑤线路2架空线路采用双分裂400mm^{2}的导线，输送距离约254km。

龙羊峡水电站4回送出线路长度为67～100km，导线截面均为2×400mm^2，因此单从线路送出能力分析，这4回送出线路的送出能力相当。不同截面330kV导线输送容量见表2-1。

表2-1　330kV导线输送容量表　　单位：MW

线路型号	$\cos\varphi=0.9$				$\cos\varphi=0.95$			
	经济输送容量		持续允许负荷		经济输送容量		持续允许负荷	
	1.15A/mm^2	0.9A/mm^2	25℃	35℃	1.15A/mm^2	0.9A/mm^2	25℃	35℃
LGJQ-300×2	371	290	742	653	392	306	783	689
LGJQ-400×2	495	387	888	781	523	409	937	825
LGJQ-500×2	619	484	1017	894	653	511	1074	945
LGJQ-630×2	779	610	1130	983	823	644	1258	1098

（2）龙羊峡水电站330kV母线接入容量分析。在接入新增850MW光伏电站后，龙羊峡水电站330kV母线接入送出容量见表2-2。暂不考虑电网网架限制，以龙羊峡水电站送出线路导线截面、线路压降、水电站运行方式等情况分析850MW光伏接入后的可行性。

表 2-2　　龙羊峡水电站 330kV 母线接入送出基本容量

序号	线路名称	导线截面	输送距离/km	输送容量/MW	输送方式
1	电源接入	—	—	320	接入
2	电源接入	—	—	320	接入
3	电源接入	—	—	320	接入
4	电源接入	—	—	320	接入
5	线路 3	$2\times400mm^2$	67		送出
6	线路 4	$2\times400mm^2$	95		送出
7	线路 1	$2\times400mm^2$	74		送出
8	线路 6	$2\times400mm^2$	100		送出
9	线路 2	$2\times400mm^2$	254	397	接入
10	线路 5	$2\times400mm^2$	45	850	接入

考虑极限送出情况，即日照晴好的午间逢丰水年丰水期，龙羊峡水电站 4 台水电机组满负荷运行、光伏电站满负荷出力 850MW、线路 2 送入 397MW，此时，汇集至龙羊峡水电站 330kV 母线的容量为 2527MW，330kV 单回送出容量约 632MW，此时导线截面不能满足经济输送容量要求，但可达到持续允许负荷要求。

结合项目所在地光资源情况对代表年光伏电站的发电出力特性进行分析，其最大发电出力为装机容量的 98.4%，相应的发电出力保证率为 0.1%，即光伏电站满负荷发电的概率基本为 0；其 70%发电出力的保证率约为 5%，即装机容量 850MW 的光伏电站发电出力超过 595MW 的概率很小。此时，考虑龙羊峡水电站 4 台水电机组满负荷运行、线路 2 送入 397MW，汇集至龙羊峡水电站 330kV 母线的容量将不超过 2272MW，330kV 送出导线截面能够满足经济输送容量要求。光伏电站发电出力—保证率—电量累积曲线如图 2-5 所示。

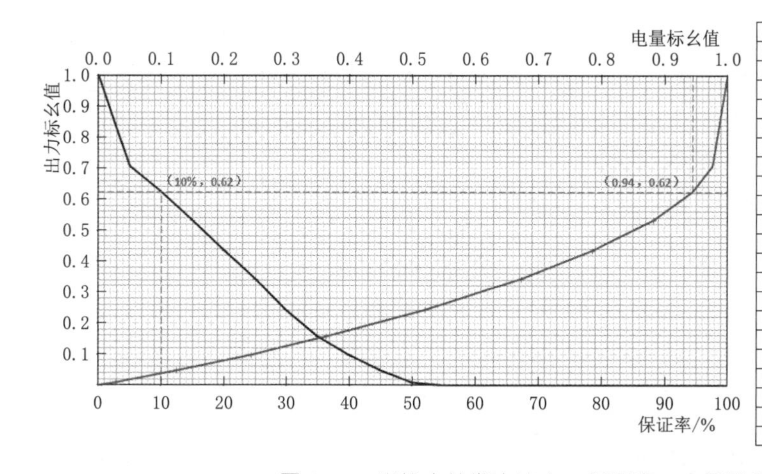

保证率/%	出力标幺值	电量标幺值
100	0.00	0.00
95	0.00	0.00
90	0.00	0.00
85	0.00	0.00
80	0.00	0.00
75	0.00	0.00
70	0.00	0.00
65	0.00	0.00
60	0.00	0.00
55	0.00	0.00
50	0.01	0.03
45	0.05	0.12
40	0.10	0.24
35	0.16	0.36
30	0.24	0.52
25	0.34	0.67
20	0.43	0.79
15	0.53	0.88
10	0.62	0.94
5	0.71	0.98
0.1	0.00	1.00

图 2-5　光伏电站发电出力—保证率—电量累积曲线

经初步计算，此时线路6压降约为2.3%，其余线路与线路6导线截面相同，线路长度较线路6短，因此其压降均小于线路6压降。

3. 接入系统设计相关结论

2013年2月，完成了龙羊峡水光互补项目一期工程320MW光伏电站的接入系统设计，通过分析计算认为除了丰水年7月外，2014—2015年龙羊峡水电站送出能力基本能够满足一期工程320MW水光互补运行后的送出需求；水光互补运行后的典型方式电网接线满足不同电网方式运行要求，潮流分布均匀，电压水平合理；水电站送出线路单瞬故障或者“三永”故障，系统均可保持稳定运行，不需采取专门的稳定措施。

2014年7月，完成了龙羊峡水光互补项目二期工程530MW光伏电站的接入系统设计，通过分析计算认为，2015—2016年龙羊峡水电站送出能力能够满足一、二期工程850MW水光互补运行后的送出需求；水光互补运行后的典型方式电网接线满足不同电网方式运行要求，潮流分布均匀，电压水平合理；当水电站送出线路单瞬故障或者“三永”故障时，系统均可保持稳定运行，不需采取专门的稳定措施。

4. 龙羊峡水电站330kV母线电流及运行方式分析

龙羊峡水光互补项目并网光伏电站建成后接入龙羊峡水电站330kV母线，龙羊峡水电站330kV母线将接入4台320MW发变组单元及龙羊峡水光互补项目并网光伏电站，以5回线路接入系统。

当龙羊峡水电站接入850MW光伏电站后，同时要考虑光伏电站满发、龙羊峡水电机组全部满发且线路2接入龙羊峡水电站397MW容量的极限运行工况，龙羊峡330kV母线电能汇集容量最大将达到2527MW，330kV母线最大计算电流将达到4545A，远高于330kV母线额定电流2500A（1429MW）。以下在不考虑送出线路限电情况下，即330kV线路可以在线路参数允许的情况下送出龙羊峡330kV母线汇集的容量，根据龙羊峡水电站电气主接线，针对330kV母线潮流分布，对上述汇集容量极限运行工况下各种运行方式并叠加相应设备故障后的运行情况进行分析探讨如下：

（1）运行方式一：所有330kV设备及线路均正常运行。龙羊峡水电站4回送出线路（线路1、线路3、线路4及线路6），每回线路平均输送容量约632MW，小于各线路的输送容量极限。母线潮流分布如图2-6所示。此时，母线最大流动功率为538MW，母线流动电流小于母线额定电流2500A，龙羊峡水电站母线设备可正常运行。

（2）运行方式二：一回送出线路检修退出运行，其他330kV设备及线路均正常运行。

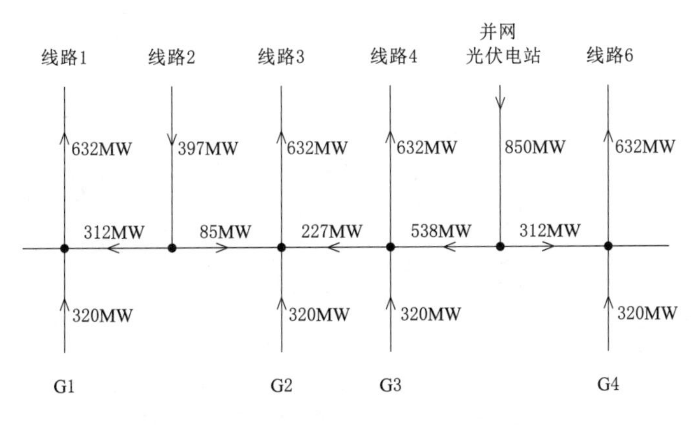

图 2-6　母线潮流分布图（运行方式一）

一回送出线路（线路 1）检修退出运行检修，其他 330kV 设备及线路均可正常运行，三回送出线路（线路 3、线路 4 及线路 6），每回线路平均输送容量约 842MW，接近各线路的输送容量极限。母线潮流分布如图 2-7 所示，此时，母线最大流动功率为 717MW，母线最大流动电流小于母线额定电流 2500A，龙羊峡水电站母线设备可正常运行。

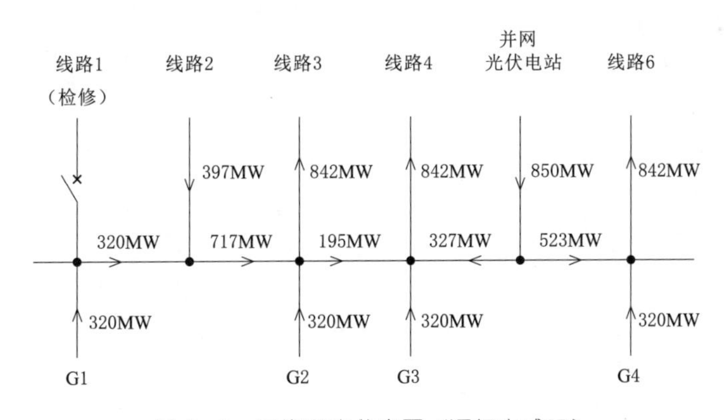

图 2-7　母线潮流分布图（运行方式二）

（3）运行方式三：一台母联开关退出运行，同时水电机组接入 B3 母线的隔离开关退出运行，其他 330kV 设备及线路均正常运行。330kV 母线 B2、B3 母联开关退出运行，同时水轮发电机组接入 B3 母线的隔离开关退出运行、G1 和 G2 接入 B1 母线、G3 和 G4 接入 B2 母线运行，其他 330kV 设备及线路均正常运行。

四回送出线路（线路 1、线路 3、线路 4 及线路 6）每回线路平均输送容量约 632MW，小于各线路的输送容量极限。330kV 母线潮流分布如图 2-8 所示，此时，母线最大流动功率为 1280MW，母线最大电流小于母线额定电流 2500A，龙羊峡水电站母线设备可正常运行。

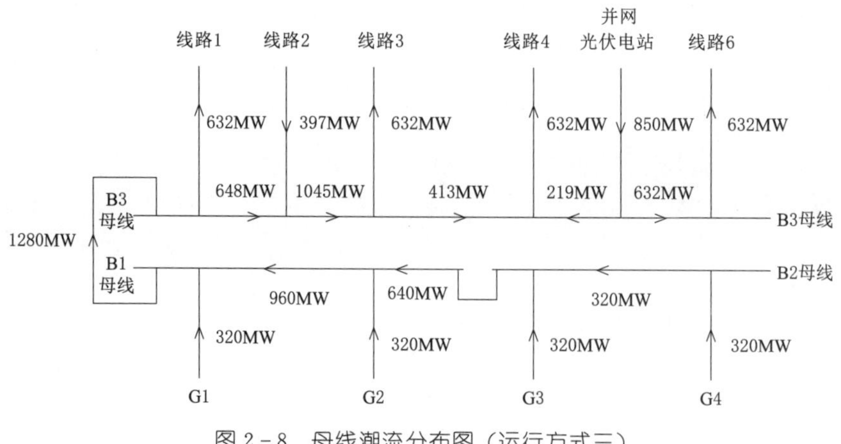

图2-8　母线潮流分布图（运行方式三）

（4）运行方式四：运行方式三叠加一回送出线路检修退出运行。讨论B2、B3母线的母联开关及线路1退出运行工况和B1、B3母线的母联开关及线路1退出运行工况，两种工况原理虽然相同，但由于退出线路与并网光伏电站接入间隔位置的不同使得330kV母线上最大流动电流存在差异。

第一种工况，B2、B3母线的母联开关及线路1检修退出运行，同时水电机组接入B3母线的隔离开关退出运行，G1和G2接入B1母线、G3和G4接入B2母线运行，其他330kV设备及线路均正常运行。三回送出线路（线路3、线路4及线路6），每回线路平均输送容量约842MW，接近各线路的输送容量极限。330kV母线潮流分布如图2-9所示，此时母线最大流动功率为1677MW，母线最大电流已超过母线额定电流2500A。

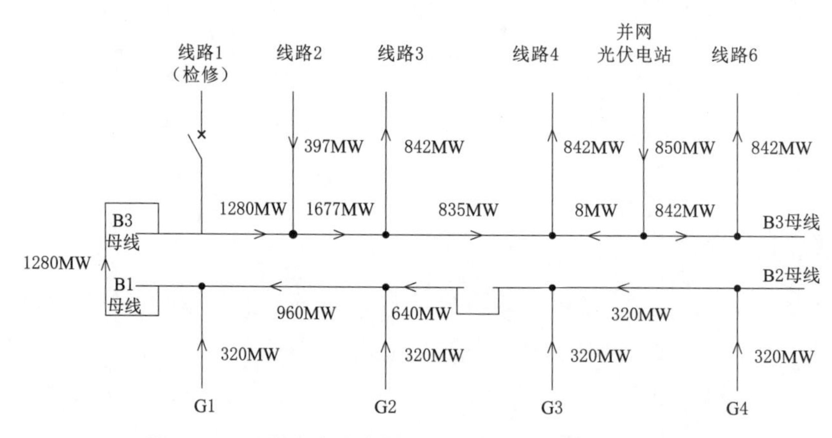

图2-9　母线潮流分布图（运行方式四　第一种工况）

此种工况，由于330kV B2、B3母线的母联开关退出运行，全部水电机组容量通过B1、B3母线的母联开关流入B3母线，同时线路1退出运行，线路2与线路3母线间流动功率必然超过1677MW。此时，限制线路2流入功率小于149MW或G2～G4接入B3母线的隔离开关任一台正常运行或B2、B3母线的母联开关正常运行即可避免该工况出现，使母线电流小于 2500A，保证龙羊峡水电站母线设备可正常运行。

第二种工况，B1、B3 母线的母联开关及线路 6 检修退出运行，同时水电机组接入 B3 母线的隔离开关退出运行、G1 和 G2 接入 B1 母线、G3 和 G4 接入 B2 母线运行，其他 330kV 设备及线路均正常运行。三回送出线路（线路 1、线路 3、线路 4），每回线路平均输送容量约 842MW，接近各线路的输送容量极限。330kV 母线潮流分布如图 2-10 所示，此时母线最大流动功率为 2130MW，母线最大流动电流已超过母线额定电流 2500A。

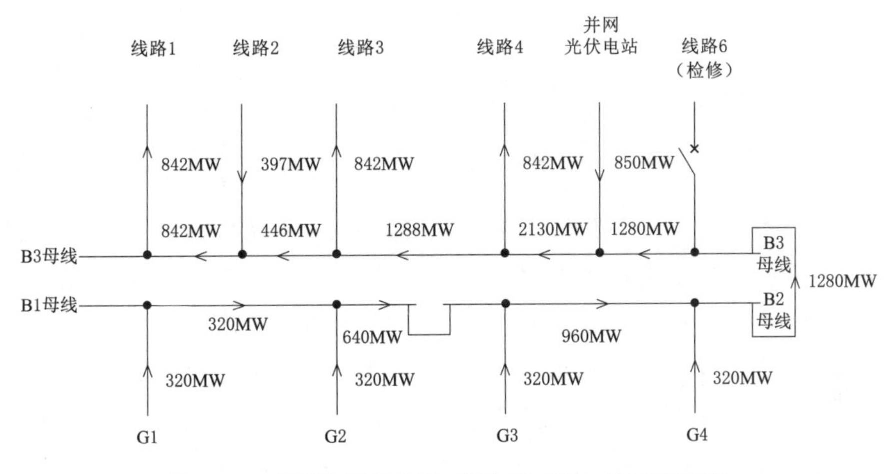

图 2-10　母线潮流分布图（运行方式四　第二种工况）

此种工况，由于 330kV B1、B3 母线的母联开关退出运行，全部水电机组容量通过 B2、B3 母联流入 B3 母线，且线路 6 退出，光伏电站与线路 4 母线间流动功率必然超过 1429MW。此时，光伏电站实时发电出力不超过 149MW 或 G1～G3 接入 B3 母线的隔离开关正常运行或 B1、B3 母联开关正常运行，即可避免该工况出现，使母线电流小于 2500A，保证龙羊峡水电站母线设备可正常运行。

（5）运行方式五：一段母线退出运行且另一段母线机组接入 B3 母线的隔离开关退出运行，同时一回送出线路检修退出运行

330kV B1 母线检修且线路 6 检修，同时 G3 和 G4 接入 B3 母线的隔离开关退出运行。这时，G1 和 G2 接入 B3 母线运行、G3 和 G4 接入 B2 母线运行，其他 330kV 设备及线路均正常运行。三回送出线路，每回输送容量约 842MW，接近各线路的输送容量极限；330kV 母线潮流分布如图 2-11 所示，此时母线最大流动功率为 1490MW，母线最大流动电流已超过母线额定电流 2500A。

此种运行方式，G3 和 G4 的容量通过 B2、B3 母线的母联开关流入 B3 母线，由于线路 6 退出运行，光伏电站与线路 4 母线间流动功率必然超过 1429MW。此时，光伏电站实时发电出力不超过 789MW 或 G3 接入 B3 母线的隔离开关正常运行，即可避

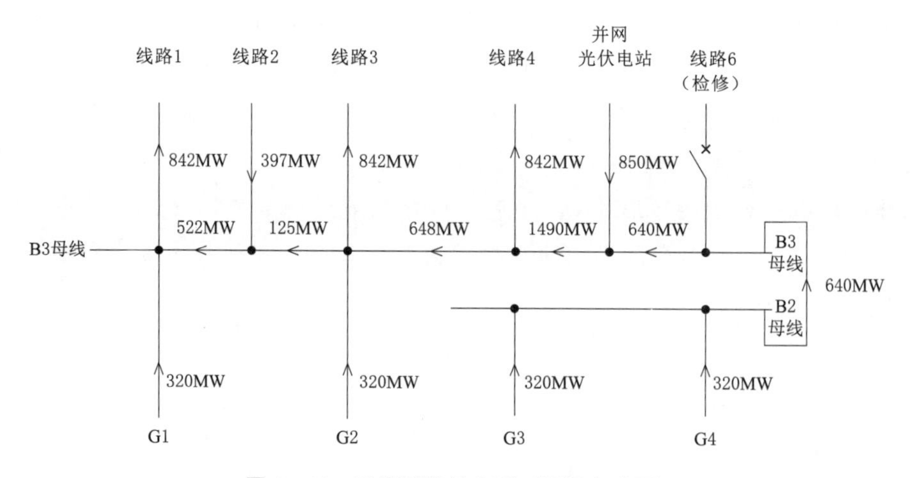

图2-11 母线潮流分布图（运行方式五）

免该工况出现，使母线电流小于2500A，保证龙羊峡水电站母线设备可正常运行。

通过以上五种运行方式的讨论分析可知，正常工况下，母线及各支路的流动功率均不大于允许值，只有在极限运行方式下，出现母联开关及水电机组接入相应母线的隔离开关同时退出运行，且叠加边间隔送出线路退出运行的工况，造成发电电源与送出线路在母线上分配不合理时，存在母线最大流动功率大于母线允许值的情况，在实际运行中发生这种多设备、多重故障互相叠加的极限故障运行情况的概率几乎为零。所以，接入850MW光伏电站后龙羊峡水电站330kV母线能够满足设备正常运行及送出容量的要求。

5. *水光互补项目并网光伏电站分期建设方案*

根据前面的计算分析可知，龙羊峡水电站330kV设备可接入光伏电站的容量850MW，但考虑到2012年时我国单体光伏电站建设还集中在几十兆瓦规模的情况，大型光伏电站建设技术还需进一步突破，水电站与光伏电站协调运行尚属首次，因此按“一次规划、分期建设”的原则分期建设光伏电站。“一次规划”指光伏电站场址选择、升压变电及输电线路等电力设施按850MW容量进行规划和设计；“分期建设”指光伏电站建设和接入龙羊峡水电站与水电机组协调运行分期完成，以缓和水光互补运行的难度，并可通过水光互补项目一期工程运行的实践验证研究结果，完善运行方案。

青海省海南州生态光伏园区规划建设规模1700万kW，满足龙羊峡水光互补项目并网光伏电站850MW用地的需求，可以在园区内一次规划光伏电站及电力设施用地。2011年黄河上游水电开发有限责任公司已在青海格尔木一次建成一座200MW集中式并网光伏电站，积累了一定的光伏电站建设经验，结合光伏电站的特点，水光互补项目一期工程项目建设300～500MW的光伏电站可行，主要受限因素在水电站与光伏电站的互补运行。

基于工程项目先行先试的示范作用，同时考虑对电力系统的电量和电力平衡影响最小的方式，以 320MW 的光伏电站替代龙羊峡水电站的一台水电机组接入电力系统，在光伏电站满发时龙羊峡水电站退出一台水电机组运行，光伏电站不能满发时由水电站的水电机组补充发电，将不影响接入电力系统的电力和电量。根据后续研究以水光互补运行对龙羊峡水电站运行及承担电力系统任务的影响、对梯级流域发电和综合用水的影响及水光互补协调运行的控制策略，初步确定龙羊峡水光互补项目一期工程建设 320MW，二期工程建设 530MW。

2.3 光伏电站接入龙羊峡水电站研究

龙羊峡水电站水电机组与主变压器的连接采用单元接线；330kV GIS 进线 4 回，出线 5 回，备用 1 回，采用双母线单分段出线带旁路刀闸的电气主接线。电站 330kV 高压配电装置为户内 GIS 设备。龙羊峡水电站计算机监控系统 2013 年开始改造，2015 年改造完成。

龙羊峡水电站装机容量 1280MW，1989 年全部机组投产，光伏电站以 330kV 电压等级接入龙羊峡水电站的关键是必须解决 330kV 线路接入的路径问题。由于水电站建于高山峡谷，在原龙羊峡水电站建设设计时 330kV 线路的接入就是其难点之一，一方面，光伏电站接入需要在已建成的建构筑物基础上增加一回 330kV 线路的接入；另一方面，针对龙羊峡水电站现状，在研究解决了 330kV GIS 的接入场地、330kV 电缆的敷设路径以及 330kV 线路的引入点等问题后确定 330kV 线路接入的可行性及接入方案。

2.3.1 龙羊峡水电站现状

1. 电站接入电力系统现状

龙羊峡水电站采用 330kV 一级电压接入系统。原设计出线 6 回，其中 2 回备用。项目建设当期为出线 5 回，预留 1 回备用，其中 5 回出线分别为线路 1～线路 4 以及线路 6，预留 QF9 备用间隔作为线路 5。青海电网位于西北电网的西部，供电范围已覆盖东部的西宁、海东、黄化；中部的乌兰、格尔木等地区，西宁及海东是电网的核心地区，主网最高电压等级为 750kV。

2011 年青海电网地理接线示意如图 2-12 所示。

2. 龙羊水电站电气主接线

龙羊水电站水电机组与主变压器的连接采用单元接线；330kV 高压侧进线 4 回，出线 5 回，备用 1 回，采用双母线单分段出线带旁路刀闸的电气主接线。水电站 330kV 高压配电装置为户内 GIS 设备。

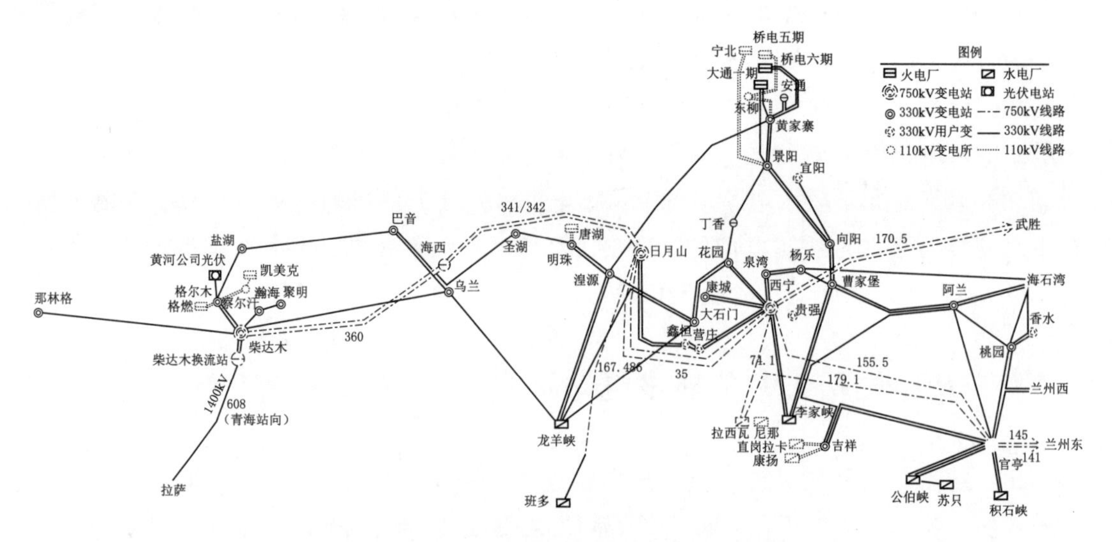

图2-12　2011年青海电网地理接线示意图

龙羊峡水电站电气主接线如图2-13所示。

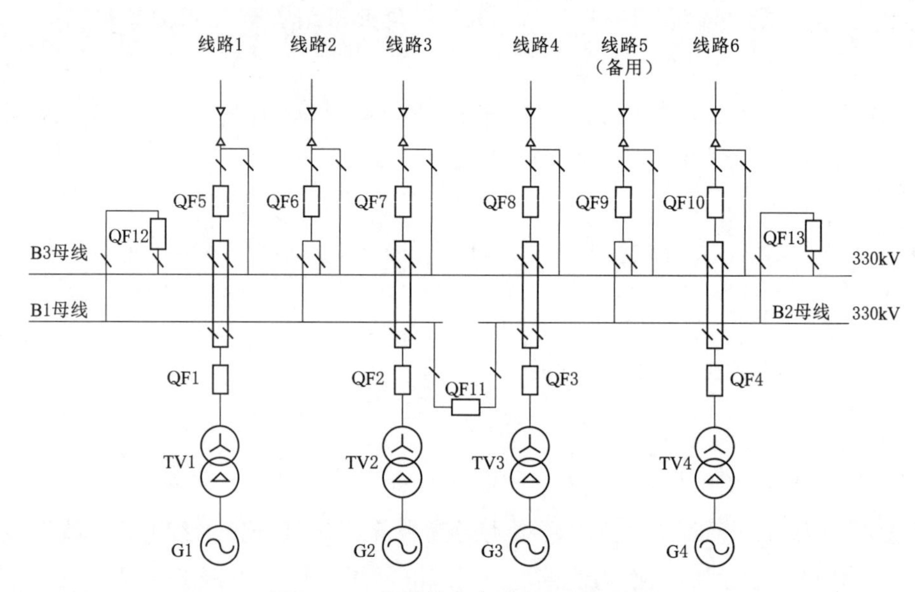

图2-13　龙羊峡水电站电气主接线图

3. 龙羊峡水电站相关主要设备参数

363kV GIS进线及出线间隔断路器及隔离开关额定电流为1600A，母线及母联间隔额定电流为2500A；进线及出线间隔电流互感器变比为1200-600/1A；主母线采用三相共筒式，分支母线采用分相式，母线额定电流为2500A。5回出线330kV电缆采用截面为920mm^{2}的ZQCY$_{22}$单相自容式充油电缆，额定电流为1200A；输电线路均采用2×LGJQ-400导线。

4. 相关主要设备布置

363kV GIS开关站位于尾水副厂房，地板高程为2475.20m，距尾水平台和发电机层的高度为11.9m。开关站室内长度为92m，宽12.5m。其右端设有2.8m×5.25m的吊物孔，左端设有安装场。上游侧设有专供设备搬运和进行试验调整以及操作维护使用的通道，宽2.6m，下游侧设有贯穿性巡视通道，宽1.0m，所有GIS设备均布置于搬运道和巡视道之间的空间里。363kV GIS开关站共有6个出线间隔，其中5个出线间隔已使用，1个备用间隔即QF9备用间隔，位于左侧的第五个间隔。

原设计6回330kV出线分3处布置，坝后厂房顶布置2回，左坝肩2610平台布置2回，下游左岸北大山水沟布置2回。项目建设当期，5回出线均布置在坝后厂房顶平台上，出线设备与GIS采用330kV电缆连接。330kV电缆通过深1.8m，宽5.6m的电缆竖井由GIS室下部的电缆夹层引至厂房顶出线平台。该电缆通道原设计敷设4回330kV电缆，经过历年运行维检实际敷设5回330kV电缆，其中1回布置在竖井的上游侧。

5. 接地系统现状

龙羊峡水电站设计接地网总接地电阻值为0.5Ω，在2001年9月测试时接地电阻为0.16Ω，2007年7月测试时接地电阻为0.28Ω。由此可知，接地电阻随着时间还是有变化的；为确保项目建设的安全性，需要对实际接地电阻进行测试。2012年8月底再次对接地电阻进行测量，测得接地网接地电阻值为0.2853Ω，与2007年测得数据比较无明显变化。

6. 水电站计算机监控系统现状

2011年，龙羊峡水电站采用以计算机监控系统为主体的全厂监控系统，计算机监控系统采用双星型以太网结构，分为厂站控制级设备及现地控制级设备。其厂站控制级设备包括数据采集服务器、历史数据库服务器集群、应用程序服务器、操作员工作站、工程师/培训工作站、编程/维护工作站、生产信息查询统计服务器集群、web数据工作站、web发布服务器、远程维护和诊断拨号服务器、通信服务器、ON-CALL及报表外设服务器等；现地控制级设备包括机组LCU、开关站LCU、公用LCU及坝区LCU，其中开关站LCU负责完成对开关站所有相关设备的数据采集和处理、控制操作和同期功能，同时实现自诊断、人机联系及通信功能。

7. 继电保护和安全自动装置现状

(1) 330kV线路保护。龙羊峡水电站QF9备用间隔未配置线路保护及线路故障测距，其他线路继电保护装置及安全自动装置运行良好。

(2) 330kV母线保护。龙羊峡水电站330kV母线设有两套相互独立的母线保护（含断路器失灵保护），保护装置留有QF9备用间隔接入的电流支路。

(3) 故障录波。龙羊峡水电站故障录波装置没有接入QF9备用间隔的信息，现有故障录波装置不具备接入该间隔全部信息的备用通道。

（4）相量测量系统。龙羊峡水电站已配置一套相量测量系统。该系统包括5套相量测量装置、1套同步数据处理装置、1套GPS及1套通信装置。5套相量测量装置分别用于4个发变组单元及开关站相关电气量采集，其中开关站相量测量采集装置共配置8回支路采集通道，已接入5回支路，仍有3回支路采集通道备用，具备采集QF9备用间隔信息的条件。

8. 电站控制电源系统现状

龙羊峡水电站已配置1套DC220V直流控制电源系统，采用单母线分段接线。

电站计算机监控系统设置1套专用UPS电源，无全站公用系统的UPS电源，站内设备的交流供电主要取自站用电系统。

9. 电站二次接线现状

（1）330kV母线电压互感器。龙羊峡水电站330kV母线采用双母线单分段接线，每段母线上设置1套四绕组（3个二次绕组）电压互感器。

（2）363kV GIS QF9备用间隔现状。龙羊峡水电站363kV GIS QF9备用间隔断路器两侧设置两组1200/1A电流互感器，准确级分别为B/B/B/0.5和B/B，该电流互感器额定电流比和准确级均不能满足现行继电保护、测量及计量要求。

QF9备用间隔自发电以来一直是处于备用工作状态，对设备整体状况进行检查和分析后认为，QF9备用间隔整体可用于光伏电站330kV线路接入，但存在以下问题：

1）由于在其他间隔检修时利用其元器件替换使用，QF9备用间隔个别元器件缺失。

2）电流互感器变比参数不满足接入光伏电站容量要求，需更换电流互感器。

3）QF9备用间隔控制设备、继电保护装置及操作回路不完整，个别继电器、温控器缺失。

3）QF9备用间隔汇控柜及相应线路TV端子箱。330kV QF9备用间隔汇控柜缺失个别继电器、温控器，相应线路未建设，其TV端子箱也未设置。

4）330kV电压并列屏。龙羊峡水电站330kV系统采用双母线单分段接线，每段母线设置1套母线电压互感器。设置电压并列屏，完成330kV电压并列功能。

5）B2与B3母线的母联断路器旁路线路功能。330kV B2和B3之间的母联断路器额定电流为2500A，该间隔电流互感器变比为1200/1A，当光伏电站按终期建设规模满发时，B2与B3母线的母联间隔的TA不能满足作为QF9间隔代路的要求，此时，B2与B3母线的母联间隔代路QF9备用间隔功能无法使用。

10. 电量计费系统现状

龙羊峡水电站330kV线路均设置了关口电量计费表，关口电量计费表的电量接入电量采集远方终端；但QF9备用间隔相应线路没有设置关口电量计费表，电量采集远方终端留有接入该支路的通道。

11. 水电机组稳定性分析

(1) 压力脉动及功率波动测量。并网光伏电站接入龙羊峡水电站后，水电机组将频繁地变负荷运行以调节光伏电站出力的波动，这对水电机组的稳定性能提出了更高的要求。为了明确当前龙羊峡水电站水电机组的运行稳定性，在2013年初，选定1号水电机组在毛水头132.64m下进行试验，除按《水轮机、蓄能泵和水泵水轮机水力性能现场验收试验国际标准》(IEC 41—1991) 进行了尾水管、顶盖和蜗壳进口压力脉动的测量外，考虑到调节光伏电站发电波动可能对水电机组的功率波动影响，还增加了功率波动测量。试验结果如下：

1) 尾水管最大压力脉动相对振幅值7.90%，频率为涡带频率0.26倍转频，涡带区域128～224MW，对应导叶开度41.2%～52.1%。符合混流式水轮机压力脉动的一般规律。

2) 顶盖最大压力脉动为6.02%，高值区域集中在125～288MW；压力脉动相对振幅值均在5%～6%之间，低频0.26～0.55倍转频；其余区域的压力脉动都很小。

3) 水车室蜗壳进口测压点管道内放出的水流一直呈现乳白色，携带大量气泡。分析其原因，这一反常现象可能是由于管道锈蚀漏气造成的。由于短期内管道问题无法解决，蜗壳进口测量结果仅作趋势性分析参考。水电机组带100MW负荷时的压力脉动较大，其余区域显著下降。

4) 有功功率最大波动7.16MW，出现在水电机组带192MW负荷时，波动频率为0.24倍转频。这一区域主要是尾水涡带引发的功率波动，功率波动使得水电机组在带高负荷和带低负荷时都有明显下降。例如，1号水电机组的压力脉动及功率波动趋势如图2-14所示。

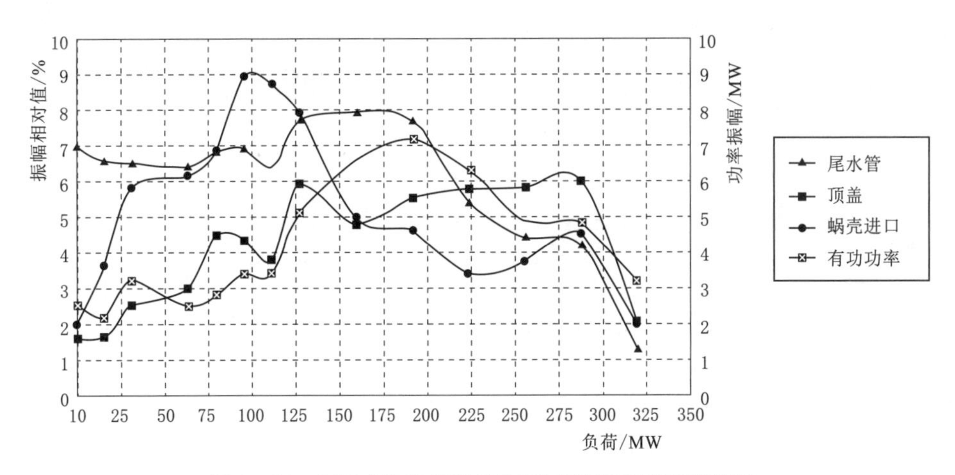

图2-14　1号水电机组的压力脉动及功率波动趋势图

(2) 机组振动测试。由于水力、电力、机械因素或其他不平衡因素等的综合作用，水电机组一般存在不稳定工况区。在不稳定工况区运行时，水电机组大轴摆度、机械磨损都会变大，受损情况严重。这个不稳定工况区即称为水电机组的振动区，水电机组的振动区一般通过稳定性试验获得。水电机组的振动区与水头、出力密切相关，对于高水头电厂，在不同的水头下，振动区存在差异，一般来说，低水头下水电机组的振动区大，高水头下水电机组振动区小。

由于水电机组存在振动区，为了保障水电机组的运行安全，在对水电机组进行有功功率调节时，应尽量使水电机组不运行在当前水头下的振动区内，即避开当前水头振动区运行，尽量不频繁跨越振动区。

为了解龙羊峡水电站水电机组的运行状态，2013年初，黄河上游水电开发有限责任公司与东方电机有限公司联合对1号水电机组在毛水头132.60m时的额定空转工况、空载加100%励磁工况和带不同负荷工况进行了振动测试，测量振动及摆度值，分析机组振动原因。

测试试验数据显示机组机械平衡良好；加励磁后上机架和上导的振动、摆度增加且均为转频分量，表明水电机组存在一定的电磁不平衡。对测试数据分析可知水电机组转子圆度和定子圆度都较好，主要是由于发电机转子和定子不同心引起的发电机定、转子气隙不均匀而造成的电磁振动，该电磁振动为转频振动，不是极频100Hz电磁振动，水电机组整体振动值很低，达到优秀水平。机组带负荷试验显示水电机组在128～224MW区间运行时振动偏大，振动增大的主要成分是0.6～0.7Hz水力分量，建议水电机组尽量在避开该振动区的工况下运行。

12. 机组调速器性能分析

为了解并网光伏电站接入龙羊峡水电站以后，水光互补协调运行调速器调节相应性能能否满足要求，故针对2号水电机组（图2-13中的G2）的调速器部分性能做了验证试验，包括频率变化接力器响应时间测试、甩25%负荷接力器响应时间测试、调节过程电机温升测试、不同有功功率变化调节响应时间测试等。主要试验结论如下：

（1）调速器电机动作和电转动作之间存在一定死区，调节时间在0～0.1s之间，电转动作到接力器响应间隔约为0.3s。

（2）电机短时间频繁小幅度动作温升在可接受范围内，不影响电机使用寿命。

（3）有功功率调节速率约为10MW/s。

2.3.2 并网光伏电站接入龙羊峡水电站方案

2.3.2.1 并网光伏电站接入电力系统

龙羊峡水光互补项目并网光伏电站的装机容量为850MW，以一回330kV线路接入龙羊峡330kV GIS QF9备用间隔。并网光伏电站地理位置示意如图2-15所示。

根据龙羊峡水电站的现状分析，330kV系统设备在考虑适当裕量及功率因数、充分利用主要设备能力，并更换部分设备元件后，可以接入光伏电站850MW的容量，

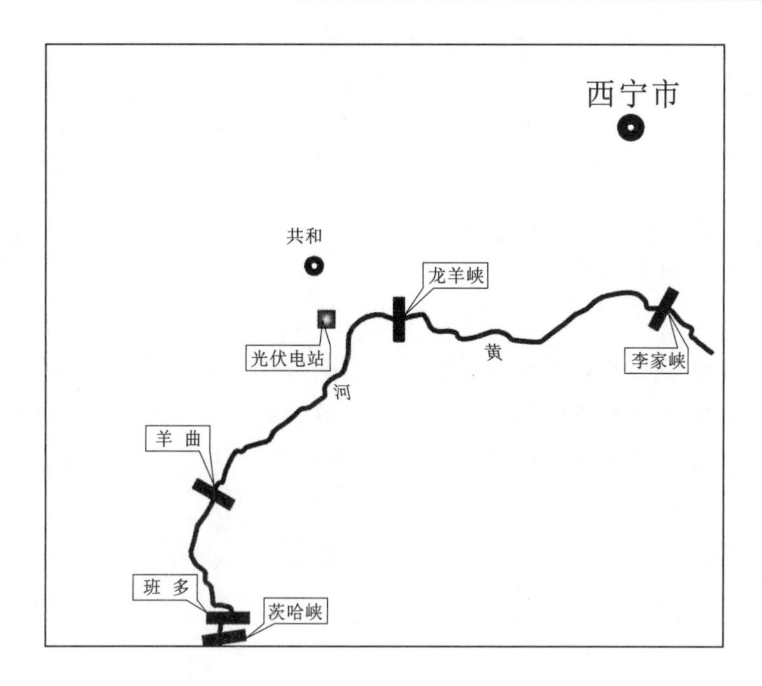

图 2-15 并网光伏电站地理位置示意图

并通过已建的 5 回送出线路共同接入电力系统。

2.3.2.2 QF9 备用间隔改造

要对闲置多年的 363kV GIS QF9 备用间隔再利用，必须对其回路元器件及电气二次设备进行全面配套完善。

(1) 363kV GIS QF9 备用间隔的母线侧电流互感器（TA）室内安装 5 只电流互感器，线路侧 TA 室装 3 只电流互感器，QF9 备用间隔的 TA 室可不进行改造，选择满足电流互感器室安装要求的电磁式电流互感器进行更换。对应的电流互感器二次侧引出端子需要相应增加，更换后的电流互感器配置及参数见表 2-3。

表 2-3　　QF9 备用间隔电流互感器配置及参数表

序号	用 途	准确级	额定电流比	额定负荷/VA	总高度/mm
1	线路保护Ⅰ	5P30	1000-1500-2000/1A	20	285
2	线路保护Ⅱ	5P30	1000-1500-2000/1A	20	
3	稳控Ⅰ	5P30	1000-1500-2000/1A	20	
4	故障录波装置稳控Ⅱ	5P30	1000-1500-2000/1A	20	
5	测量 PMU 电能测量	0.2	1000-1500-2000/1A	30	
6	母线保护 2	5P30	1000-1500-2000/1A	20	165
7	母线保护 1	5P30	1000-1500-2000/1A	20	
8	计量	0.2S	1000-1500-2000/1A	20	

（2）原厂订货补齐缺失的C相电缆头上部导电杆。

（3）线路电压互感器。330kV光伏进线的线路侧设置一台五绕组电压互感器，一个电能计费专用星形二次绕组，准确级0.2；两个相互独立的保护用星形二次绕组，准确级3P/0.5、3P；一个剩余电压绕组，准确级6P。其他的二次负荷可按负荷均分的原则分别接于两个保护用星形二次绕组。

2.3.2.3　330kV线路引入方案

1. 330kV线路接入330kV GIS场地

龙羊峡水电站363kV GIS设备布置于尾水副厂房主变压器室上的GIS室。副厂房厂左安装场左侧上游侧布置有电缆竖井，QF9备用间隔位于GIS室间隔4，对应GIS设备三相接入位置GIS室楼板留有至电缆层的电缆进线开孔，330kV电缆可在电缆层敷设至GIS间隔4位置向上穿楼板直接接入GIS设备。

330kV GIS及330kV电缆出线布置方案如图2-16所示。

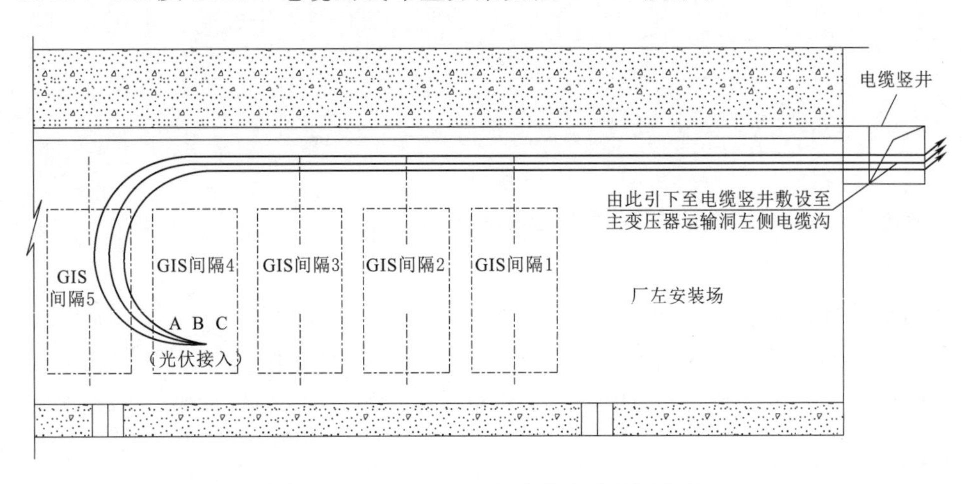

图2-16　330kV GIS及电缆出线布置方案

2. 330kV电缆敷设路径

（1）330kV电缆引出厂房通道分析。原设计龙羊峡水电站出线330kV电缆2回经厂左电缆竖井引下至主变交通洞再引至北大山水沟出线楼架空出线；2回出线330kV电缆经厂左电缆竖井上引至坝后2490m平台架空出线；1回出线330kV电缆经厂左电缆竖井上引后经出渣洞引向北大山水沟出线楼架空出线。

项目当期5回出线330kV电缆均由厂左电缆竖井上引至坝后2490m平台架空出线。厂左电缆竖井中下游侧敷设4回出线330kV电缆，上游侧敷设1回出线330kV电缆。原设计引至北大山水沟出线楼的3条电缆通道闲置且未作他用。

按照高压电缆敷设要求，同一竖井内的敷设电缆回路数不宜超过4回；厂左电缆竖井由电缆层向上的电缆竖井剩余空间已不满足再增加一回出线330kV电缆的布置及敷设。若要在厂左电缆竖井由电缆层向上再敷设一回出线330kV电缆，需对已有5回出线 330kV 电缆重新布置及敷设，并增加相应防火分隔。在运行的 5 回出线 330kV 高压电缆若重新调整敷设将严重影响水电站的正常运行，甚至影响西北电网的运行。因此，电缆竖井由电缆层向上不宜再增加布置 1 回出线 330kV 电缆。

厂左电缆竖井由电缆层向下至主变交通洞仍可布置及安装敷设出线 330kV 电缆。

出线 330kV 电缆若要由电缆层向上引，需在电缆层最左端上通风孔左侧扩孔后采用电缆支架敷设至下游墙户外，再沿下游墙户外向上敷设至 2490.00m 平台。这一方案需要在尾水副厂房电缆层下游墙开孔或利用已有的通风孔扩大尺寸，孔洞尺寸需满足出线 330kV 电缆敷设的要求。

(2) 2490.00m 平台引出路径。2490.00m 平台厂左及上游侧布置有“L”形 330kV 出线构架，满足已有 5 回 330kV 线路出线需求。新增出线 330kV 电缆向上敷设至坝后 2490.00m 平台后可改架空线路跳线后出线，也可沿 2490.00m 平台厂左引至该平台上游侧墙后进入出渣洞沿出渣洞敷设至北大山出线楼。

改为架空出线方案需在 2490.00m 平台新建 330kV 出线构架，经大坝右侧边墙 2550.00m 平台构架引向大坝过渡后，再引向大坝右岸线路铁塔。布置方案如图 2-17 所示。

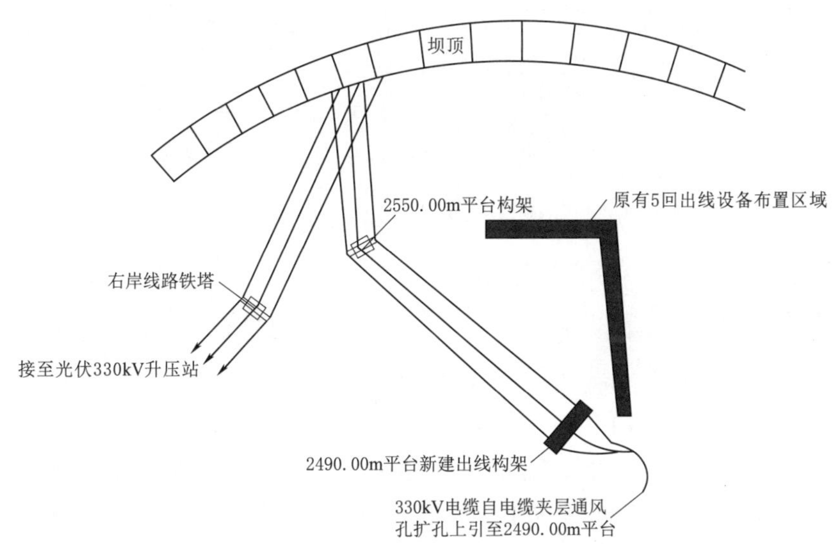

图 2-17 2490.00m 平台出线方案

3. 北大山水沟出线楼引出路径

原龙羊峡水电站设计时，北大山水沟按两回出线设计，两回 330kV 电缆经电缆竖井向下引至尾水平台左端，经主变运输洞两侧电缆沟引至北大山水沟出线室，出线室共 6 个间隔。

北大山水沟出线楼因 1997 年的地区性大暴雨遭到泥石流的冲击，下部结构填埋。之后对出线楼周边进行了处理，主要是上游组织排水泄洪和周边挡护排水。西北大坝中心及西安理工大学共同完成的《龙羊峡水电站出线楼有限元计算及结构安全性能分析》技术报告，基于原北大山水沟出线楼的设计及后续排洪综合治理方案及结构分析计算后选择继续使用闲置未用的北大山水沟出线楼和主变交通洞电缆沟到北大山水沟出线楼的电缆通道，新增的330kV线路出线可利用北大山水沟出线楼出线室架空线路向下游左岸平台出线，具体的出线布置如图2-18所示。

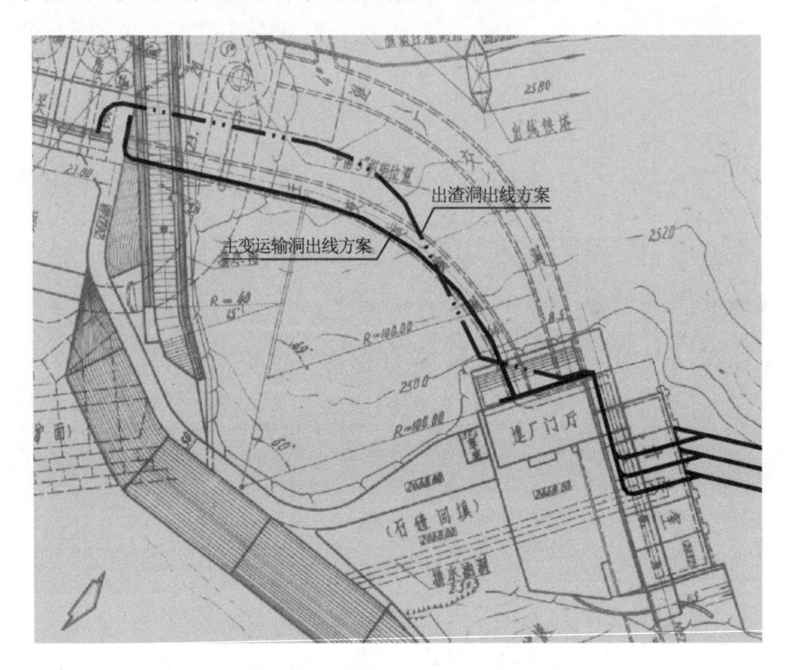

图2-18　北大山水沟的出线布置图

4. 330kV线路引入方案比较

光伏电站330kV线路引入龙羊峡水电站时，通过对设备场地、电缆路径、架空出线布置等进行了全面分析，提出2490.00m平台引出方案、出渣洞—北大山水沟出线方案及主变运输洞—北大山水沟出线方案三种方案。综合经济技术比选，主变运输洞—北大山水沟出线方案为最终实施方案。出线330kV电缆由电缆夹层敷设至厂左电缆竖井，沿电缆竖井向下引至尾水平台左端，经主变运输洞电缆沟引至北大山水沟电缆竖井，上引后进入北大山水沟出线楼向下游左岸平台架空出线。330kV高压电缆主变运输洞敷设示意如图2-19所示，北大山水沟330kV出线布置如图2-20、图2-21所示。

2.3.2.4　电气二次系统接入方案

1. 计算机监控系统

计算机监控系统的开关站LCU实现QF9备用间隔及相应线路的测量、数据采集、同期及控制回路，龙羊峡水电站QF9备用间隔相关设备的数据信息上送至开关站LCU，接受全厂计算机监控系统的统一监控、管理。

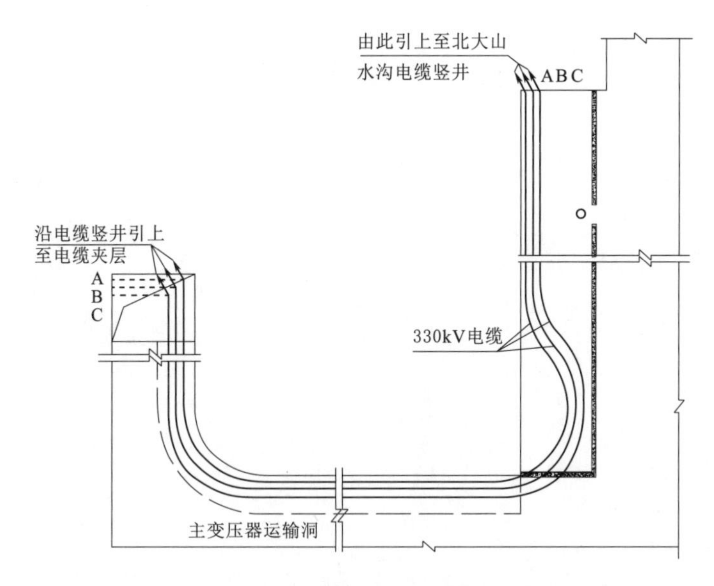

图2-19　330kV高压电缆主变运输洞敷设示意图

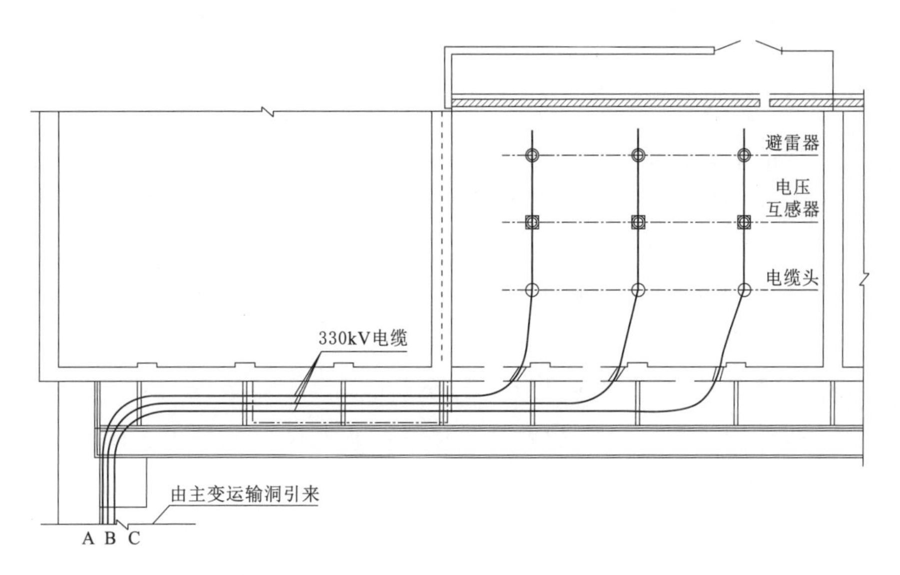

图2-20　北大山水沟330kV出线平面布置图

光伏电站计算机监控系统通过通信服务器与龙羊峡水电站通信服务器通信，接入龙羊峡水电站计算机监控系统。龙羊峡水电站计算机监控系统改造同步实现水光互补协调运行控制系统功能。

2. 继电保护和安全自动装置

新增龙羊峡水电站至并网光伏电站的330kV线路保护，保护按近后备原则配置双套完整的、独立的全线速动保护，每套保护均具有完整的后备保护。采用光纤电流分相差动保护作为全线速动主保护，装设阶段式相间和接地距离保护、零序电流保护作

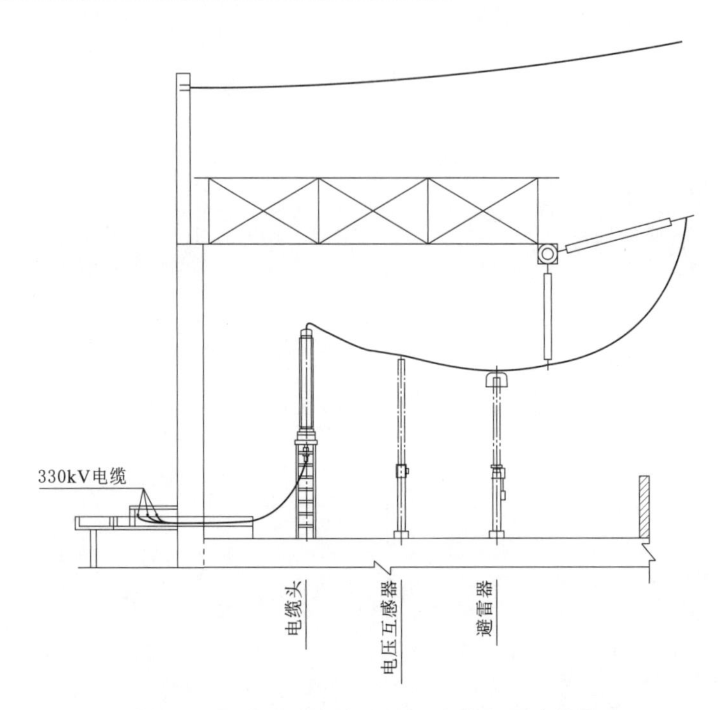

图2-21　北大山水沟330kV出线剖面布置图

为线路的后备保护。配置双套远方跳闸保护。配置一套分相断路器操作箱，包括重合闸功能。两套保护屏均配置330kV电压切换装置，电压切换装置的进线电压取自330kV电压并列屏相关母线并列后的电压。

QF9备用间隔相应线路分别接入两套330kV母线保护的备用支路，完善330kV母线保护。

龙羊峡水电站为QF9备用间隔新增配置1套故障录波装置，用于其故障信息的采集和记录、故障启动判别、信号转换等功能，并能显示、打印及存储以上故障信息，为系统进行详细的故障分析提供可靠的依据。

QF9备用间隔相关接线接入开关站相量测量采集装置的备用采集通道。

龙羊峡水电站为QF9备用间隔新增配置1套行波故障测距装置，为接入光伏电站的330kV线路进行故障定位分析。

3. 电能计费系统

在龙羊峡水电站QF9备用间隔线路侧设置关口计费点，配置智能型多功能电能计量表，电能计量表采用三相六线制接线，有功电能表精度为0.2S级、无功电能表精度为2.0级。关口电能计量表的电度量信息送至龙羊峡水电站已配置的电能量采集远方终端。

按照光伏电站接入电力系统的相关要求，龙羊峡水电站为满足并网光伏电站的接入，新建1套电能质量监测设备，监测龙羊峡水电站并网点及光伏电站接入点的电能质量，并将电能质量信息上传至电能质量在线监测主站。

4. 工程实施过程中应注意的问题

工程实施时，需对330kV母线保护接线进行改造，新增QF9备用间隔交流电流采集的接线，此时，330kV母线保护退出运行。新增电能质量在线监测装置，监测5回330kV线路并网点及光伏电站接入点的电能质量，采集330kV系统各间隔的电气量。开关站相量测量采集装置增加QF9备用间隔相应接线。以上接线改造均需龙羊峡水电站停电配合，工期安排可以考虑与龙羊峡水电站计算机监控系统改造施工同期完成。根据工程建设的情况与电力调度部门协商停电计划及停电时间。

光伏电站接入龙羊峡水电站后，330kV母线及330kV线路的继电保护定值均应重新复核计算。

由于龙羊峡水电站已经运行了近30年，期间二次系统经过多次改造，二次盘柜室的盘位及电缆通道都十分紧张，工程新增的二次盘柜布置应充分考虑龙羊峡水电站二次盘位的备用位置及退出运行盘柜的清理，新增盘柜尽量与相关盘柜就近布置，优化电缆路径及二次接线。

2.3.3 并网光伏电站接入龙羊峡水电站分析结论

通过对龙羊峡水电站330kV系统设备参数的分析，得出的结论是并网光伏电站接入龙羊峡水电站可行，龙羊峡水电站电气二次各系统能满足并网光伏电站接入后的保护、控制及电网稳定要求。因此，通过对363kV GIS QF9备用间隔回路元件及二次设备进行配套完善，并网光伏电站接入龙羊峡水电站可行。

根据对接入系统的分析论证，随着2014年湟源—日月山线路电网断面加强的工作完成，2015—2016年龙羊峡水电站送出能力能够满足850WM光伏电站与水电站水光互补运行后的送出需求。

当水电站满发时，增加并网光伏电站850MW容量接入，水电站330kV母线最大计算电流将高于330kV母线额定电流；通过分析可知，当并网光伏电站接入后，在极限运行方式下，虽然存在母线流动功率大于母线允许值的情况，但可通过调整运行方式，仍能满足设备正常运行及送出容量的要求。

水光互补协调运行控制应在保证水电站水电机组和光伏电站安全可靠运行的前提下，综合考虑光伏电站发电功率预测、水库调度、水电机组参与调节容量、水电机组运行工况等多方面因素，优先光伏电站发电，以水光互补运行满足电力调度的需求。

2.4 本章小结

(1) 龙羊峡水电站水库具有多年调节性能，库容大、补偿能力强、运行调度采用

“以水定电，以电调水”的方式，运行方式灵活，日运行基本不受综合利用要求的影响，具有为光伏电站进行补偿调节的优越条件。

（2）光伏电站接入已建成的水电站，与水电站共同接入电力系统，可以提升水电站已建成的电力设施的利用率。但同时，应考虑水电站电力设施的电气参数和电气运行方式，合理确定光伏电站的接入规模。

（3）项目建设当期，大规模光伏电站还没有成功的建设经验，尤其是水光互补运行对电网的运行会有什么样的影响还不明确。龙羊峡水光互补项目采用“一次规划、分期建设”的原则进行开发建设。项目确定以一台水电机组的容量建设光伏电站，运行时以水电站的水电机组作为光伏电站的补偿容量，最小化的影响电网的电力和电量平衡。

（4）光伏电站接入已运行的水电站，需对水电站的电气设备及接地系统进行复核，通过对部分元器件进行更换、完善及相关控制、保护系统进行补充，确保光伏电站接入水电站后的正常运行。

（5）光伏电站接入已建成的水电站，在接入路径通道及相关建构筑物上需要利用、改造水电站的已建设施，需对构筑物结构和施工期对运行设备的影响进行分析论证，确保光伏电站接入过程和接入后的正常运行。

第3章

水光互补运行分析

3.1 水光互补运行原则

3.1.1 水光互补运行分析的目的

龙羊峡水光互补项目以已建的龙羊峡水电站为依托，在规划的共和光伏发电园区内新建光伏电站，光伏电站以1回330kV线路接入龙羊峡水电站的备用间隔与龙羊峡水电站共同接入系统，以水光互补运行的方式共同完成电力系统的发电任务，解决调峰需求。龙羊峡水光互补项目以供电青海电网为主，当时计划工程在2013年年底建成，设计水平年为2015年。

水光互补客观评估龙羊峡水电站的实际情况，因地制宜挖掘设备配置资源起到决定性作用，通过充分发挥水电站调节能力，与新能源的发电出力相匹配，对水光互补运行方式分析，提高电力市场清洁能源比例、输电通道利用效率、电力需求响应能力，提高效率、降低成本，不断提升竞争力，确保电力系统安全稳定运行，促进新能源开发消纳，推动能源转型和绿色发展。水光互补利用已建龙羊峡水电站，在满足防洪、发电、灌溉等综合利用要求的前提下，基本不影响龙羊峡水电站承担系统的任务，遵循水量平衡的原则，跟随光伏电站发电出力的变化，调整水电站的发电出力，使光伏电站的发电出力与水电站的发电出力共同满足电力系统调度需求，同时让光伏电站的发电量在电力系统充分利用，提高光伏发电的利用率。

龙羊峡水电站水库库容大，调节能力强，具备一般水电站运行灵活、启动迅速、适应于负荷的变动等特点，可以灵活调峰、调频、调相及事故备用，可为不稳定的电源进行补偿。光伏电站受昼夜、季节、天气、温度等的变化，其发电出力具有一定的波动性、随机性、间歇性，是发电稳定性较差的电源，但同时也为电网提供了清洁电量。水电与光电互补运行，宏观上是以水电的容量补偿光电的波动性，以光电的电量补偿水电承担系统的基荷电量，增加水电站的可调水量，从而增加水电站的可调电量。

结合新能源通常日变化较大特点，水电与光电互补运行主要考虑日内互补，根据补偿效果的不同，将补偿分为：小幅度补偿，平滑新能源出力变幅；完全互补，水电与新能源组合为一个电源，满足系统负荷需求。

1. 小幅度补偿

根据新能源出力变幅，结合新能源接入要求、水电机组规模及调节幅度等，通过水电补偿使新能源输入系统成为相对稳定的电源，电力系统增加消纳新能源的电量。

2. 完全互补

根据水电站在电力系统中承担的作用和工作位置，将不同规模的新能源典型日出力过程与水电出力过程打捆，以保障新能源更容易在电力系统消纳。完全互补主要体现在枯水期，因为丰水期的水电站处在较大发电出力甚至满发的状态下，无法与新能源进行深度补偿，否则将造成水电站弃水。

3.1.2 水光互补运行原则与方法

水光互补运行的原则是在满足防洪、发电、灌溉等综合利用要求前提下，基本不影响龙羊峡水电站承担系统的任务，遵循水量平衡的原则，合理利用光伏的发电量。

水光互补运行的方法是针对不同水光互补方案采用不同的方法：首先利用龙羊峡水电站调节能力，对光伏电站的发电出力进行补偿，进行龙羊峡水电站和光伏电站互补计算，确定龙羊峡水电站的可调出力；然后通过电力电量平衡和日运行方式模拟，分析龙羊峡水光互补组合电源前后的优缺点以及电力电量在系统的利用情况、水光互补可能带来的影响。

3.2 项目建设当期电力市场空间分析

3.2.1 电力系统现状及发展规划

3.2.1.1 电力系统现状

青海电网位于西北电网的西部，供电范围已覆盖东部的西宁、海东、黄化及中部的乌兰、格尔木等地区，西宁及海东是电网的核心地区，主网最高电压等级为750kV。

截至2013年年底，青海省全口径装机容量17100MW，其中：水电11180MW，占比65%；火电2350MW，占比14%；并网风电100MW，占比1%；并网光伏发电3480MW，占比20%。

2013年青海全省年发电量达到591亿kW·h，较2012年降低0.1%；年用电量达到676亿kW·h，较2012年增长12.3%。

截至2013年年底，全网共有750kV变电站6座（含2座开关站），主变8台，容量14400MVA；330kV变电站25座（含1座开关站）、主变55台，容量14250MVA；

110kV 变电站 103 座、主变 196 台，容量 7513.6MVA。

截至 2013 年年底，全网共有 750kV 线路 17 条，总长度为 2716.4km；±400kV 直流线路 1 条，总长度 608km；330kV 线路 99 条，总长度 5160.33km；110kV 线路 499 条，总长度 10519.5944km。

青海电网呈现以下主要特点：

（1）园区经济发展迅速，对电网供电要求越来越高。随着西宁甘河工业园区、民和下川口工业区、海西柴达木循环经济区开发力度的加大，园区高载能工业负荷增长迅猛，对相关地区电网的供电能力及供电可靠性提出更高要求。

（2）青海电网负荷日内需求更加平坦。随着高载能工业的迅速发展，使负荷性质愈显单一，网内负荷的 80%为铝、镁、钢、硅铁、碳化硅等高载能生产用电，日内负荷需求变化较小，更加平坦。

3.2.1.2 电力发展规划

1. 电力需求预测

根据 2012 年的相关电力规划报告成果，2015 年青海电网最高发电负荷为 14500MW，全社会年用电量为 1000 亿 kW·h；2020 年青海电网最高发电负荷为 21500MW，全社会年用电量为 1481 亿 kW·h。因此，2012 年青海电网电力需求预测见表 3-1。

表 3-1　　2012 年青海电网电力需求预测表（中负荷水平）

年　份	2015	2020	年平均增长率	
			“十二五”期间	“十三五”期间
最高发电负荷/MW	14500	21500	17.79%	8.20%
全社会用电量/(亿 kW·h)	1000	1481	16.91%	8.17%

从 2012 年以来近十年的实际年负荷曲线统计分析，青海电网年负荷曲线比较平直，全年最大负荷多发生在 11 月和 12 月，最小负荷主要在 6—8 月。青海电网负荷以工业负荷尤其是高耗能铝合金为主，第三产业及城乡居民生活用电比重还相对较少。青海电网典型日均有两个高峰，即早高峰和晚高峰，仍以晚高峰负荷最大。冬季日最高负荷出现在 19:00，最低负荷出现在凌晨 3:00—5:00；夏季日最高负荷出现在 19:00—22:00，以 21:00 占大多数，最低负荷出现在凌晨 1:00—5:00，以 4:00 占大多数。

采用的负荷曲线是根据 2012 年的相关电力规划报告，在接近 2012 年的几年青海电网历史负荷特性的基础上，考虑负荷结构调整、负荷发展速度等因素，综合分析后得出的成果。2012 年青海电网年负荷参数见表 3-2，其负荷曲线如图 3-1 所示，冬季和夏季日负荷参数见表 3-3，冬季和夏季负荷曲线如图 3-2 所示。

表 3-2　　2012 年青海电网年负荷参数表

月份	1	2	3	4	5	6	7	8	9	10	11	12
标幺值	0.861	0.835	0.874	0.864	0.856	0.812	0.836	0.838	0.863	0.939	0.996	1.000

表3-3 2012年青海电网典型日负荷特性参数表

时刻	夏季	冬季	时刻	夏季	冬季
1:00	0.936	0.901	14:00	0.951	0.962
2:00	0.920	0.899	15:00	0.969	0.939
3:00	0.912	0.881	16:00	0.965	0.908
4:00	0.890	0.880	17:00	0.982	0.928
5:00	0.900	0.883	18:00	0.970	0.971
6:00	0.936	0.918	19:00	0.956	1.000
7:00	0.953	0.920	20:00	0.949	0.993
8:00	0.957	0.945	21:00	1.000	0.989
9:00	0.959	0.955	22:00	0.991	0.984
10:00	0.948	0.982	23:00	0.964	0.919
11:00	0.952	0.957	24:00	0.950	0.895
12:00	0.967	0.981	日负荷率	0.951	0.940
13:00	0.958	0.969	最小负荷率	0.890	0.880

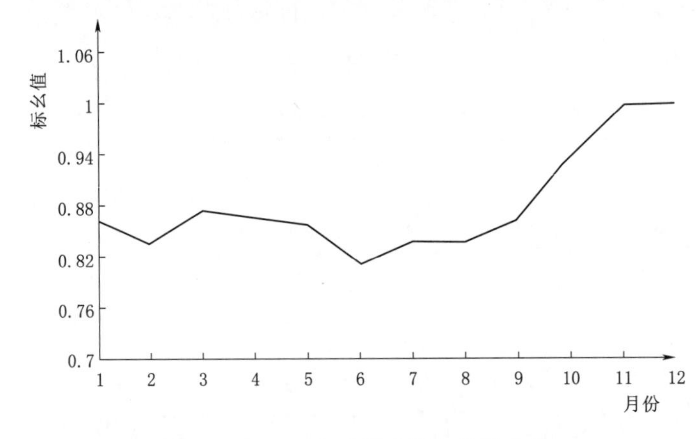

图3-1 2012年青海电网年负荷曲线

从图3-2可见，青海电网年负荷及日负荷均比较平直，需求变化小，峰谷差较小。

2. 电源建设规划

根据2012年的相关电力规划报告，在2013年青海电网发展现状的基础上进行各类电源建设规划安排。

青海省电源建设安排的思路和原则：①电源建设规模应与国民经济发展和社会发展相适应；②积极开发水电，加快黄河上游的水电开发，优先建设调节性能好的水电；③在太阳能资源丰富地区，积极开发光伏发电；④根据煤炭资源的状况，适度开发火电。2012年时对2015—2020年青海电网新增规划电源见表3-4。

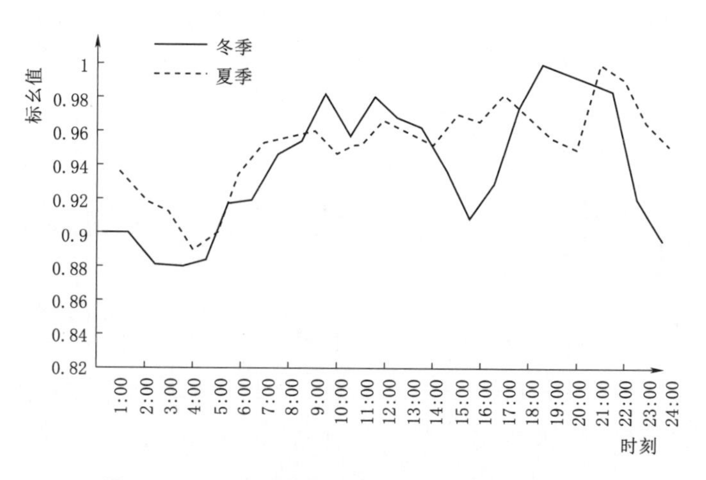

图3-2　2012年青海电网冬季日和夏季负荷曲线

表3-4　　2012年时对2015—2020年青海电网新增规划电源表　　单位：MW

能源类型	电站名称	2015年	2020年	合计
水电	小计	328.4	7172	7500.4
	玛尔挡	0	2200	2200
	羊曲	0	1200	1200
	拉西瓦	0	700	700
	黄丰	225	0	225
	大河家	0	142	142
	其他小水电	103.4	2930	3033.4
火电	小计	1320	10150	11470
	西宁火电厂	1320	0	1320
	西宁热电联产	0	700	700
	万象热电	0	700	700
	神华格尔木	0	1320	1320
	民和火电厂	0	1200	1200
	中铝自备电厂	0	1050	1050
	桥头铝电	0	700	700
	德令哈热电联产	0	600	600
	格尔木热电联产	0	700	700
	热水电厂	0	1200	1200
	鱼卡火电厂	0	660	660
	大唐国际格尔木	0	1320	1320
风电		1822	1500	3322
光电		623.3	3400	4023.3

水电建设规划：2013年年底前青海省已建成的水电站主要包括龙羊峡、尼那、李家峡、直岗拉卡、康扬、公伯峡、苏只、积石峡、班多等水电站，在建的有拉西瓦水电站（已投产5台水电机组）。2014—2015年，青海省新增水电装机容量328.4MW，其中黄丰225MW、其他小水电103.4MW；2016—2020年，青海省新增水电装机容量7172MW，其中玛尔挡2200MW、羊曲1200MW、拉西瓦700MW、大河家142MW、小水电2930MW；2015年，青海省水电装机容量达11508.4MW；2020年，水电装机容量达18680.4MW。

火电建设规划：青海2014—2015年间新增火电装机容量1320MW，为西宁火电厂的1320MW；2016—2020年间新增火电装机容量10150MW，其中西宁热电联产700MW、万象热电700MW、神华格尔木1320MW、民和火电厂1200MW、中铝自备电厂1050MW、桥头铝电700MW、德令哈热电联产600MW、格尔木热电联产700MW、热水电厂1200MW、鱼卡火电厂660MW、大唐国际格尔木1320MW。到2015年青海省火电装机容量达3670MW，到2020年火电装机容量达13820MW。

风电建设规划：根据目前国家能源局发布的“十二五”期间共4批拟核准风电装机容量，并考虑已在建及前期工作较好的风电电源后，到2015年青海省风电装机容量达1822MW。青海省2016—2020年间新增风电装机容量1500MW，到2020年风电新增总装机容量达3322MW。

光电建设规划：青海省2014—2015年间新增光电装机容量623.3MW，2016—2020年间新增光电装机容量3400MW。到2015年青海省光电的实际装机容量达4103.3MW，到2020年光电的实际装机容量达7503.3MW。

3. 电网规划

根据2012年的相关电力规划报告成果，为满足青海省东部负荷需求，提高供电可靠性，2014年建设750kV佑宁变，“π”入西宁—武胜双回750kV线路；为满足德令哈工业园区供电需求，提高供电可靠性，保证海西电网稳定运行，2015年将于750kV海西开关站扩建成变电站。

2015年青海省电网形成6个750kV落点，分别为官亭、西宁、日月山、佑宁、海西和柴达木等地。青海省东部西宁、海南和海北地区负荷由日月山、西宁和佑宁3个750kV变电站供电，海东和黄化地区负荷由官亭和佑宁2个750kV变电站南北两侧供电；海西地区负荷由海西和柴达木2个750kV变电站东西两侧供电。

3.2.2 电力市场分析

龙羊峡水光互补项目并网光伏电站工程建成后供电青海电网，工程计划2013年年底投产发电，设计水平年2015年。青海省电源布局以水电为主，电力市场空间分析选择枯水年青海省负荷最大的12月进行，备用容量按最大负荷23%考虑。光电、风电电源不计容量效益。电量空间分析选择平水年，其中光电按年利用小时1500h，风电按1700h统计。青海省已、在建和已核准或前期工作开展较好的电源点如下：

（1）水电。考虑已在建及前期工作较好可以投产发电的水电站，2015年青海省电网装机容量11508.4MW；2020年水电装机容量18680.4MW。

（2）火电。考虑已在建及前期工作较好可以投产发电的火电电源后，2015年青海电网装机容量3670MW；根据火电前期开展情况，并结合“十二五”青海省能源发展规划，2020年前青海电网前期工作开展较好的火电站暂按西宁火电厂、西宁热电联产、神华格尔木、民和火电厂及大唐国际格尔木考虑，2020年青海省火电装机容量8210MW。

（3）风电。根据目前国家能源局发布的“十二五”期间共四批拟核准风电装机容量，并考虑已在建及前期工作较好的风电电源后，2015年的青海省风电装机容量1822MW。

（4）光电。考虑青海省已建、在建及已核准的并网光伏电站后，2015年的装机容量总计3673.3MW。

考虑已建、在建和已核准或前期工作开展较好的电源点后，青海电网电力电量市场空间分析见表3-5和表3-6。

表3-5　　青海电网电力市场空间分析表　　单位：MW

水　平　年	2015年	2020年
1. 系统最大负荷	14500	21500
2. 系统备用容量	3335	4945
3. 系统需要装机容量	17835	26445
4. 系统可投产装机容量	20673.7	32385.7
其中：水电	11508.4	18680.4
火电	3670	8210
光电	3673.3	3673.3
风电	1822	1822
5. 系统可用装机容量	14403.5	24162.1
其中：水电	10733.5	15952.1
火电	3670	8210
光电	0.0	0.0
风电	0.0	0.0
6. 系统容量盈亏	−3431.5	−2282.9

表 3-6　　青海电网电量市场空间分析表　　单位：亿 kW·h

水　平　年	2015 年	2020 年
1. 系统需电量	1000	1481
2. 投产电站发电量	683.27	1207.29
水电	395.35	669.67
火电（5500h）	201.85	451.55
光电（1500h）	55.1	55.1
风电（1700h）	30.97	30.97
3. 系统电量盈亏	−316.73	−273.71

从青海电网电力电量市场空间分析（表 3-6）可见，不考虑青藏联网外送300MW 电力，仅考虑已建、在建及已核准或前期工作开展较好的水电电源点全部供电青海电网，青海电网 2015 年和 2020 年仍缺少 3431.5MW 和 2282.9MW 的电力及316.73 亿 kW·h 和 273.71 亿 kW·h 电量。青海电网电量缺口远大于电力缺口，这与电网水电装机容量比例较高有关。青海电网不仅水电装机容量比例高，大中型水电站多，而且龙羊峡—青铜峡段梯级调节能力较强，除承担青海省本网的调峰、调频、事故备用外，还承担西北电网的调峰、调频、事故备用，因此青海电网主要缺少基荷电量。

3.3　水光互补发电特性及互补方案分析

3.3.1　光伏电站发电特性分析

3.3.1.1　光伏电站发电出力

收集到共和气象站 1971—2007 年逐年太阳总辐射量和日照时数数据，采用近 30 年 1978—2007 年的数据作为分析依据，同时收集到光伏电站站址现场 2012 年 5—12 月和 2013 年 1—4 月逐分钟实测辐射数据。

由于光伏电站站址现场实测数据测光时间较短，仅为 1 个完整年，对光伏电站 25 年运行期间的发电量预测不具有代表性，故以共和气象站长序列数据为研究依据，对共和气象站近 30 年（1978—2007 年）数据进行光伏电站年际发电量分析，从近 10 年（1999—2007 年）的辐射数据中选取工程代表年进行光伏电站月际、日的发电量分析。采用光伏电站站址现场实测数据进行典型天气下的发电出力分析。

经计算，以 1999—2007 年为代表年的各年平均发电量在多年平均发电量的 3%左右波动，年际间发电量变化较平稳；各月发电量在月平均发电量的 15%左右波动，月际间发电量的波动也不大。

光伏电站日变化特性受昼夜、季节的天气、温度等影响比较大。根据统计学原理、建筑热环境模拟、建筑能源分析等研究成果，并结合本工程特点，首先选择出1组历年发生概率高、并对未来具有很好预测性的数据作为工程代表年，分析光伏电站月、日的发电特性；然后根据水光互补项目并网光伏电站场址1个完整年的实测辐射数据进行典型天气下光伏电站发电出力分析。

根据光伏电站850MW日小时发电出力过程进行统计计算，光伏电站最大发电出力815.6MW的保证率仅0.1%，即每年仅发1h；在保证率为10%的发电出力508.5MW，即年发电量12.17亿kW·h，比多年平均发电量少0.73亿kW·h，少5.7%；在保证率为50%的出力仅7.9MW，几乎不发电，即每年一半以上时间不发电。光伏电站发电出力—保证率及出力—电量累积曲线如图3-3所示。

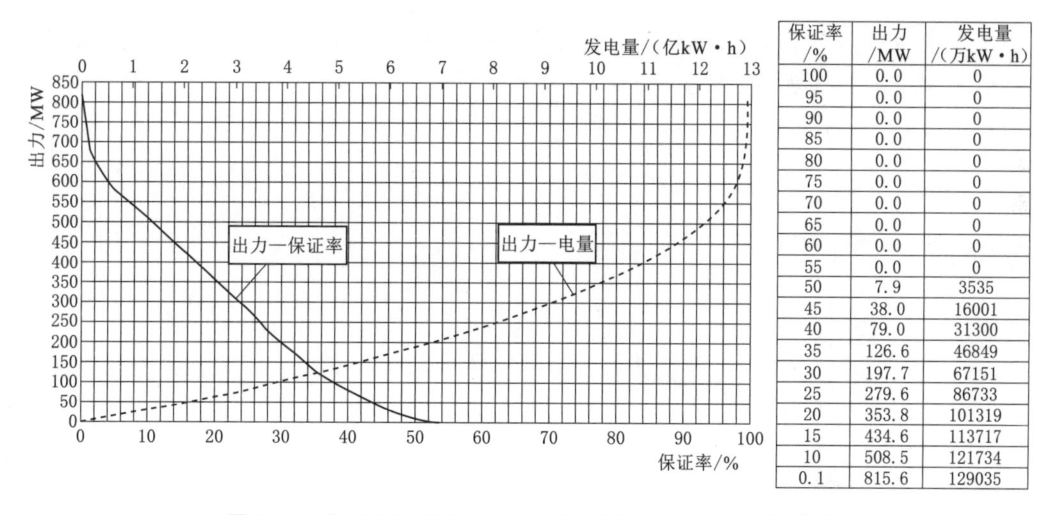

保证率/%	出力/MW	发电量/(万kW·h)
100	0.0	0
95	0.0	0
90	0.0	0
85	0.0	0
80	0.0	0
75	0.0	0
70	0.0	0
65	0.0	0
60	0.0	0
55	0.0	0
50	7.9	3535
45	38.0	16001
40	79.0	31300
35	126.6	46849
30	197.7	67151
25	279.6	86733
20	353.8	101319
15	434.6	113717
10	508.5	121734
0.1	815.6	129035

图3-3 光伏电站发电出力—保证率及出力—电量累积曲线

光伏电站代表年平均日发电量353.9万kW·h，各月的日最大和日最小发电量在日平均发电量68%～81%波动，波动明显大于月际的和年际的。光伏电站代表年日发电量保证率曲线如图3-4所示。代表年约有20%时间的日电量小于275万kW·h，50%时间的日发电量大于日平均发电量353.9万kW·h。

光伏电站发电时间冬季最短、春秋季基本相当，夏季最长，但平均出力却呈现冬季略高，春秋季基本相当，夏季相对较低，且日内发电出力受天气、温度波动较大，具有一定的波动性、随机性、间歇性，但间歇的规律性较强。

3.3.1.2 光伏电站发电特性分析

1. 日特性

光伏电站日变化特性受昼夜、季节、天气、温度等影响比较大。根据850MW光伏电站日出力过程分析，最大日发电量548.48万kW·h，最小日发电量62.99万kW·h。

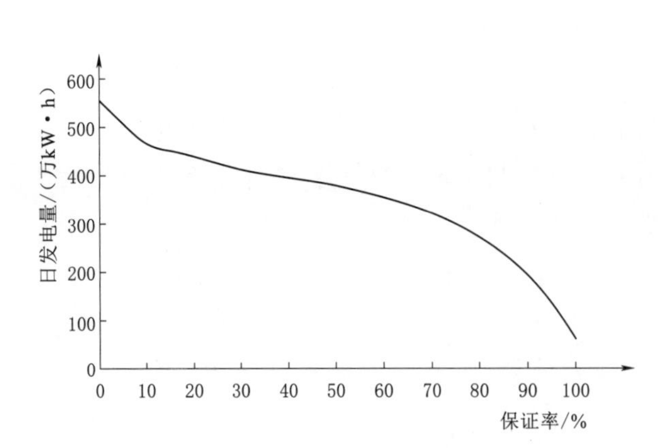

保证率/%	日发电量/(万kW·h)
100	63
90	198
80	275
70	320
60	352
50	378
40	395
30	412
20	439
10	467

图3-4　光伏电站代表年日发电量保证率曲线

最小日发电量约是最大日发电量的11%，最大、最小日电量变幅近90%。日最大和日最小发电出力曲线如图3-5所示。

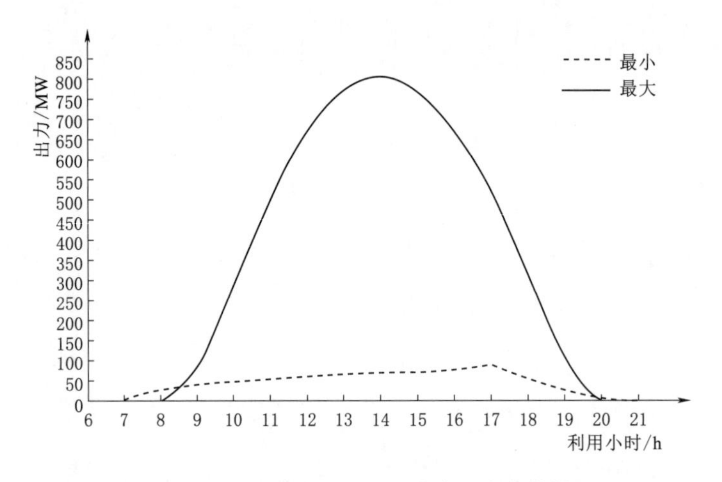

图3-5　日最大和日最小发电出力曲线图

不同天气情况下电站出力变化不相同，根据逐10min实测辐射数据模拟的不同天气情况下的发电出力曲线如图3-6～图3-16所示。通过统计分析，水光互补光伏电站在春季8:00—20:00发电、夏季7:00—21:00发电、秋季8:00—19:00发电、冬季9:00—19:00发电；光伏电站发电具有一定的间歇性，且间歇的规律性较强。光伏电站日内发电受天气、季节等的影响，发电出力具有一定的波动性随机性。

2. 月特性

根据龙羊峡水光互补项目并网光伏电站场址附近共和气象站1999—2007年太阳辐射资料，对光伏电站进行月际变化分析。龙羊峡水光互补项目并网光伏电站代表年各月发电量变化如图3-17所示。

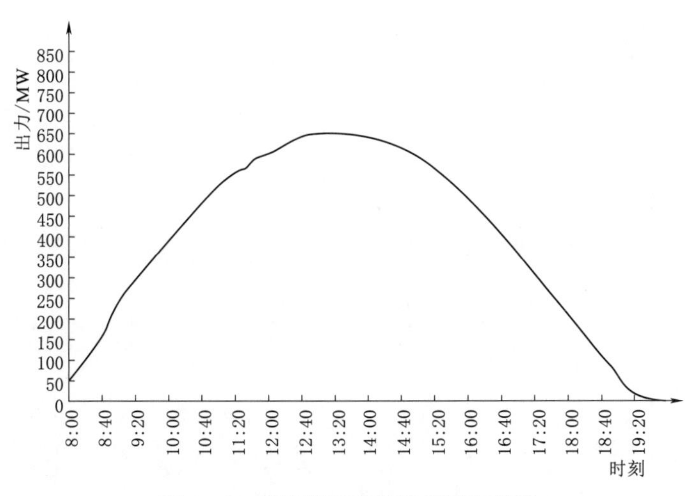

图 3-6　晴天光伏电站发电出力曲线

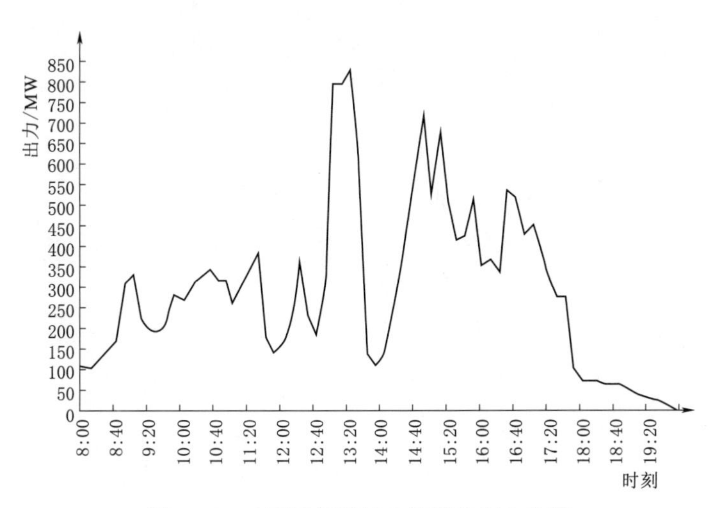

图 3-7　小雨天气光伏电站发电出力曲线

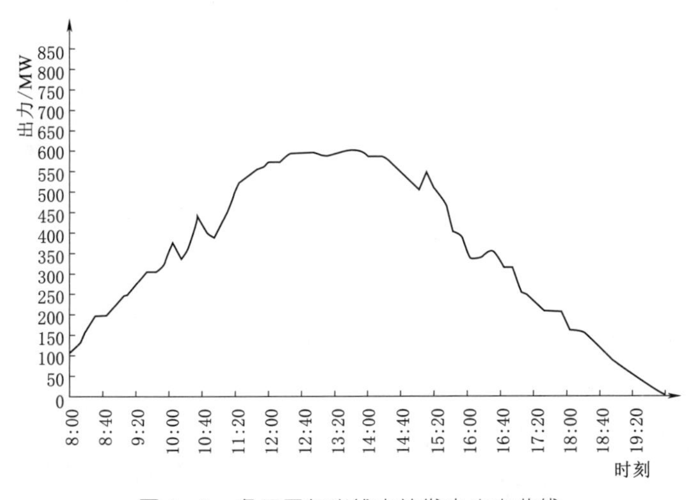

图 3-8　多云天气光伏电站发电出力曲线

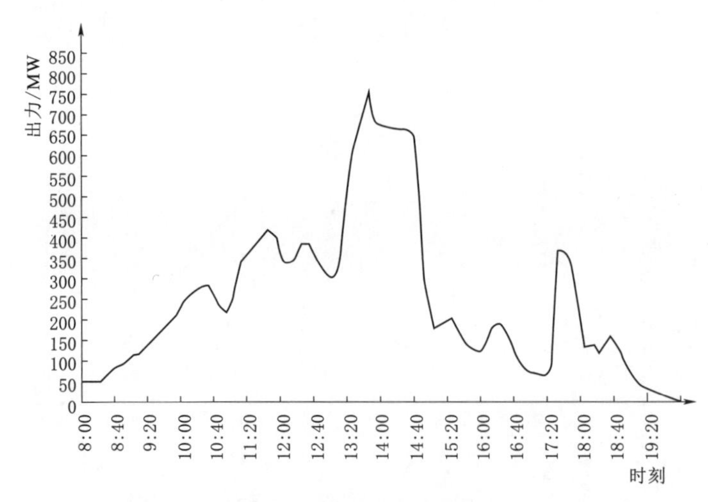

图3-9　多云转小雨天气光伏电站发电出力曲线

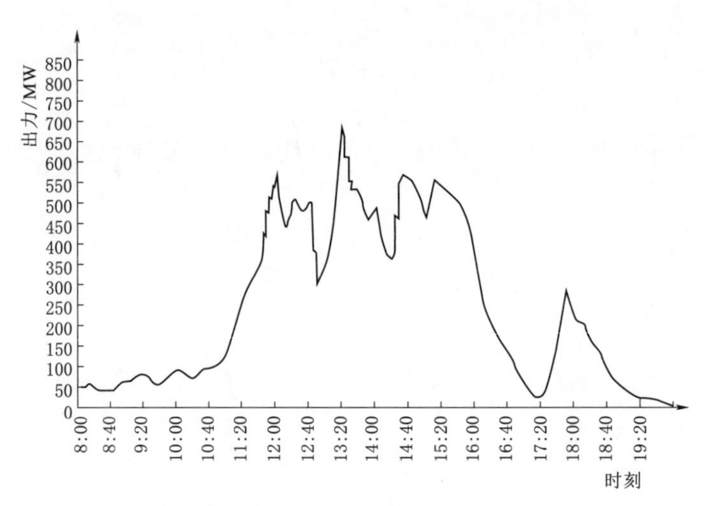

图3-10　阴天光伏电站发电出力曲线

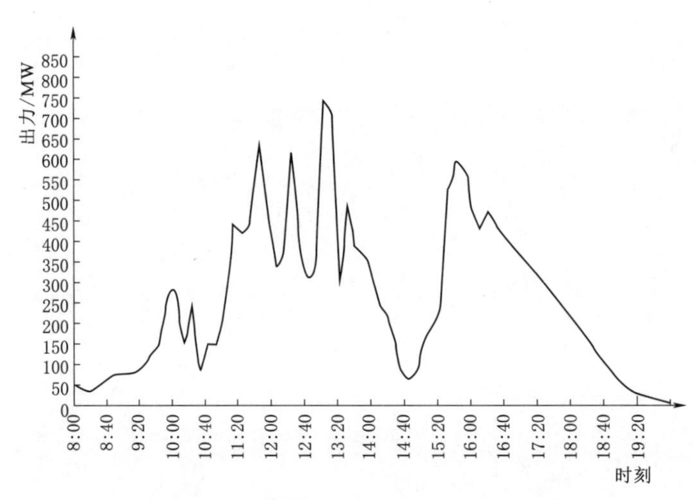

图3-11　阵雨天气光伏电站发电出力曲线

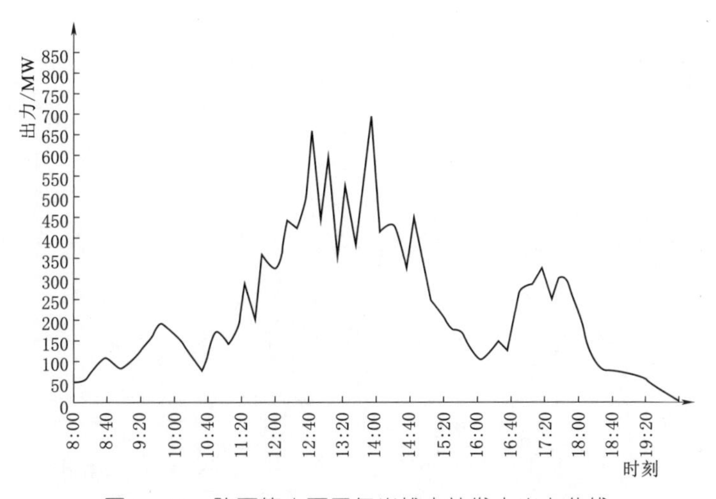

图 3-12　阵雨转小雨天气光伏电站发电出力曲线

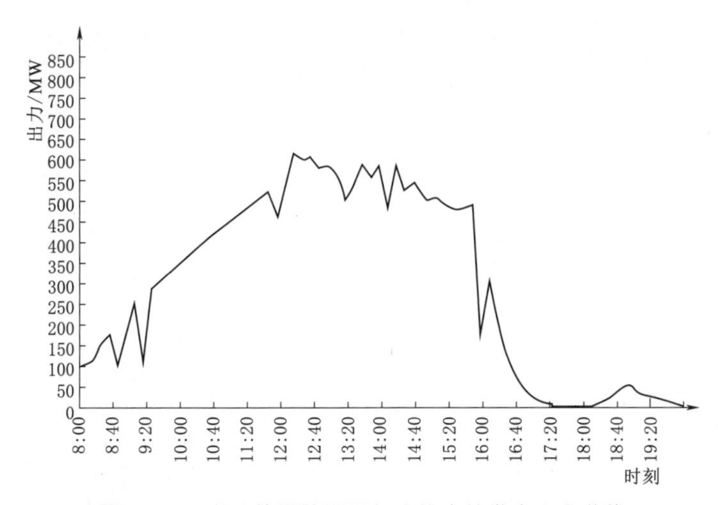

图 3-13　多云转雷阵雨天气光伏电站发电出力曲线

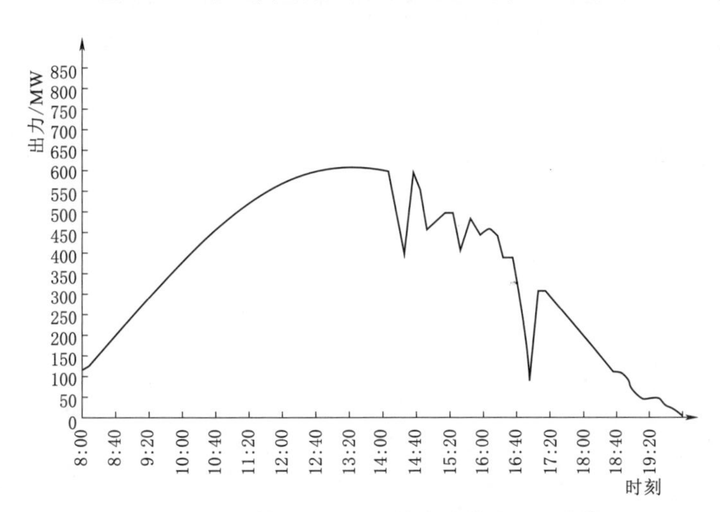

图 3-14　晴转多云天气光伏电站发电出力曲线

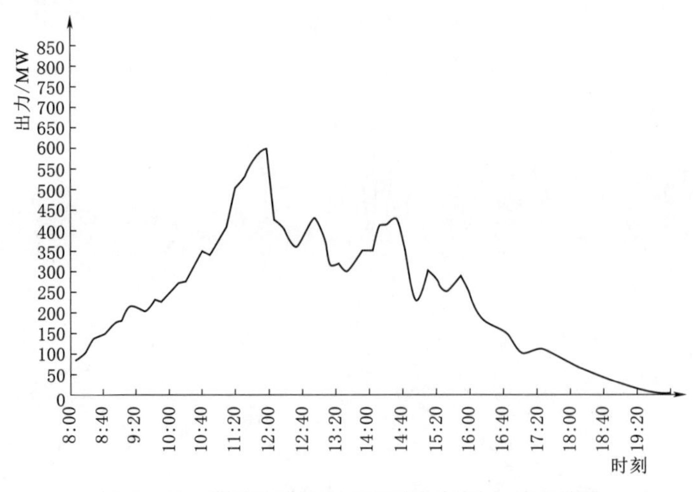

图3-15 阵雨转中雨天气光伏电站发电出力曲线

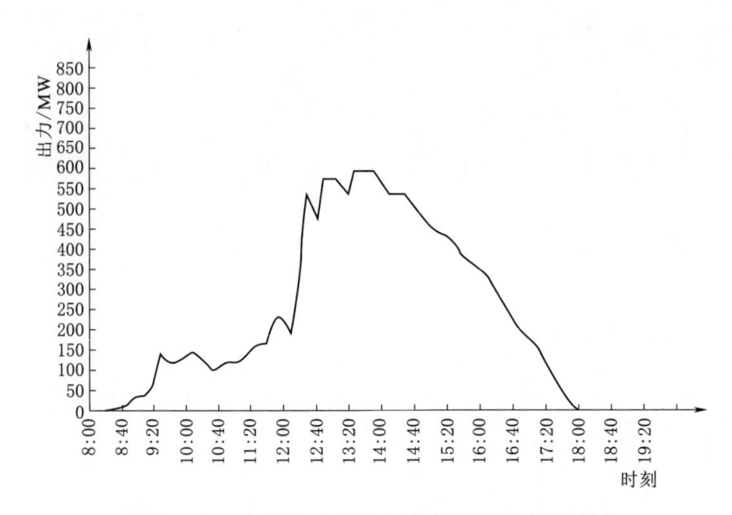

图3-16 小雪转晴天气光伏电站发电出力曲线

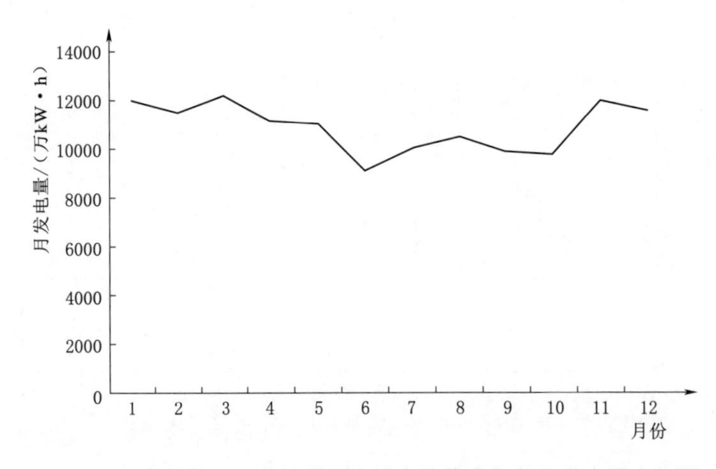

图3-17 龙羊峡水光互补项目光伏电站代表年各月发电量变化图

从图 3-17 中可见，11 月至次年 3 月发电量相对较大，6—10 月略小，月发电量最小月份（6 月）的发电量约为最大月份（3 月）的 75%。最小月份的发电量约为平均月发电量的 84%，最大月份的发电量约为平均月发电量的 12%。

3. 年特性

依据龙羊峡水光互补项目并网光伏电站场址附近 1999—2007 年太阳辐射资料，结合光伏电站运行期的出力衰减情况估算该 9 年各年平均发电量，年平均发电量变化如图 3-18 所示。

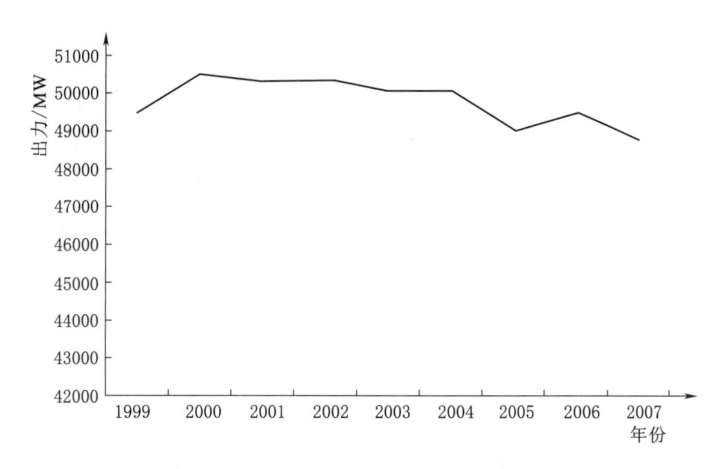

图 3-18　1999—2007 年光伏电站年平均发电量图

从年平均发电量变化图可见，2000—2004 年电量变化较稳定，其中：2007 年最小，为 4.87 亿 kW·h；2000 年最大，达 5.06 亿 kW·h；最小年发电量约为最大发电量的 96%；最小年发电量约为多年平均发电量的 98%；最大年发电量约为多年平均发电量大的 102%；年际间发电量变化较平稳。

3.3.2　龙羊峡水电站发电特性

3.3.2.1　龙羊峡水电站发电出力

龙羊峡水电站是黄河龙羊峡—青铜峡河段梯级的“龙头”水电站，是目前国内承担综合利用任务最多、补偿区域最广的多年调节水库电站。工程以发电为主，并与刘家峡水电站联合承担青海、甘肃、宁夏、内蒙古等省（自治区）河段的灌溉、防洪、防凌和为下游供水等综合利用任务。

龙羊峡水电站的发电出力计算主要以龙羊峡—青铜峡河段梯级水电站联合运行补偿调节为主要依据。

黄河干流龙羊峡至青铜峡河段水能资源理论蕴藏量 11330MW，年发电量 992.5 亿 kW·h。规划布置水电站 25 座（黑山峡河段按两级计列），规划装机容量 17292.8MW，年发电量 595.915 亿 kW·h。

截至2011年，已建成发电的水电站有龙羊峡、尼那、李家峡、直岗拉卡、康扬、公伯峡、苏只、炳灵、刘家峡、盐锅峡、八盘峡、河口、柴家峡、小峡、大峡、乌金峡、沙坡头、青铜峡等18个水电站，总装机容量9167.8MW，占梯级规划总装机容量的53%；在建的水电站有拉西瓦、积石峡、黄丰、大河家4个水电站，总装机容量5565MW，占梯级规划总装机容量的32.2%；待建水电站有山坪、小观音、大柳树3个水电站以及李家峡水电站的5号水电机组，总装机容量2560MW，占梯级规划总装机容量14.8%。

1. 基本资料

径流调节计算梯级水电站由龙羊峡、拉西瓦、尼那、李家峡、直岗拉卡、康扬、公伯峡、苏只、黄丰、积石峡、大河家、寺沟峡、刘家峡、盐锅峡、八盘峡、河口、柴家峡、小峡、大峡、乌金峡、沙坡头、青铜峡等水电站组成。

龙羊峡水库是全河段的“龙头”水库，正常蓄水位以下总库容247亿m^3，调节库容193.5亿m^3，调节系数达0.94，属多年调节水库，具有良好的多年调节能力，担负对径流进行年内和跨年度的调节任务，调节水量具有提高水资源利用率、对河段内梯级水电站实行补偿和提高梯级水电站发电效益的重要作用。

刘家峡水库位于龙羊峡—青铜峡河段中部，除发电、防洪外，以承担反调节任务为主，满足下游灌溉供水高峰期的补水和防凌期对出库流量的控制任务。

径流调节计算采用1919年5月—2000年4月共81年经综合用水和水库调蓄还原后的天然月平均流量系列。各梯级水电站天然径流分别依据贵德、循化、上诠、兰州、安宁等水文站径流数据。

1919—2000年黄河上游干流各水文站天然年平均流量设计成果见表3-7。

表3-7　1919—2000年黄河上游干流各水文站天然年平均流量设计成果表

站名	均值/(m^3/s)	C_v	C_v/C_s	各种频率设计值						
				10%	20%	50%	75%	80%	90%	99%
贵德	659	0.24	2	868	787	646	547	524	466	347
循化	703	0.24	2	926	840	690	583	559	497	371
上诠	885	0.24	2	1170	1060	868	720	703	626	467
兰州	1040	0.23	2	1360	1230	1020	871	835	748	565
安宁渡	1050	0.23	2	1370	1250	1030	879	843	754	571
青铜峡	1060	0.22	2	1370	1250	1040	896	860	774	594

注　C_v为变差系数，C_s为偏态系数。

龙羊峡—青铜峡河段梯级开发的主要任务是发电，兼顾供水、防洪、防凌、灌溉等综合利用，各梯级水电站的开发任务各有侧重。

（1）供水。龙羊峡—青铜峡河段梯级水电站承担的供水任务主要是内蒙古自治区托克托县河口镇以上的城镇生活与工业用水、农业灌溉用水两部分，同时要兼顾中下游用水要求，保证河口镇断面一定的流量要求。

在梯级水库径流调节计算中，以河口镇作为控制断面，河口镇以上的城镇生活与工业用水、农业灌溉用水，按工农业年耗水总量分配指标，分河段按月从天然径流量中予以扣除。河口镇以上的用水要求，以河口镇断面各月最小值作为控制。

经流域主管部门协调，制定了南水北调实施前沿黄河流域的各省（自治区）用水量分配方案，河口镇以上河段的工农业年耗水总量为127亿m^3，并经1987年9月国务院办公厅国办发〔1987〕61号文正式批准执行。

根据相关的用水规划资料，河口镇以上河段分为龙羊峡以上、龙羊峡—刘家峡、刘家峡—八盘峡、八盘峡—兰州、兰州—黑山峡、黑山峡—青铜峡、青铜峡—河口镇等7个区间，河口镇以上各区间各月分配用水量见表3-8。其中，黑山峡—河口镇区间分配用水量最多，占总分配水量的71.3%，且主要为农业灌溉用水。年内各月用水分配的主要特点是工业和城镇生活用水均匀，农业灌溉用水主要集中在5—7月，12月和次年1—2月无灌溉用水要求。

表3-8　　河口镇以上各区间各月用水分配表　　单位：亿m^3

用水区间	月份												全年合计
	1	2	3	4	5	6	7	8	9	10	11	12	
龙羊峡以上	3.7	3.7	9.6	18.9	28.4	32.9	22.8	3.7	3.7	10.4	10	3.7	151.5
龙羊峡—刘家峡	2.6	2.6	8.2	41.5	59.5	72	44.1	13.7	33.2	33.2	38.8	2.6	352
刘家峡—八盘峡	3	3	17	27	59.1	42.1	44.1	7	7	22	18	3	252.3
八盘峡—兰州	9.1	9.1	23.8	34.3	67.7	49.9	52	13.3	13.3	29	24.9	9.1	335.5
兰州—黑山峡	0.8	0.8	0.8	38.1	46.3	61.5	45	28.4	14.6	25.6	33.9	0.8	296.6
黑山峡—青铜峡	1.1	1.1	1.1	1.1	24.9	26.5	32.5	3.8	3.3	14.6	13.5	1.1	124.6
青铜峡—河口镇	5.7	5.7	5.7	5.7	761	833	625	480	171	361	59.7	5.7	3319.2
合计	26	26	66.2	166.6	1046.9	1117.9	865.5	549.9	246.1	495.8	209.8	26	4831.7

（2）河口镇断面流量控制要求。根据相关资料，河口镇断面的保证流量至少按250m^3/s考虑，考虑到每年7月供水要求及10月的中游水库蓄水要求和10月的河口镇最小流量400m^3/s，7月采用300m^3/s。

（3）防凌。黄河流经宁夏、内蒙古河段，该河段下游纬度高于上游，河段从上游到下游，气温呈递降趋势且温差较大。该河段每年结冰封河区间大致在宁夏石咀山以下至内蒙古头道拐以上，封冻河段和封冻期长。下游比上游封河时间早，开河时间晚，冰层也是下游厚于上游。第二年春天气温回升，河段上游先行解冻，容易形成冰坝，水位抬高。其水位一旦超出两岸堤防防护能力，则堤防溃决，洪水泛滥，形成凌汛灾害。为了消除和减轻凌汛灾害，需要上游水库控制防凌期的河道流量。因此，上游水库承担宁夏—内蒙古河段防凌任务，根据防凌要求，控制防凌期间水库的出库流量不超过一定的值。防凌任务由龙羊峡、刘家峡两库联合调节承担，主要是控制刘家峡水电站的出库流量。根据龙羊峡、刘家峡两水电站多年来的运行实际情况，拟定的防凌期各月水库的计划出库流量见表3-9。

表3-9　　防凌期各月计划控制流量表　　单位：m^3/s

时间	11月	12月	次年1月	次年2月	次年3月
最大流量		650	600	550	450
最小流量	650	600	550	500	350

（4）防洪。龙羊峡—青铜峡河段的防洪任务主要由龙羊峡、刘家峡两水库承担，为此，两库均设置有汛期限制水位，分别为2594.00m和1726.00m，在梯级径流调节计算中，应满足各水库汛期水位控制等防洪要求。

（5）发电。按拟定的水库调度图及电力系统要求运行发电，满足梯级保证出力及保证率，并兼顾各电站及有关各方利益，满足青海电网及其西北电网电力需求。

2. 水库运行方式

龙羊峡水库为多年调节水库，库容系数达0.94，水库多年运行方式为：通过龙羊峡水库调节，缩小不同来水年份水量年际间的变幅，在来水较枯的年份，通过水库泄放补偿来水，增加枯水年的可用水量；而在来水较丰的年份，水库蓄水，来水补偿水库，减小丰水年的用水量，达到年际间的蓄丰补枯。

龙羊峡水库的年运行方式主要受综合利用要求的影响，分为以下阶段：

（1）灌溉用水高峰期。每年4月下旬至6月中下旬，是灌溉用水高峰期，此时，兰州以下综合用水较大，为满足下游用水要求，梯级水电站将产生强制发电出力。为减少强制发电出力，增加梯级保证发电出力，由刘家峡水库进行反调节，按下游用水流量发电，为下游供水，以满足综合用水要求。龙羊峡水电站在满足龙羊峡—刘家峡区间综合利用要求的情况下，灌溉期控制日均出库流量一般不小于300m^3/s，以较小出力发电。

（2）蓄水期。汛期及汛末河流来水量较大，是水库蓄水期，水库在满足发电及综合用水要求的情况下可以将多余的水量留蓄在水库中。

汛期（7—9月中旬），龙羊峡、刘家峡两水库分别拦蓄干流及区间洪水。此时，如果龙羊峡以下各区间来水不能满足综合用水要求，则由龙羊峡水库补水，为减少梯级强制出力；刘家峡水库一般不蓄水，只有当区间来水满足综合用水要求后尚有剩余，或梯级总出力小于调度图上的应发出力，或预计到月末水库的水位将超过防洪限制水位时，刘家峡水库可以在防洪限制水位下蓄水。

汛末（9月中旬—10月），龙羊峡、刘家峡两水库都抓住洪水末期进行蓄水，一般每年10月底刘家峡水库都可蓄至较高的水位，以增加不蓄电能。

(3) 凌汛期与供水期。防凌运用期也是水库的供水期，每年12月至次年3月为防凌运用期，为保证下游宁夏—内蒙古河段的凌汛期安全，必须由刘家峡水库控制出库流量，使河道在较大的流量下封冻，之后流量逐渐递减至开河，一般控制兰州断面的平均流量，其中12月为700m^3/s，次年的1月为650m^3/s、2月为600m^3/s、3月（半个月）为500m^3/s。凌汛期刘家峡水库的出库流量受防凌调度的制约，刘家峡以下梯级水电站发电受到限制，为协调发电与防凌的矛盾，龙羊峡水电站以较大的流量泄放，对刘家峡以下梯级水电站的发电出力进行补偿。为满足梯级发电要求，刘家峡水库在11月底必须腾出一定的库容，以留蓄龙羊峡水库的发电部分水量；4月，为充分利用龙羊峡水库的年调节库容、增加发电量，龙羊峡水库一般年份的水位均降至年调节（库容）水位，并为下游综合用水补水。此时，刘家峡水库的水位较高，除为减少强迫发电出力进行反调节而降低水位外，均保持高水位运行。

受龙羊峡、刘家峡两水库联合补偿调节运行的影响，每年4—6月灌溉用水高峰期，刘家峡水电站发电出力较大时龙羊峡水电站的发电出力减小；每年12月至次年3月为刘家峡水库防凌运用期，刘家峡水电站的发电出力减小，因此通过适当增加龙羊峡水电站的发电出力进行补偿，龙羊峡水电站年内枯水期出力略有变化。

3. 计算原则与方法

(1) 梯级水电站联合运行原则及方法。龙羊峡—青铜峡河段梯级水电站开发的主要任务是满足供水、发电、灌溉等综合利用要求，该河段主要农业灌溉区和防凌区位于刘家峡水库下游，刘家峡水库按下游用水和防凌要求下泄。5—7月出库流量较大，12月至次年3月防凌期出库流量较小，为满足刘家峡水库下游用水和防凌的要求，针对刘家峡水库以下梯级水电站发电的不均衡，由龙羊峡水库按补偿方式下泄。这样不仅可满足下游用水和防凌要求，还可以使梯级水电站的总发电出力均衡。

因此，黄河上游梯级水电站联合运行补偿调节的原则是在满足供水、灌溉、防凌等综合利用要求的前提下，梯级水电站均衡发电，以获得梯级水电站群总体发电效益较好为目标，同时兼顾各梯级水库及水电站发电和运行的具体要求。

龙羊峡—青铜峡河段梯级水电站发电设计年保证率为90%，以梯级水电站总保证出力控制，非保证时段梯级水电站总发电出力不低于保证出力的80%，各梯级水电站相应保证发电出力按梯级水电站总保证出力段的平均出力计，计算时段为月。

灌溉用水设计保证率为75%，保证率以外的枯水年份灌溉用水按80%需水量供水。其中，由于兰州断面以上综合用水所占比例较小，按全部满足计算。

(2) 计算方法。全梯级水库及电站联合补偿调节计算。

目标函数：梯级调节计算的主要目标函数为梯级水电站群总的保证出力最大，并使梯级总年发电量较大。计算方法采用多方案比较选优法，通过迭代试算寻求满意解。

约束条件：水库水量平衡约束、水电站出力约束、水库最高、最低水位约束、发电流量约束、用水及防凌限制流量约束等。

计算系列：计算中采用 1919 年 5 月—2000 年 4 月共 81 年逐月径流系列。计算时段为月。

4. 设计发电出力过程

按梯级水电站群的设计保证率为 90%，梯级水电站联合运行的水电站群径流补偿调节计算成果，选择设计枯水年为 1927 年 5 月—1928 年 4 月、设计平水年为 1954 年 5 月—1955 年 4 月、设计丰水年为 1968 年 5 月—1969 年 4 月时龙羊峡水电站各设计代表年的发电出力过程如图 3-19 所示。

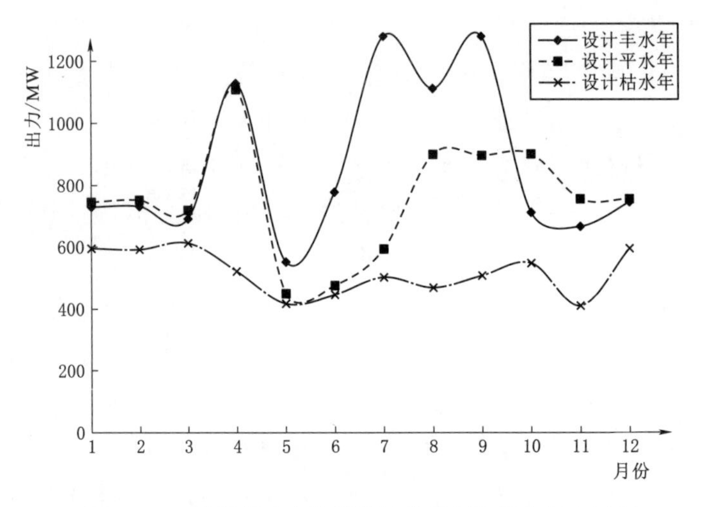

图 3-19　龙羊峡水电站各设计代表年的发电出力过程

3.3.2.2　龙羊峡水电站实际发电出力特性分析

1. 年运行特性

龙羊峡水电站水库调节库容 193.5 亿 m^3，具有多年调节性能，通过龙羊峡水电站的补偿调节，将丰水年的水量蓄至水库，增加枯水年的可用水量，达到年际间的蓄丰补枯。龙羊峡水电站从 1987 年投产发电已完整运行近 24 年。根据实际运行资料分析 1988—2010 年，龙羊峡水电站的平均入库流量为 572m^3/s，其中 2002 年入库流量最小为 345m^3/s，1989 年入库流量最大为 1030m^3/s。1989 年龙羊峡水电站还处于初期蓄水阶段，受蓄水限制出库流量较大。

1988—2010 年龙羊峡水电站的入库、出库及设计入库平均流量过程如图 3-20 所示。

自龙羊峡水电站建成发电以来，大部分年份的天然入库流量小于设计入库平均流量，即龙羊峡水库蓄水运行以来遭遇了连续枯水期。通过龙羊峡水电站调节，水量年际

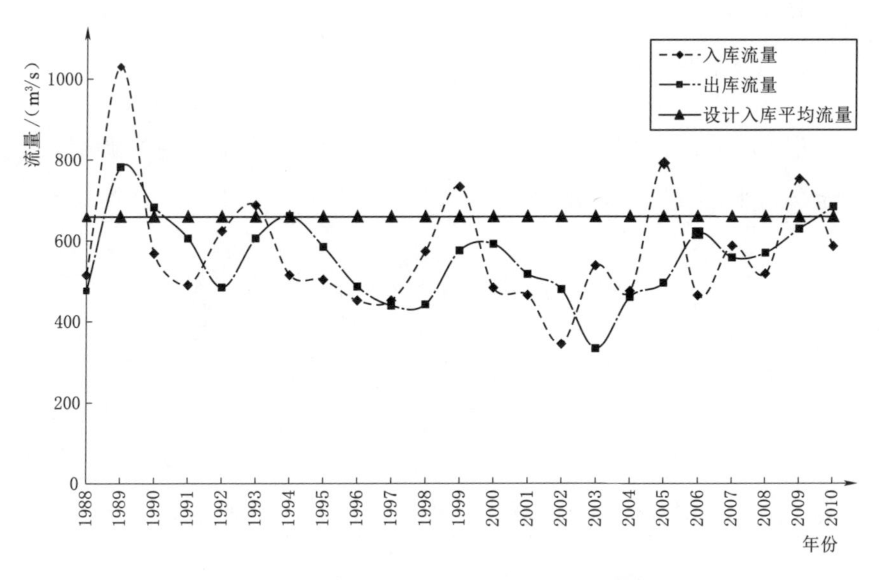

图 3-20 龙羊峡水电站年入库及出库流量过程

间的变幅减小，在来水较枯的年份，通过水库放水补偿来水；在来水较丰的年份，通过水库蓄水补偿水库。龙羊峡水库多年调节为年际间水量的分配起到了重要的调节作用。

2012 年之前，龙羊峡水电站最大年发电量发生在 2010 年，最小年发电量发生在 2003 年，1988—2010 年龙羊峡水电站累积发电量 995.53 亿 kW·h，平均发电量 43.28 亿 kW·h，比设计年平均发电量 59.42 亿 kW·h 少 27.2%。这主要由于龙羊峡水库蓄水运行以来遭遇连续枯水期，且长期处于低水位运行。

1988—2010 年龙羊峡水电站的年发电量及年出库流量过程如图 3-21 所示。

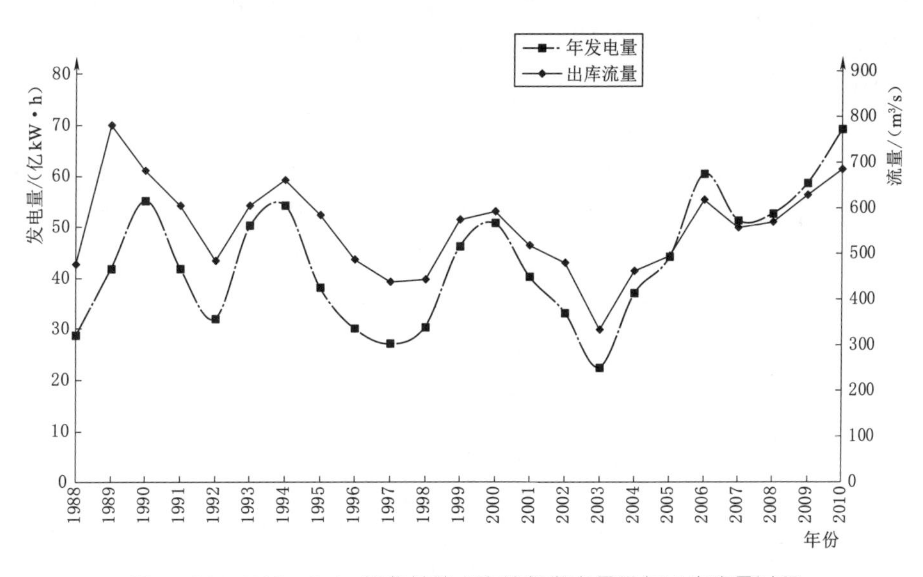

图 3-21 1988—2010 年龙羊峡水电站年发电量及年出库流量过程

2. 月运行特性

龙羊峡水电站各月运行方式基本按既定的龙羊峡、刘家峡两水库联合调节运行。根据龙羊峡水电站1988—2010年各月平均入库流量分析，龙羊峡水电站11月至次年4月天然入库流量较小，5月水量逐步增加，7月水量最大，随后逐步减小。根据综合利用和电力系统需求，1988—2010年龙羊峡水电站各月平均入库及出库流量过程如图3-22所示。

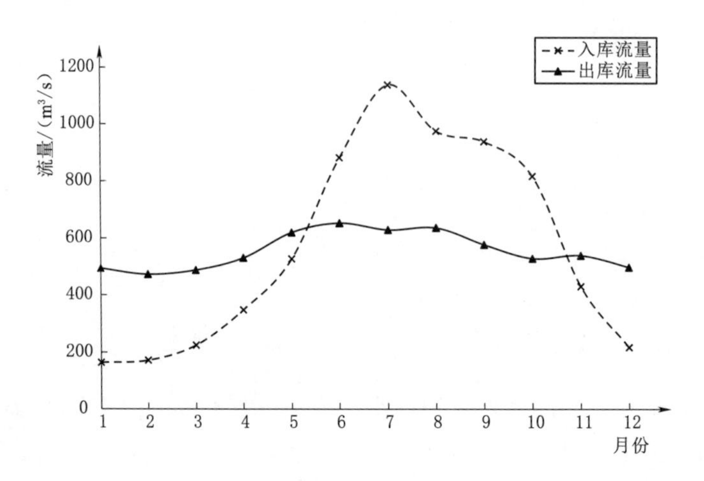

图3-22　1988—2010年龙羊峡水电站各月平均入库及出库流量过程

从图3-23图可见，龙羊峡的入库、出库流量年内相对较平稳，枯水期出库流量较入库流量增大，而丰水期出库流量较入库流量大大减少，年内月出库平均流量变化在400～700m^3/s。其中：枯水期，12月至次年2月的出库流量基本维持在400m^3/s左右；灌溉高峰期4—6月出库流量一般大于400m^3/s。

从龙羊峡水电站年内运行特性分析可见，年内水库运行调度主要受来水、下游综合用水及汛期防洪度汛等要求的影响。

3. 日运行特性

龙羊峡水电站运行调度的基本原则为年际及年内各月以水定电，月内日运行以电调水。其具体而言，根据来水预测、下游用水需求及水库蓄水量，初步制定年度各月出库水量计划，并根据出库水量计划匡算年发电量，具体调度时根据水量情况滚动修正；日内则根据月出库水量按各日电力系统需求发电运行，并基本保证各月出库水量计划。

根据2010年运行调度资料，2010年龙羊峡水电站出库流量在枯水期中最小的2月和丰水期的7月各日入库和出库流量对比分别如图3-23和图3-24所示。

根据2月和7月的入库及出库流量过程分析，2月水库放水，7月水库蓄水，蓄放水过程相对较平稳。

2010年以7月和12月为代表的日发电出力过程如图3-25～图3-26所示。

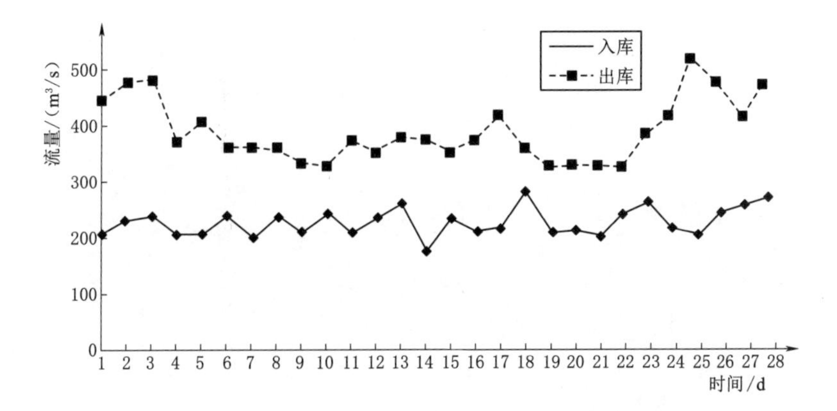

图 3-23　2010 年 2 月龙羊峡水电站入库、出库流量过程

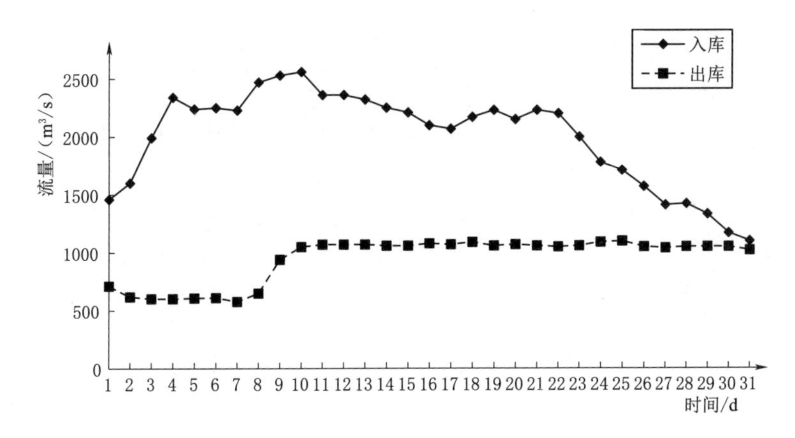

图 3-24　2010 年 7 月龙羊峡水电站入库、出库流量过程

从代表月日运行方式分析，龙羊峡水电站承担着一定的基荷，日发电出力受系统负荷的影响：在负荷较低的 4:00—5:00，发电出力较小；在负荷较高的 19:00—21:00，发电出力较大；在汛期个别日，也会出现发电出力较小的情况，主要是受下游在建电站过流限制的影响。龙羊峡水电站 11 月至次年 3 月的小时平均出力小于 4—10 月的，发电出力的变化趋势与 4—10 月的相似。

龙羊峡水电站各月平均及年平均日运行发电出力过程如图 3-27 所示。

从图 3-29 可见，龙羊峡水电站 2010 年 8 月的发电出力变化较小，主要由于 7 月下旬龙羊峡水库水位已接近临时汛限水位 2588.00m，水电站一直满负荷的发电出力运行所致。其他月份的发电出力变化与电力系统电力负荷需求的变化基本一致。龙羊峡水电站各日均承担系统的部分基荷容量。

3.3.2.3　设计与实际运行方式对比分析

自龙羊峡水电站建成发电以来，梯级水电站基本按设计既定的龙羊峡、刘家峡两水库联合运行调度规则来满足发电及综合利用要求。

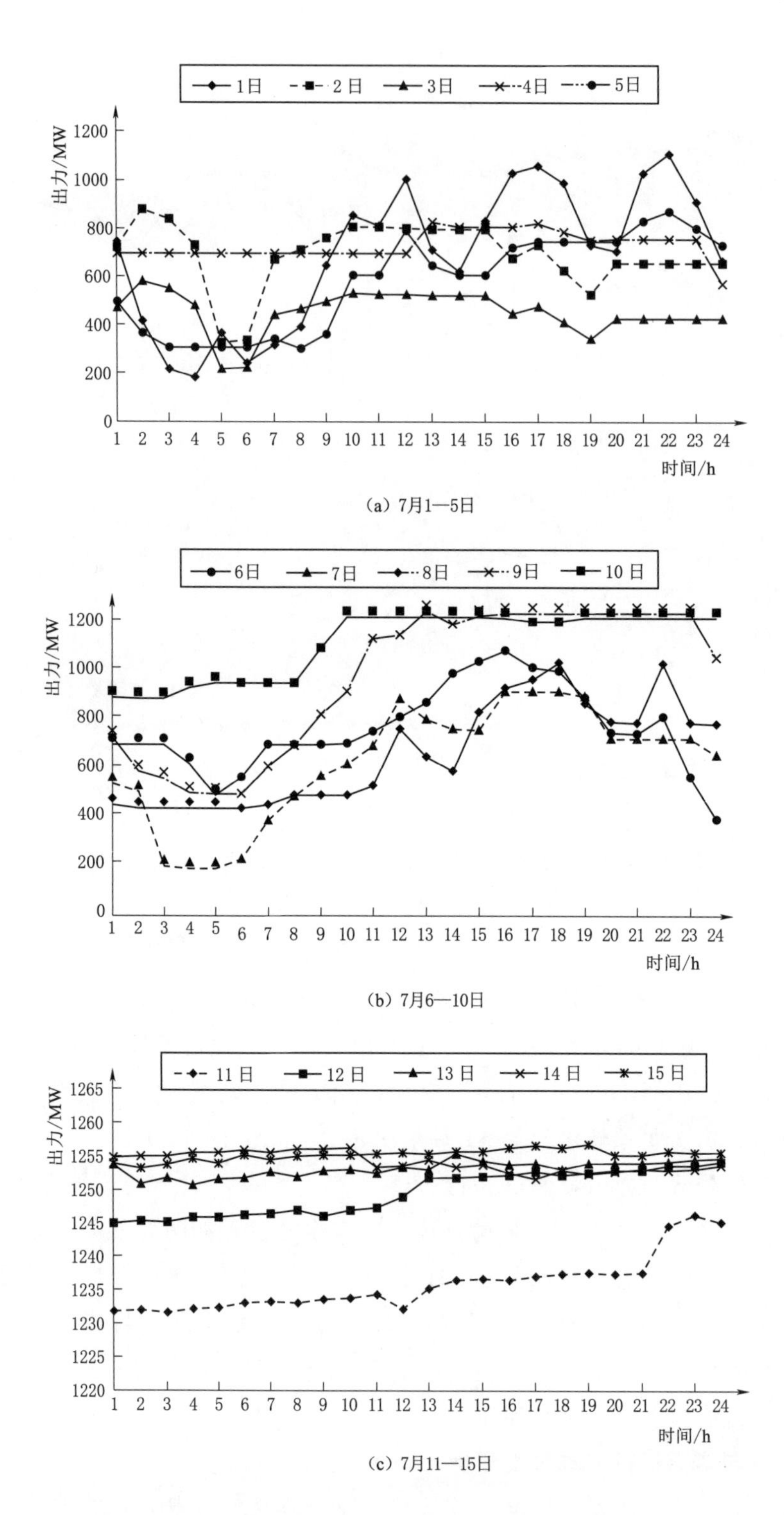

图3-25(一) 龙羊峡水电站2010年7月各日发电出力过程

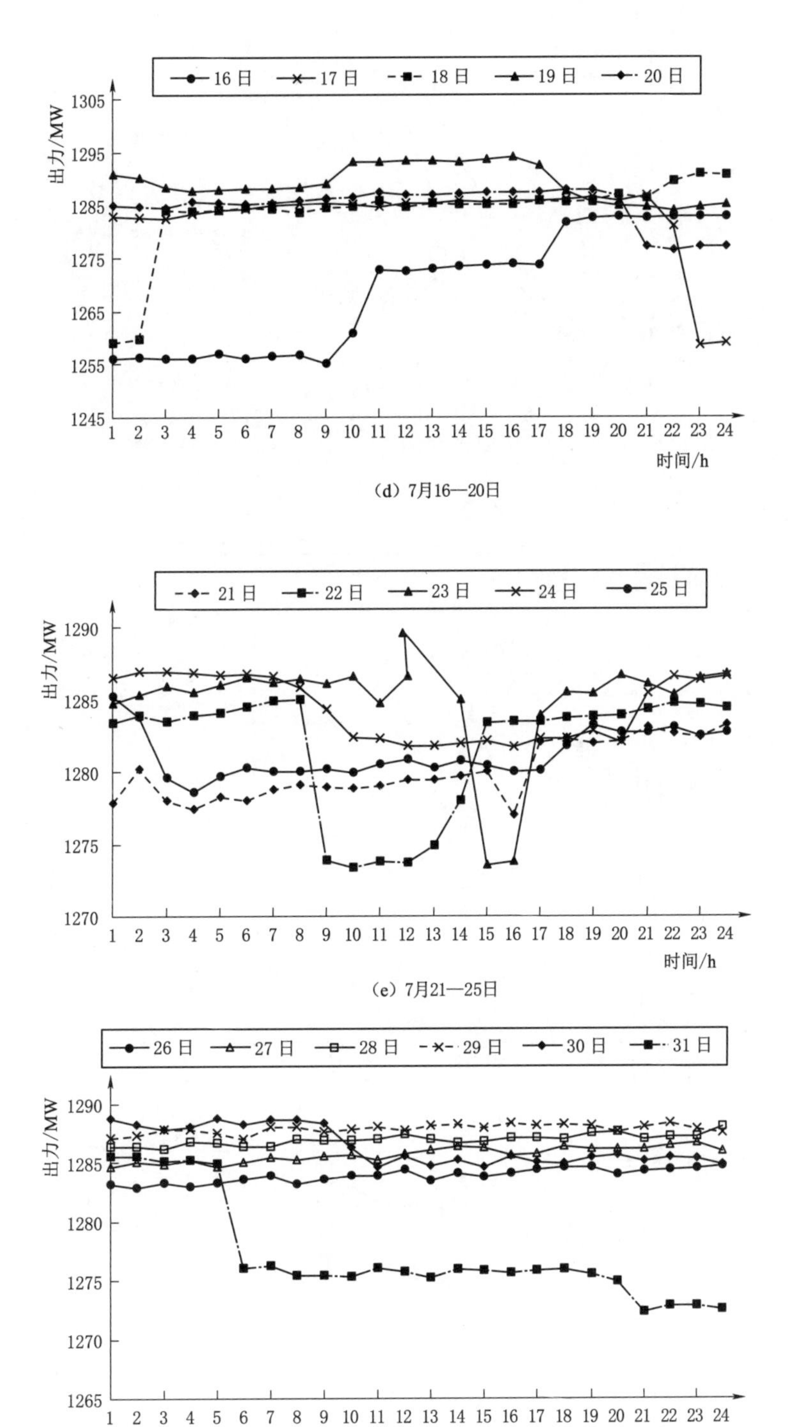

(d) 7月16—20日

(e) 7月21—25日

(f) 7月26—31日

图3-25(二) 龙羊峡水电站2010年7月各日发电出力过程

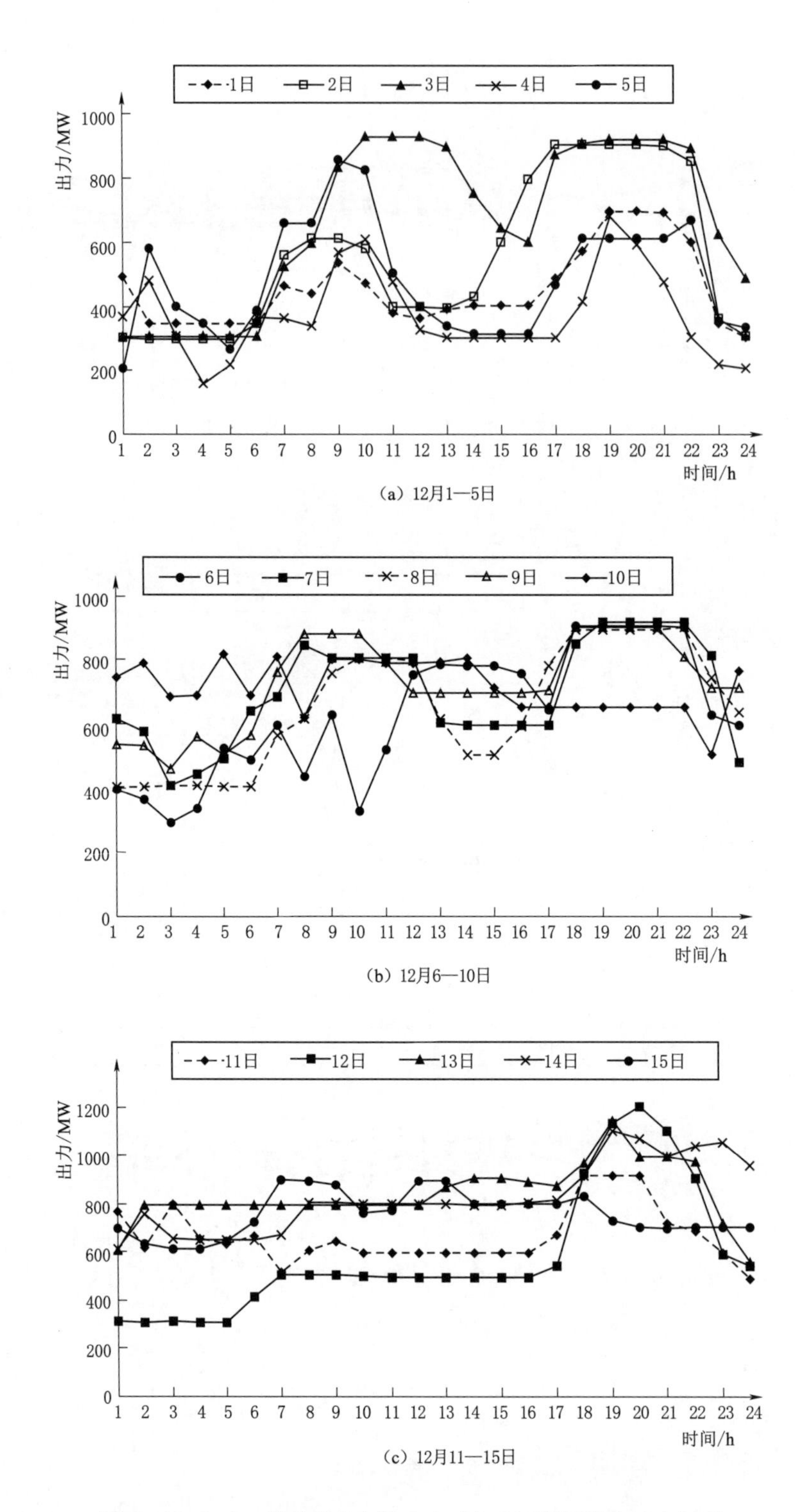

(a) 12月1—5日
(b) 12月6—10日
(c) 12月11—15日

图3-26（一） 龙羊峡水电站2010年12月各日发电出力过程

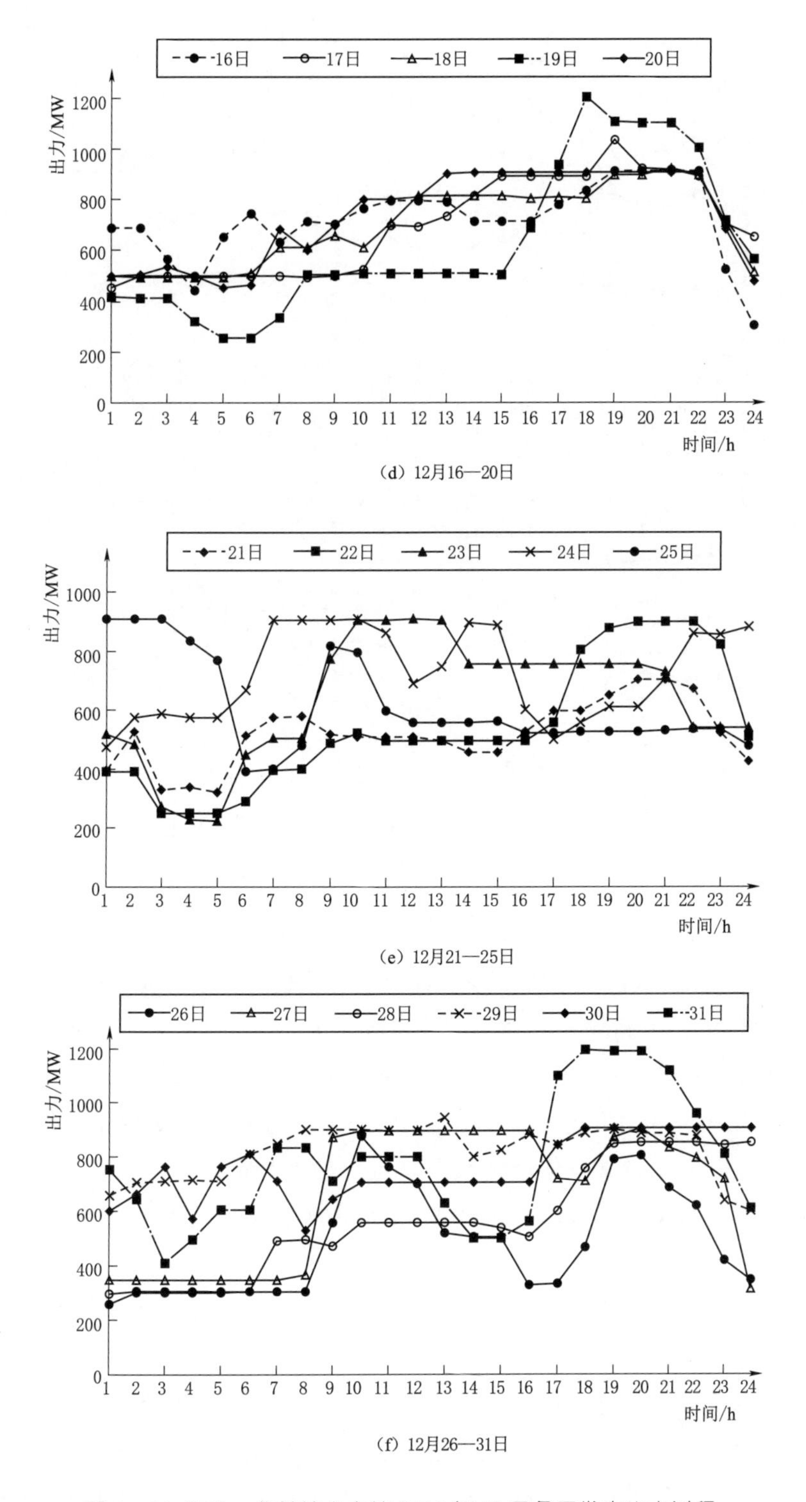

(d) 12月16—20日

(e) 12月21—25日

(f) 12月26—31日

图 3-26（二） 龙羊峡水电站 2010 年 12 月各日发电出力过程

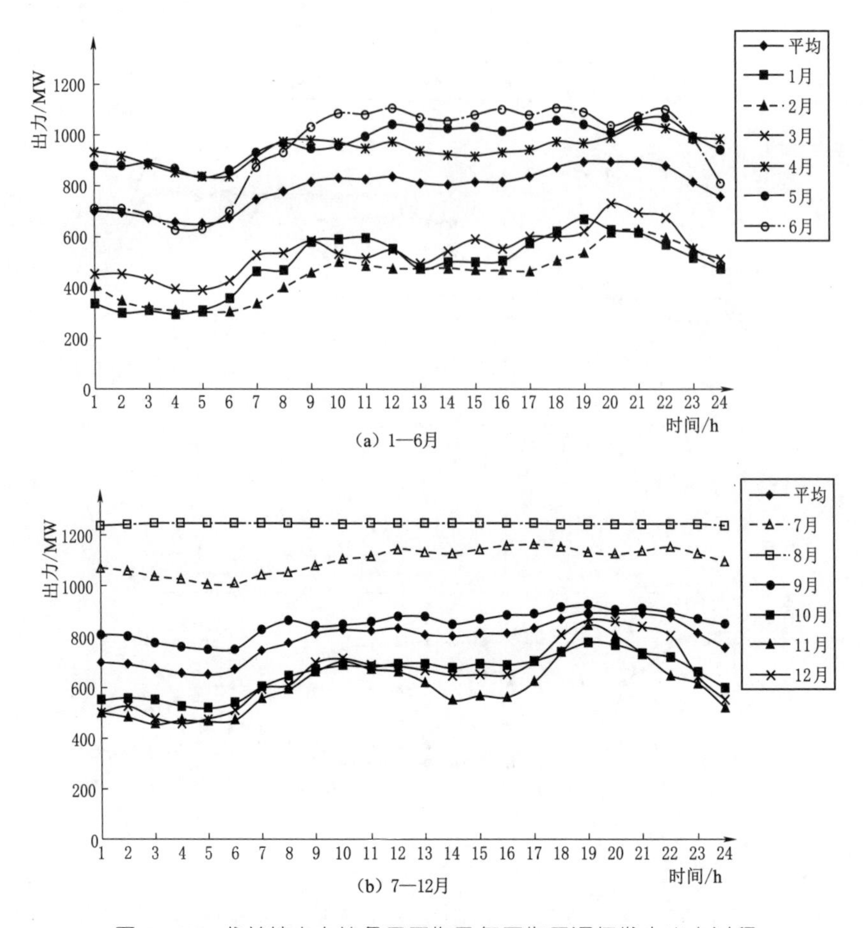

图 3-27　龙羊峡水电站各月平均及年平均日运行发电出力过程

龙羊峡水电站装机容量 1280MW，设计年平均发电量 59.42 亿 kW·h。1988—2010 年最大年发电量 69.15 亿 kW·h，最小年发电量 22.4 亿 kW·h，最小年发电量约占最大年发电量的 32%。最小年发电量比设计系列中的最小年发电量（29.8 亿 kW·h）少 25%；1988—2010 年平均发电量 43.28 亿 kW·h，比设计值减少了 27%；主要由于龙羊峡水库蓄水运行以来遭遇连续枯水年，且长期处于低水位运行。

受龙羊峡水电站来水连续较枯的影响，龙羊峡水库水位一直未蓄至正常蓄水位，水库长期处于低水位运行，影响电站发电量。

1988—2010 年龙羊峡水电站来水相对较枯，故将其发电运行各月平均发电出力与设计枯水年各月平均发电出力进行对比，对比如图 3-28 所示。

实际和设计枯水年各月平均发电出力变化趋势不一致，主要受上下游具体调度运行的影响，实际调度与设计略有出入，但实际调度仍以设计的龙羊峡、刘家峡两水库联合调度的原则及调度线进行，故龙羊峡水电站设计代表年过程可以作为水光互补计算的基础。

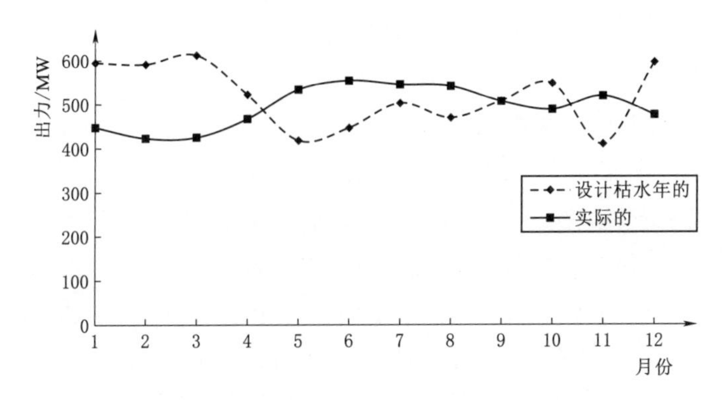

图3-28　龙羊峡水电站各月平均发电出力对比图

3.3.3　龙羊峡水光互补运行分析

水光互补运行即龙羊峡水电站对光伏电站进行补偿，根据小幅度补偿和完全互补两种补偿方式拟定以下水光互补方案：

方案一：针对光伏电站变化较大不能满足接入系统规定技术要求的状况进行小幅度补偿，使光伏电站的出力尽可能平滑，能够满足电力系统的接入要求。

方案二：将龙羊峡水电站和光伏电站组合为一个电源，并经龙羊峡水电站对光伏电站进行补偿后送入电网，保持基荷出力200MW（互补前龙羊峡水电站基荷出力）不变。

光伏电站与龙羊峡水电站的电量均通过龙羊峡水电站的送出通道送出，可使龙羊峡水电站送电通道的年利用小时从4642h提高至5031h，可提高送出线路的利用率和经济性。

各互补方案均以每小时发电出力为单位，并考虑光伏发电预报相对误差不大情况下进行电力电量平衡及日运行方式的模拟，推荐龙羊峡水光互补为完全水光互补方案。

电力电量平衡基本参数拟定：

(1) 设计水平年。龙羊峡并网光伏电站预计2013年3月开工，2013年底投产发电，考虑龙羊峡水电站与光伏电站互补运行的相互适应周期，水光互补组合电源的设计水平年为2015年。

(2) 供电范围。目前，龙羊峡水电站以供电青海电网为主，并承担西北电网调峰、调频和事故备用。水光互补组合电源供电范围结合龙羊峡水电站设计时的定位及其发展变化，确定为以供电青海电网为主。

(3) 需求及需求特性。2015年青海电网口径最大发电负荷为14500MW，全社会用电量为1000亿kW·h。

青藏联网±400kV直流输电项目送电能力300MW，规模较小，暂不考虑。

青海电网年负荷及日负荷特性见表3-2和表3-3。

(4) 水电站电源组成。参加平衡计算的水电站包括已建和在建的水电站，电源主要有龙羊峡、尼那、李家峡、直岗拉卡、康扬、公伯峡、拉西瓦、苏只、黄丰、积石峡、班多水电站以及径流小水电等，水电总装机容量计11508.4MW。

(5) 火电电源。2015年青海电网火电规划装机容量3670MW。

(6) 水电站设计代表年。设计代表年采用梯级水电站群选择的枯水年（1927年5月—1928年4月）、平水年（1954年5月—1955年4月）、丰水年（1968年5月—1969年4月）。

(7) 备用及检修。系统负荷备用容量采用系统最大负荷的3%，基本由水电按保证出力比例承担，不足由火电承担，龙羊峡水电站承担负荷备用约80MW；系统事故备用容量采用系统最大负荷的10%，主要由调节性能较好且距负荷中心较近的水电站及火电站承担，一般情况下水电站与火电站之间：火电站按工作容量比例分配；水电站按水头比例分配；龙羊峡水电站承担事故备用约200MW。

水电机组检修一般安排在枯水期，每台水电机组检修时间按1个月计算，龙羊峡水电站水电机组检修暂安排在每年的1—3月和11月。

1. 水光互补运行方案一——小幅度的互补运行方案

通过龙羊峡水电站对光伏电站锯齿状的波动进行补偿，即主要对受天气变化或其他因素影响的日内发电出力变化较大情况进行补偿。光伏发电受天气变化影响较大，晴天时，光伏电站日内发电曲线呈现先递增后递减的光滑曲线，受不同天气变化，光伏电站的发电出力有一定的波动性，通过水电站的调节特性对光伏电站受天气变幻的波动性进行调节。以波动变化较大的多云转小雨天气为例，其补偿前后日发电出力曲线如图3-29所示。在多云转小雨天气情况下对有波动的光伏发电出力过程进行补偿，需要龙羊峡水电站进行发电出力补偿的时段仅有3h，需要补偿的最大发电量约80MW，故对龙羊峡水电站的出库流量影响不大。

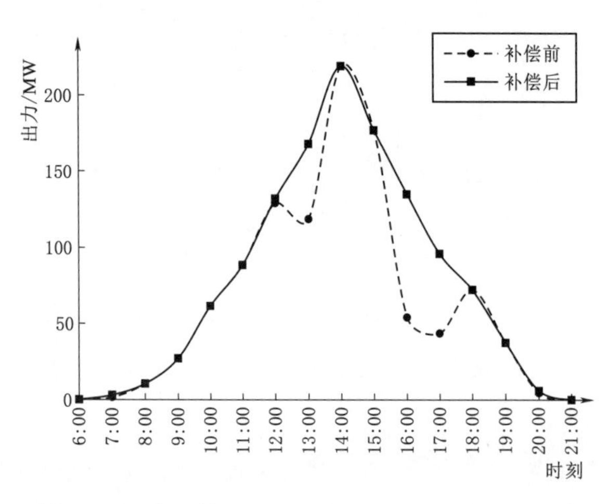

图3-29　多云转小雨天气补偿前后日发电出力曲线

水电对新能源小幅度补偿的方式，是在新能源因各种原因造成发电出力突然变化的情况，水电站根据变化的情况即时做出响应，以使水电与光伏组合的发电出力无明显突变，发电出力更平滑、更易于电网消纳。实践证明，经龙羊峡水电站补偿后的水电和光伏组合发电出力均较平滑，满足光伏电站接入电力系统的技术要求，也更容易为电力系统完全利用。

2. 水光互补运行方案二——完全互补运行方案

龙羊峡水电站和光伏电站组合为一个电源，并经龙羊峡水电站对光伏电站进行补偿后送入电网，保持基荷出力200MW（互补前龙羊峡水电站基荷出力）不变。

（1）互补原则及计算条件。龙羊峡水电站虽具有多年调节性能，但其发电特性仍由于来水量的不同有枯水年、平水年、丰水年之分，而光伏电站每日发电特性也不同，因此，以水电站各设计代表年各月平均日工况与光伏电站日平均、最大、最小发电出力工况进行补偿计算，并进行水光互补前后代表日电力电量平衡及日运行方式模拟。模拟原则：电力系统的电力电量平衡优先安排龙羊峡水电站或水光互补组合电源；水光互补组合电源的运行模式下承担的备用、检修以及枯水期水电站的容量受阻均与互补前龙羊峡水电站基本相同；考虑互补电量的增加，在水电站发电出力较大且有水电机组检修时，尽量不安排承担事故备用。

（2）光伏电站发电出力统计。采用光伏电站代表年的日小时发电出力统计计算的各月的平均发电出力以及各月的日最大平均发电出力、日最小平均发电出力，作为水光互补光伏电站平均发电出力、日最大平均发电出力、日最小平均发电出力情况下分析的依据。光伏电站日平均发电出力、日最大平均发电出力、日最小平均发电出力见表3-10。光伏电站设计代表年平均发电出力56.9MW，6月的平均发电出力为48.5MW，比平均发电出力低20%，2月的平均发电出力为64.9MW，比平均出力高8%。

表3-10　　光伏电站日平均发电出力统计表　　单位：MW

项　目	月　份											
	1	2	3	4	5	6	7	8	9	10	11	12
日最大平均发电出力	79.2	88.2	84.2	81.5	77.2	81.5	76.4	76.4	77.4	68.6	78.4	69.2
日最小平均发电出力	30.7	31.9	14.3	36.2	15.8	14.0	13.1	10.1	11.5	18.3	42.7	32.8
平均发电出力	61.6	64.9	62.7	59.4	56.3	48.5	51.0	53.6	52.5	49.9	63.7	59.1
最大与平均差值	17.6	23.4	21.4	22.1	20.9	33.0	25.5	22.8	24.9	18.8	14.7	10.1
平均与最小差值	30.9	32.9	48.4	23.2	40.4	34.4	37.8	43.5	40.9	31.6	21.0	26.3

（3）水光互补前后计算分析如下：

1）枯水年。枯水年龙羊峡水电站平均出力517.9MW，各月平均发电出力在409.8～612MW变化，各月均承担系统的负荷备用及事故备用，基荷出力200MW，可调发电出力209.8～412MW，可调工作容量470.9～800MW，日负荷率42.6%～91.2%。

受光伏电站不同发电出力的影响：当遇光伏电站发电出力较小情况时，由于增加的光伏电量较少，水光互补前后承担系统的备用容量不变，承担系统负荷的位置略有变化，增加的较少电量主要以增加系统腰荷为主，日负荷率增加；当遇光伏电站发电出力平均情况时，由于光伏电站的发电量增大，水光互补前后承担系统的事故备用容量在水电机组检修的1—3月减少，承担系统负荷的位置也发生变化，增加的电量主要以增加系统腰荷为主，日负荷率除检修的1—3月略减少外，其他月份均增加较大；当遇光伏电站最大发电出力情况时，日负荷率除在检修的1—3月略增加外，其他月份均增加较大；其他情况与光伏电站发电出力平均的情况类似。

可见，水光互补组合电源遇光伏电站不同发电出力情况下，光伏电站的日平均发电出力越大，相当于水电站发电量增大，承担系统的负荷可根据系统的需求进行调整，增加的电量主要以承担系统腰荷为主，承担系统的峰谷差不变，电力电量均可被系统完全利用。但在水电机组检修且水电站发电出力较大（600MW左右）时承担系统的事故备用容量减少。

水光互补组合电源遇光伏电站不同发电出力情况下，光伏电站日平均发电出力越大，可调出力越大，可调电量增加越大，日负荷率增加越大，电力电量均可被系统完全利用。

枯水年水光互补遇光伏发电不同情况电力电量平衡表见表3-11～表3-13。

表3-11　　枯水年水光互补电力电量平衡表（光伏电站日平均发电量情况）

项　目	单位	月　份											
		1	2	3	4	5	6	7	8	9	10	11	12
龙羊峡水电站													
装机容量	MW	1280	1280	1280	1280	1280	1280	1280	1280	1280	1280	1280	1280
负荷备用容量	MW	80	80	80	80	80	80	80	80	80	80	80	80
事故备用容量	MW	200	200	200	200	200	200	200	200	200	200	200	200
检修容量	MW	320	320	320								320	
受阻容量	MW	0	5.0	9.1	14.8	19.2	12.2	0	1.7	0	0	0	0
最大工作容量	MW	680.0	675.0	670.9	985.2	980.8	987.8	1000.0	998.3	1000.0	1000.0	680.0	1000.0
平均出力	MW	594.8	591.4	612.0	521.7	417.9	446.4	502.3	469.0	507.4	547.4	409.8	595.1
其中：基荷出力	MW	200	200	200	200	200	200	200	200	200	200	200	200
可调出力	MW	394.8	391.4	412.0	321.7	217.9	246.4	302.3	269.0	307.4	347.4	209.8	395.1
可调工作容量	MW	480.0	475.0	470.9	785.2	780.8	787.8	800.0	798.3	800.0	800.0	480.0	800.0
日负荷率	%	87.5	87.6	91.2	53.0	42.6	45.2	50.2	47.0	50.7	54.7	60.3	59.5
光伏电站													
装机容量	MW	850	850	850	850	850	850	850	850	850	850	850	850
平均出力	MW	159.6	168.0	162.5	153.9	145.7	125.5	132.0	138.9	135.9	129.1	165.0	153.1

续表

项　　目	单位	月　　份											
		1	2	3	4	5	6	7	8	9	10	11	12
水光互补组合电源													
装机容量	MW	2130	2130	2130	2130	2130	2130	2130	2130	2130	2130	2130	2130
负荷备用容量	MW	80	80	80	80	80	80	80	80	80	80	80	80
事故备用容量	MW	0	0	0	200	200	200	200	200	200	200	200	200
检修容量	MW	320	320	320	0	0	0	0	0	0	0	320	0
受阻容量	MW	0	5.0	9.1	14.8	19.2	12.2	0	1.7	0	0	0	0
最大工作容量	MW	880.0	875.0	870.9	985.2	980.8	987.8	1000.0	998.3	1000.0	1000.0	680.0	1000.0
平均出力	MW	754.4	759.4	774.5	675.6	563.6	571.9	634.3	607.9	643.3	676.5	574.8	748.2
其中：基荷出力	MW	200	200	200	200	200	200	200	200	200	200	200	200
可调出力	MW	554.4	559.4	574.5	475.6	363.6	371.9	434.3	407.9	443.3	476.5	374.8	548.2
可调工作容量	MW	680.0	675.0	670.9	785.2	780.8	787.8	800.0	798.3	800.0	800.0	480.0	800.0
日负荷率	%	85.7	86.8	88.9	68.6	57.5	57.9	63.4	60.9	64.3	67.7	84.5	74.8
龙羊峡水电站与水光互补组合电源对比													
负荷备用容量	MW	0	0	0	0	0	0	0	0	0	0	0	0
事故备用容量	MW	−200	−200	−200	0	0	0	0	0	0	0	0	0
基荷出力	MW	0	0	0	0	0	0	0	0	0	0	0	0
可调工作容量	MW	200	200	200	0	0	0	0	0	0	0	0	0
可调出力	MW	159.6	168.0	162.5	153.9	145.7	125.5	132.0	138.9	135.9	129.1	165.0	153.1
日负荷率	%	−1.7	−0.8	−2.3	15.6	14.9	12.7	13.2	13.9	13.6	12.9	24.3	15.3

表 3-12　　枯水年水光互补电力电量平衡表（光伏电站日最大发电量情况）

项　　目	单位	月　　份											
		1	2	3	4	5	6	7	8	9	10	11	12
龙羊峡水电站													
装机容量	MW	1280	1280	1280	1280	1280	1280	1280	1280	1280	1280	1280	1280
负荷备用容量	MW	80	80	80	80	80	80	80	80	80	80	80	80
事故备用容量	MW	200	200	200	200	200	200	200	200	200	200	200	200
检修容量	MW	320	320	320								320	
受阻容量	MW	0	5	9.1	14.8	19.2	12.2	0	1.7	0	0	0	0
最大工作容量	MW	680.0	675.0	670.9	985.2	980.8	987.8	1000.0	998.3	1000.0	1000.0	680.0	1000.0
平均出力	MW	594.8	591.4	612.0	521.7	417.9	446.4	502.3	469.0	507.4	547.4	409.8	595.1
其中：基荷出力	MW	200	200	200	200	200	200	200	200	200	200	200	200
可调出力	MW	394.8	391.4	412.0	321.7	217.9	246.4	302.3	269.0	307.4	347.4	209.8	395.1
可调工作容量	MW	480.0	475.0	470.9	785.2	780.8	787.8	800.0	798.3	800.0	800.0	480.0	800.0
日负荷率	%	87.5	87.6	91.2	53.0	42.6	45.2	50.2	47.0	50.7	54.7	60.3	59.5

续表

项目	单位	月份											
		1	2	3	4	5	6	7	8	9	10	11	12
光伏电站													
装机容量	MW	850	850	850	850	850	850	850	850	850	850	850	850
最大出力	MW	205.2	228.5	218.0	211.2	199.9	211.0	198.0	197.9	200.5	177.8	203.2	179.3
水光互补组合电源													
装机容量	MW	2130	2130	2130	2130	2130	2130	2130	2130	2130	2130	2130	2130
负荷备用容量	MW	80	80	80	80	80	80	80	80	80	80	80	80
事故备用容量	MW	0	0	0	200	200	200	200	200	200	200	200	200
检修容量	MW	320	320	320	0	0	0	0	0	0	0	320	0
受阻容量	MW	0	5.0	9.1	14.8	19.2	12.2	0	1.7	0	0	0	0
最大工作容量	MW	880.0	875.0	870.9	985.2	980.8	987.8	1000.0	998.3	1000.0	1000.0	680.0	1000.0
平均出力	MW	800.0	819.9	830.0	732.9	617.8	657.4	700.3	666.9	707.9	725.2	613.0	774.4
其中：基荷出力	MW	200	200	200	200	200	200	200	200	200	200	200	200
可调出力	MW	600.0	619.9	630.0	532.9	417.8	457.4	500.3	466.9	507.9	525.2	413.0	574.4
可调工作容量	MW	680.0	675.0	670.9	785.2	780.8	787.8	800.0	798.3	800.0	800.0	480.0	800.0
日负荷率	%	90.9	93.7	95.3	74.4	63.0	66.6	70.0	66.8	70.8	72.5	90.1	77.4
龙羊峡水电站与水光互补组合电源对比													
负荷备用容量	MW	0	0	0	0	0	0	0	0	0	0	0	0
事故备用容量	MW	−200	−200	−200	0	0	0	0	0	0	0	0	0
基荷出力	MW	0	0	0	0	0	0	0	0	0	0	0	0
可调工作容量	MW	200	200	200	0	0	0	0	0	0	0	0	0
可调出力	MW	205.2	228.5	218.0	211.2	199.9	211.0	198.0	197.9	200.5	177.8	203.2	179.3
日负荷率	%	3.4	6.1	4.1	21.4	20.4	21.4	19.8	19.8	20.0	17.8	29.9	17.9

表3-13　枯水年水光互补电力电量平衡表（光伏电站日最小发电量情况）

项目	单位	月份											
		1	2	3	4	5	6	7	8	9	10	11	12
龙羊峡水电站													
装机容量	MW	1280	1280	1280	1280	1280	1280	1280	1280	1280	1280	1280	1280
负荷备用容量	MW	80	80	80	80	80	80	80	80	80	80	80	80
事故备用容量	MW	200	200	200	200	200	200	200	200	200	200	200	200
检修容量	MW	320	320	320								320	
受阻容量	MW	0	5.0	9.1	14.8	19.2	12.2	0	1.7	0	0	0	0
最大工作容量	MW	680.0	675.0	670.9	985.2	980.8	987.8	1000.0	998.3	1000.0	1000.0	680.0	1000.0
平均出力	MW	594.8	591.4	612.0	521.7	417.9	446.4	502.3	469.0	507.4	547.4	409.8	595.1

续表

项　　目	单位	月　　份											
		1	2	3	4	5	6	7	8	9	10	11	12
其中：基荷出力	MW	200	200	200	200	200	200	200	200	200	200	200	200
可调出力	MW	394.8	391.4	412.0	321.7	217.9	246.4	302.3	269.0	307.4	347.4	209.8	395.1
可调工作容量	MW	480.0	475.0	470.9	785.2	780.8	787.8	800.0	798.3	800.0	800.0	480.0	800.0
日负荷率	%	87.5	87.6	91.2	53.0	42.6	45.2	50.2	47.0	50.7	54.7	60.3	59.5
光伏电站													
装机容量	MW	850	850	850	850	850	850	850	850	850	850	850	850
最小出力	MW	79.5	82.7	37.2	93.7	41.0	36.3	34.0	26.2	29.9	47.3	110.6	84.9
水光互补组合电源													
装机容量	MW	2130	2130	2130	2130	2130	2130	2130	2130	2130	2130	2130	2130
负荷备用容量	MW	80	80	80	80	80	80	80	80	80	80	80	80
事故备用容量	MW	200	200	200	200	200	200	200	200	200	200	200	200
检修容量	MW	320	320	320	0	0	0	0	0	0	0	320	0
受阻容量	MW	0	5.0	9.1	14.8	19.2	12.2	0	1.7	0	0	0	0
最大工作容量	MW	680.0	675.0	670.9	985.2	980.8	987.8	1000.0	998.3	1000.0	1000.0	680.0	1000.0
平均出力	MW	674.3	674.1	649.2	615.4	458.9	482.7	536.3	495.2	537.3	594.7	520.4	680
其中：基荷出力	MW	200	200	200	200	200	200	200	200	200	200	200	200
可调出力	MW	474.3	474.1	449.2	415.4	258.9	282.7	336.3	295.2	337.3	394.7	320.4	480.0
可调工作容量	MW	480.0	475.0	470.9	785.2	780.8	787.8	800.0	798.3	800.0	800.0	480.0	800.0
日负荷率	%	99.2	99.9	96.8	62.5	46.8	48.9	53.6	49.6	53.7	59.5	76.5	68.0
龙羊峡水电站与水光互补组合电源对比													
负荷备用容量	MW	0	0	0	0	0	0	0	0	0	0	0	0
事故备用容量	MW	0	0	0	0	0	0	0	0	0	0	0	0
基荷出力	MW	0	0	0	0	0	0	0	0	0	0	0	0
可调工作容量	MW	0	0	0	0	0	0	0	0	0	0	0	0
可调出力	MW	79.5	82.7	37.2	93.7	41.0	36.3	34.0	26.2	29.9	47.3	110.6	84.9
日负荷率	%	11.7	12.3	5.5	9.5	4.2	3.7	3.4	2.6	3.0	4.7	16.3	8.5

以7月和12月为代表，水光互补前后运行方式如图3-30～图3-33所示。

枯水年7月，电力系统负荷在光伏发电时间段需求大，水光互补前后承担系统最小和最大负荷不变，随着光伏发电不同情况日发电量的变化，承担腰荷的电量增加。从互补前后龙羊峡水电站的运行方式对比看，在光伏电站发电出力较大和负荷低谷时，龙羊峡水电站的发电出力减小，而其他时段的发电出力增加时龙羊峡水电站的日发电出力发生改变。

枯水年12月，电力系统负荷在光伏发电时间（15:00—17:00）会出现次低谷，

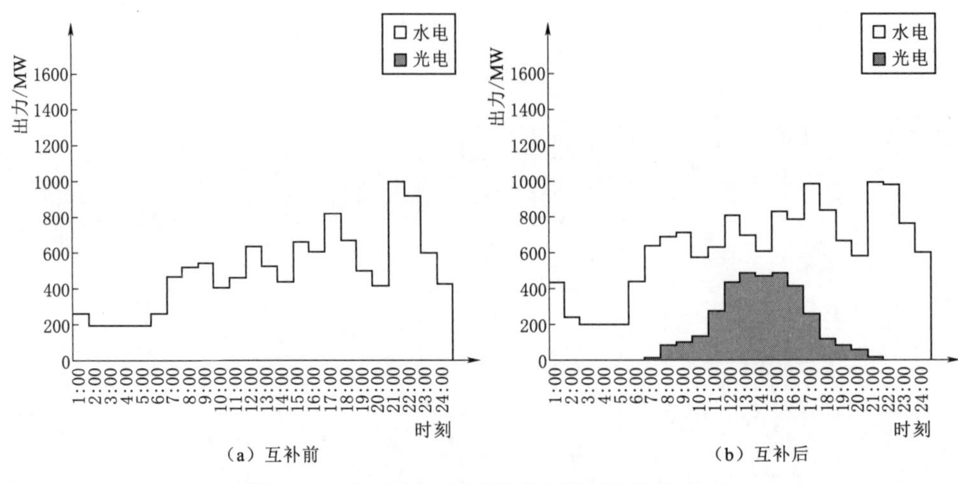

图3-30　枯水年7月水光互补前后日运行方式

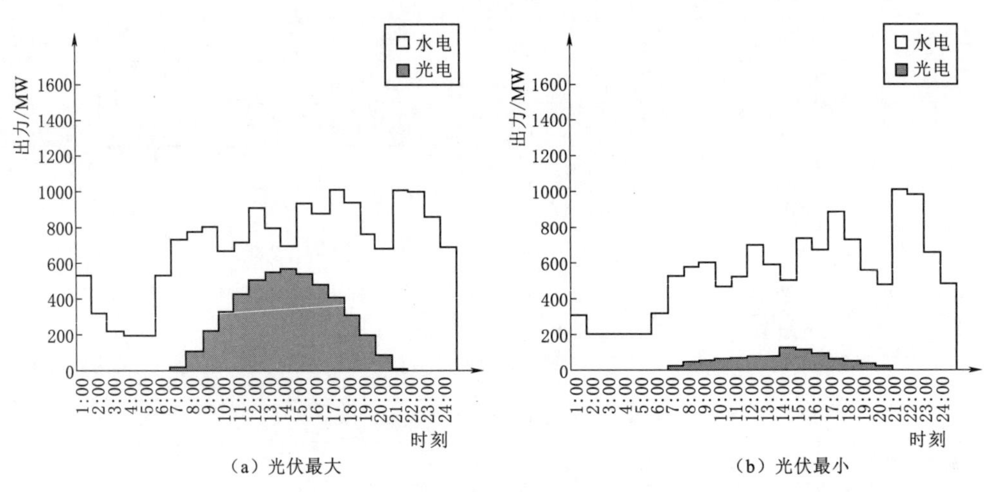

图3-31　枯水年7月水光互补后光伏电站日最大和最小发电量情况下的日运行方式

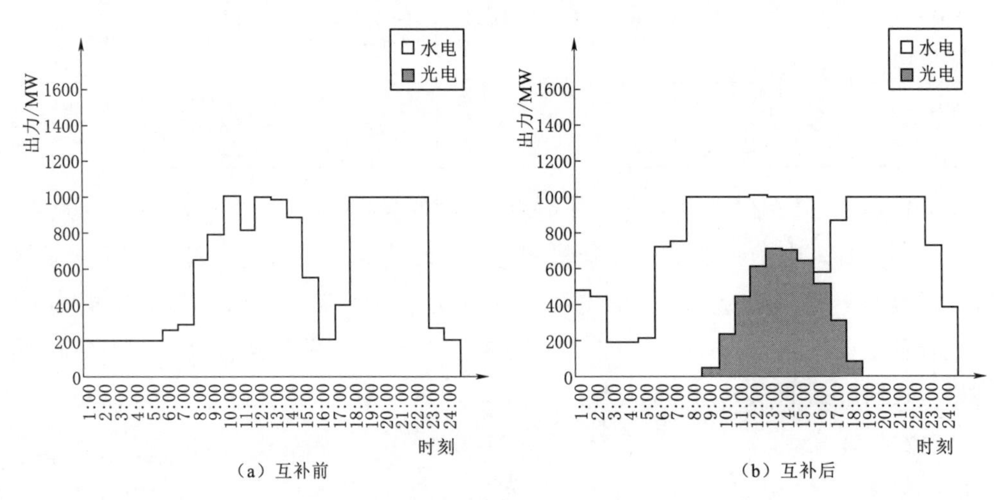

图3-32　枯水年12月水光互补前后日运行方式

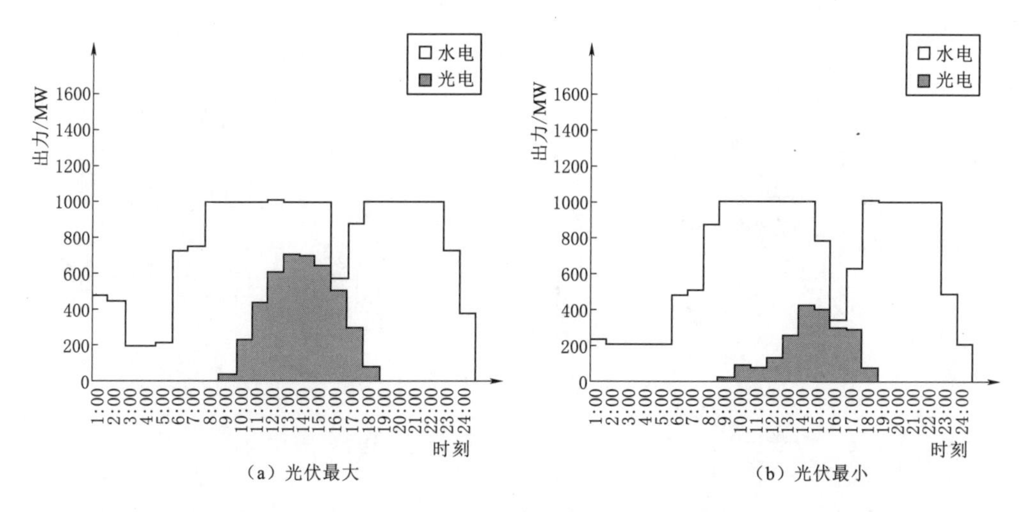

图 3-33 枯水年 12 月水光互补后光伏电站日最大和最小发电量情况下的日运行方式

水光互补组合电源承担系统最小和最大负荷不变，随着光伏发电不同情况下日发电量的变化，承担腰荷增加电量也在变化。对比互补前后龙羊峡水电站的运行方式可知，在光伏电站发电出力较大时，龙羊峡水电站的发电出力适当减小，而当负荷需求略大的其他时段的发电出力增加时龙羊峡水电站的日发电出力发生改变，仍维持龙羊峡水电站的日平均发电出力不变。从互补后龙羊峡水电站的发电出力过程看，遇光伏发电出力较大时龙羊峡水电机组发电负荷低于 128MW，而其他时段大于 220MW，根据龙羊峡水电站 G1 的稳定试验报告结论："龙羊峡水电站 G1 在带负荷 128～224MW 区间振动偏大，建议水电机组尽量避开该振动区工况运行"，因此，在负荷较低的 16:00 左右遇穿越水电机组振动区的问题。

枯水年 7 月和 12 月，水光互补前后光伏电站不同日发电量情况时承担系统负荷对比如图 3-34 和图 3-35 所示。枯水年 7 月和 12 月，水光互补前后遇光伏电站不同日发电量情况时龙羊峡水电站发电出力对比如图 3-36 和图 3-37 所示。

2）平水年。平水年水光互补前龙羊峡水电站各月平均发电出力 450.2～1109MW，基荷出力 200MW，可调发电出力 250.2～909MW，可调工作容量 680～1000MW，日负荷率 45%～92.4%，最小负荷率 20%～61%。

龙羊峡水电站在平水年的日平均发电出力明显大于枯水年的。当遇光伏电站日最小发电量情况时，由于光伏电站发电量增加较少，水光互补前后除龙羊峡水电站发电出力较大的 4 月承担系统的备用容量减少外，其他月份承担系统的备用容量均不变，各月份承担系统负荷的位置略有变化，日负荷率增加；当遇光伏电站日平均发电量情况时，由于光伏电站发电量增加较多，水光互补前后承担系统的事故备用容量有 3 个月减少，同时在光伏电站发电出力较大的 4 月及水电机组检修的 1—3 月和 11 月承担系统的负荷备用容量也相应减少，故承担系统负荷的位置也发生变化，日负荷率除龙羊峡

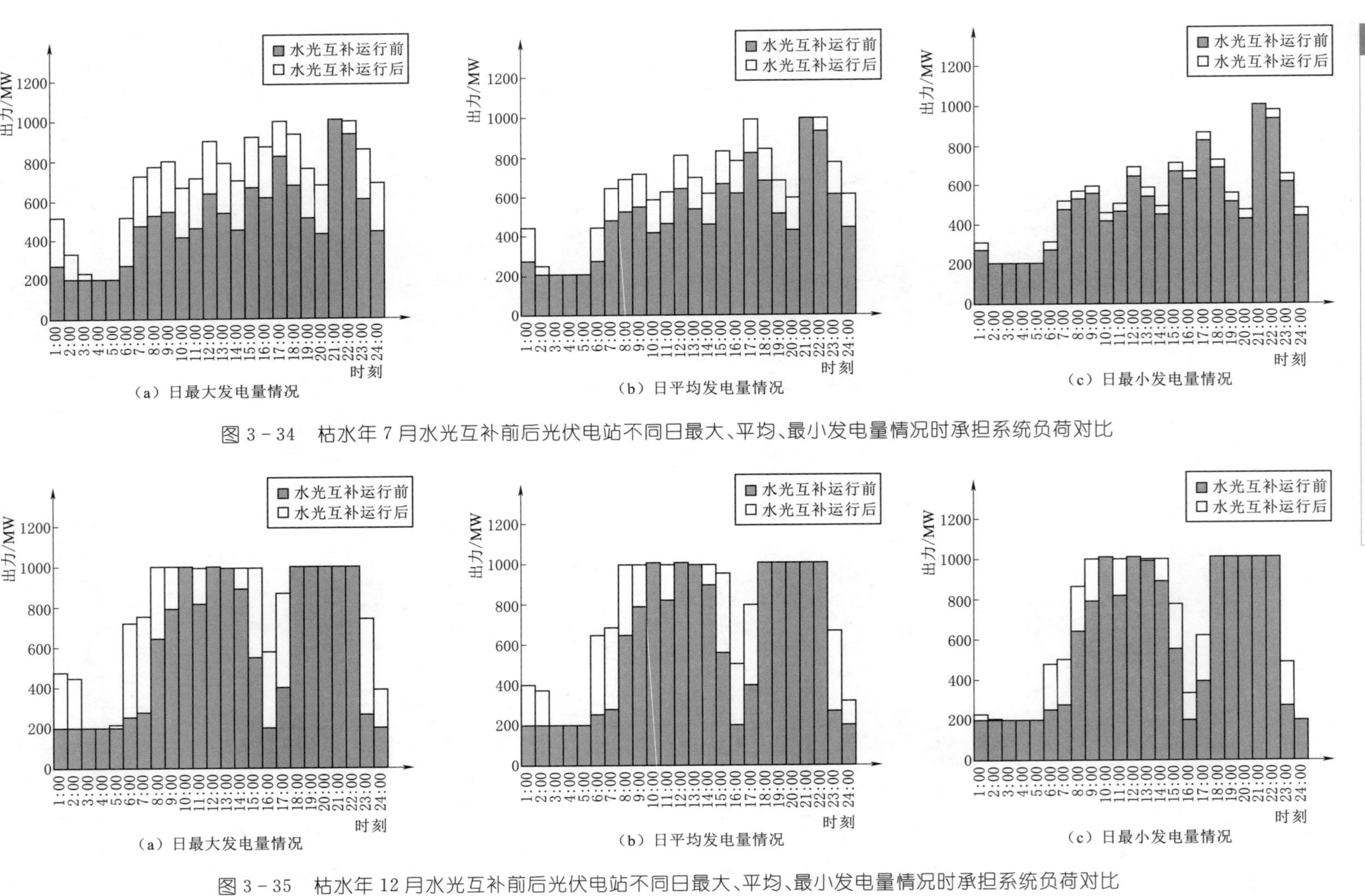

图 3-34 枯水年 7 月水光互补前后光伏电站不同日最大、平均、最小发电量情况时承担系统负荷对比

图 3-35 枯水年 12 月水光互补前后光伏电站不同日最大、平均、最小发电量情况时承担系统负荷对比

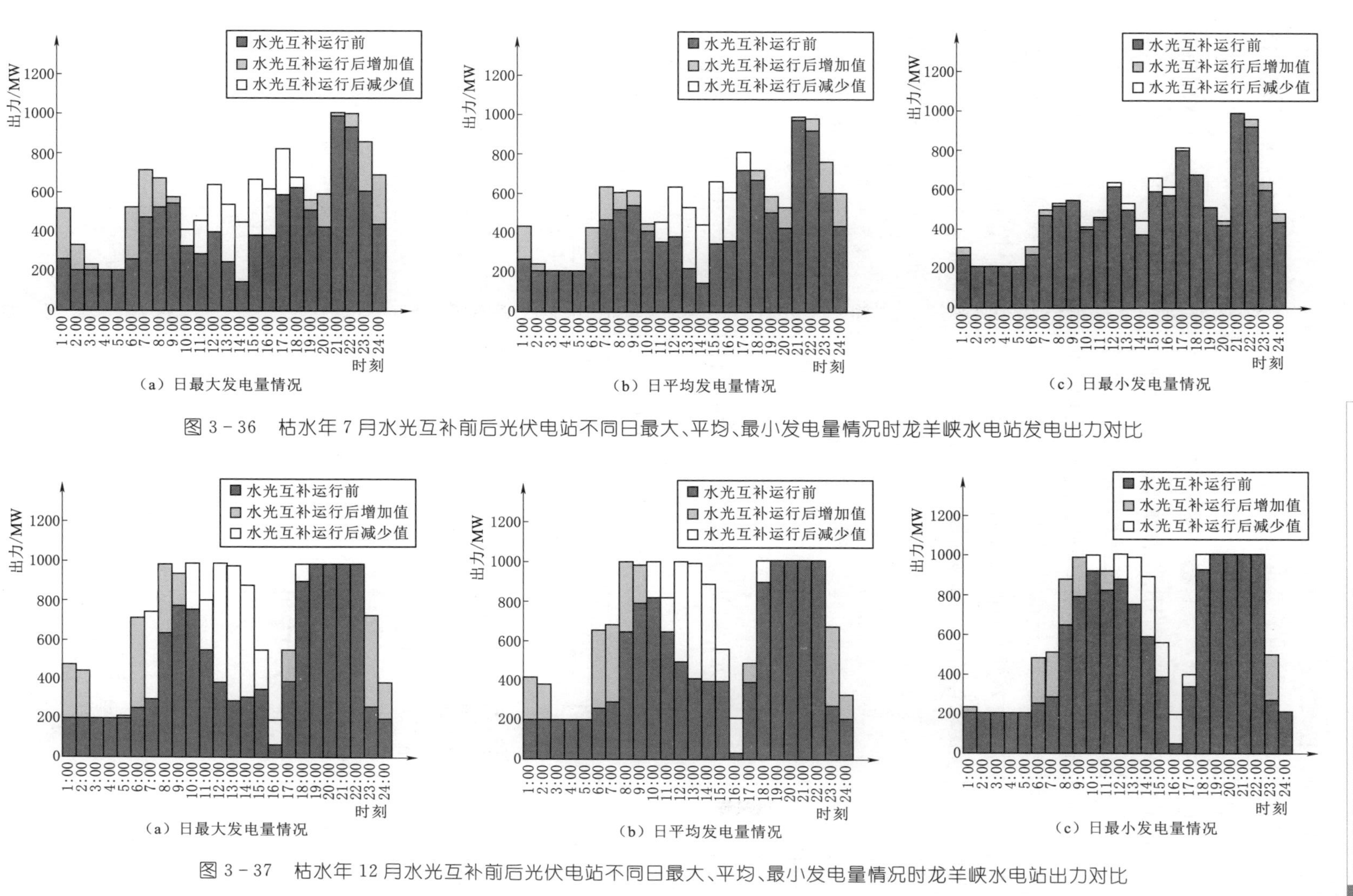

（a）日最大发电量情况

（b）日平均发电量情况

（c）日最小发电量情况

图 3-36　枯水年 7 月水光互补前后光伏电站不同日最大、平均、最小发电量情况时龙羊峡水电站发电出力对比

（a）日最大发电量情况

（b）日平均发电量情况

（c）日最小发电量情况

图 3-37　枯水年 12 月水光互补前后光伏电站不同日最大、平均、最小发电量情况时龙羊峡水电站出力对比

水电站发电出力较大的 8—10 月略减少外，其他月份均增加较大；当遇光伏电站日最大发电量情况时，在光伏电站发电量最大的 2 月需要将龙羊峡水电站检修时间调整到 12 月，在光伏电站发电出力较大的 2 月、4 月及水电机组检修时，水光互补前后承担系统的负荷备用容量均减少，系统的事故备用容量在水电机组检修或光伏电站发电出力较大时减少，日负荷率除 2 月、10 月略减少外的其他月份均增大，同时在水光互补运行后的 4 月，约有 40.2MW 平均发电出力超过水电站的工作容量 1280MW。

水光互补组合电源遇光伏电站不同日发电量情况下，光伏电站日发电量越大，相当于水电站的发电量增大，承担系统的负荷位置下移，以承担系统基荷和腰荷为主，承担系统的峰谷差随着发电量的增加而减小，但由于青海电网的水电出力富裕较多，剩下的电力系统的峰谷差可由其他水电站承担，电力电量均可被系统完全利用。在水电机组检修且光伏电站发电出力较大（900MW 左右）时，水电承担系统的备用容量减少。

水光互补组合电源遇光伏电站不同日发电量情况下，光伏电站的日发电量越大，龙羊峡水电站可调发电出力增加越大，可调电量增加越大，日负荷率增加越大，电力电量均可被系统完全利用。

平水年水光互补遇光伏电站不同日发电量情况的电力电量平衡表见表 3-14～表 3-16。

表 3-14　　水光互补电力电量平衡表（光伏日平均发电量情况）

项　目	单位	月份											
		1	2	3	4	5	6	7	8	9	10	11	12
龙羊峡水电站													
装机容量	MW	1280	1280	1280	1280	1280	1280	1280	1280	1280	1280	1280	1280
负荷备用容量	MW	80	80	80	80	80	80	80	80	80	80	80	80
事故备用容量	MW	0	0	0	0	200	200	200	200	200	200	0	200
检修容量	MW	320	320	320								320	
受阻容量	MW	0	0	0	0	0	0	0	0	0	0	0	0
最大工作容量	MW	880	880	880	1200	1000	1000	1000	1000	1000	1000	880	1000
平均出力	MW	744.6	751.1	718.7	1109.0	450.2	476.0	593.4	900.3	896.8	901.7	755.2	755.0
其中：基荷出力	MW	200	200	200	200	200	200	200	200	200	200	200	200
可调出力	MW	544.6	551.1	518.7	909.0	250.2	276.0	393.4	700.3	696.8	701.7	555.2	555.0
可调工作容量	MW	680	680	680	1000	800	800	800	800	800	800	680	800
日负荷率	%	84.6	85.4	81.7	92.4	45	47.6	59.3	90	89.7	90.2	85.8	75.5
光伏电站													
装机容量	MW	850	850	850	850	850	850	850	850	850	850	850	850
平均出力	MW	159.6	168.0	162.5	153.9	145.7	125.5	132.0	138.9	135.9	129.1	165.0	153.1

续表

项目	单位	月份											
		1	2	3	4	5	6	7	8	9	10	11	12
水光互补组合电源													
装机容量	MW	2130	2130	2130	2130	2130	2130	2130	2130	2130	2130	2130	2130
负荷备用容量	MW	0	0	0	0	80	80	80	80	80	80	0	80
事故备用容量	MW	0	0	0	0	200	200	200	0	0	0	0	200
检修容量	MW	320	320	320	0	0	0	0	0	0	0	320	0
受阻容量	MW	0	0	0	0	0	0	0	0	0	0	0	0
最大工作容量	MW	960	960	960	1280	1000	1000	1000	1200	1200	1200	960	1000
平均出力	MW	904.2	919.1	881.2	1262.9	595.9	601.5	725.4	1039.2	1032.7	1030.8	920.2	908.1
其中：基荷出力	MW	200	200	200	200	200	200	200	200	200	200	200	200
可调出力	MW	704.2	719.1	681.2	1062.9	395.9	401.5	525.4	839.2	832.7	830.8	720.2	708.1
可调工作容量	MW	760	760	760	1080	800	800	800	1000	1000	1000	760	800
日负荷率	%	94.2	95.7	91.8	98.7	59.6	60.2	72.5	86.6	86.1	85.9	95.9	90.8
龙羊峡水电站与水光互补组合电源对比													
负荷备用容量	MW	−80	−80	−80	−80	0	0	0	0	0	0	−80	0
事故备用容量	MW	0	0	0	0	0	0	0	−200	−200	−200	0	0
基荷出力	MW	0	0	0	0	0	0	0	0	0	0	0	0
可调工作容量	MW	80	80	80	80	0	0	0	200	200	200	80	0
可调出力	MW	159.6	168.0	162.5	153.9	145.7	125.5	132.0	138.9	135.9	129.1	165.0	153.1
日负荷率	%	9.6	10.4	10.1	6.2	14.6	12.6	13.2	−3.4	−3.6	−4.3	10.0	15.3

表 3-15　　水光互补电力电量平衡表（光伏日最大发电量情况）

项目	单位	月份											
		1	2	3	4	5	6	7	8	9	10	11	12
龙羊峡水电站													
装机容量	MW	1280	1280	1280	1280	1280	1280	1280	1280	1280	1280	1280	1280
负荷备用容量	MW	80	80	80	80	80	80	80	80	80	80	80	80
事故备用容量	MW	0	0	0	0	200	200	200	200	200	200	0	200
检修容量	MW	320	320	320								320	0
受阻容量	MW	0	0	0	0	0	0	0	0	0	0	0	0
最大工作容量	MW	880	880	880	1200	1000	1000	1000	1000	1000	1000	880	1000
平均出力	MW	744.6	751.1	718.7	1109.0	450.2	476.0	593.4	900.3	896.8	901.7	755.2	755.0
其中：基荷出力	MW	200	200	200	200	200	200	200	200	200	200	200	200
可调出力	MW	544.6	551.1	518.7	909.0	250.2	276.0	393.4	700.3	696.8	701.7	555.2	555.0
可调工作容量	MW	680	680	680	1000	800	800	800	800	800	800	680	800
日负荷率	%	84.6	85.4	81.7	92.4	45.0	47.6	59.3	90.0	89.7	90.2	85.8	75.5

续表

项　　目	单位	月　　份											
		1	2	3	4	5	6	7	8	9	10	11	12
光伏电站													
装机容量	MW	850	850	850	850	850	850	850	850	850	850	850	850
最大出力	MW	205.2	228.5	218.0	211.2	199.9	211.0	198.0	197.9	200.5	177.8	203.2	179.3
水光互补组合电源													
装机容量	MW	2130	2130	2130	2130	2130	2130	2130	2130	2130	2130	2130	2130
负荷备用容量	MW	0	0	0	0	80	80	80	80	80	80	0	0
事故备用容量	MW	0	0	0	0	200	200	200	0	0	0	0	0
检修容量	MW	320	0	320	0	0	0	0	0	0	0	320	320
受阻容量	MW	0	0	0	0	0	0	0	0	0	0	0	0
最大工作容量	MW	960	1280	960	1280	1000	1000	1000	1200	1200	1200	960	960
平均出力	MW	949.8	979.6	936.7	1280.0	650.1	687.0	791.4	1098.2	1097.3	1079.5	958.4	934.3
其中：基荷出力	MW	200	200	200	200	200	200	200	200	200	200	200	200
可调出力	MW	749.8	779.6	736.7	1080.0	450.1	487.0	591.4	898.2	897.3	879.5	758.4	734.3
可调工作容量	MW	760	1080	760	1080	800	800	800	1000	1000	1000	760	760
日负荷率	%	98.9	76.5	97.6	100.0	65.0	68.7	79.1	91.5	91.4	90.0	99.8	97.3
龙羊峡水电站与水光互补组合电源对比													
负荷备用容量	MW	−80	−80	−80	−80	0	0	0	0	0	0	−80	−80
事故备用容量	MW	0	0	0	0	0	0	0	−200	−200	−200	0	−200
基荷出力	MW	0	0	0	0	0	0	0	0	0	0	0	0
可调工作容量	MW	80	400	80	80	0	0	0	200	200	200	80	−40
可调出力	MW	205.2	228.5	218.0	171.0	199.9	211.0	198.0	197.9	200.5	177.8	203.2	179.3
日负荷率	%	14.3	−8.8	15.9	7.6	20.0	21.1	19.8	1.5	1.8	−0.2	14.0	21.8

表3-16　　水光互补电力电量平衡表（光伏日最小发电量情况）

项　　目	单位	月　　份											
		1	2	3	4	5	6	7	8	9	10	11	12
龙羊峡水电站													
装机容量	MW	1280	1280	1280	1280	1280	1280	1280	1280	1280	1280	1280	1280
负荷备用容量	MW	80	80	80	80	80	80	80	80	80	80	80	80
事故备用容量	MW	0	0	0	0	200	200	200	200	200	200	0	200
检修容量	MW	320	320	320								320	
受阻容量	MW	0	0	0	0	0	0	0	0	0	0	0	0
最大工作容量	MW	880	880	880	1200	1000	1000	1000	1000	1000	1000	880	1000
平均出力	MW	744.6	751.1	718.7	1109.0	450.2	476.0	593.4	900.3	896.8	901.7	755.2	755.0

续表

项　目	单位	月　份											
		1	2	3	4	5	6	7	8	9	10	11	12
其中：基荷出力	MW	200	200	200	200	200	200	200	200	200	200	200	200
可调出力	MW	544.6	551.1	518.7	909.0	250.2	276.0	393.4	700.3	696.8	701.7	555.2	555.0
可调工作容量	MW	680	680	680	1000	800	800	800	800	800	800	680	800
日负荷率	%	84.6	85.4	81.7	92.4	45.0	47.6	59.3	90.0	89.7	90.2	85.8	75.5
光伏电站													
装机容量	MW	850	850	850	850	850	850	850	850	850	850	850	850
最小出力	MW	79.5	82.7	37.2	93.7	41	36.3	34.0	26.2	29.9	47.3	110.6	84.9
水光互补组合电源													
装机容量	MW	2130	2130	2130	2130	2130	2130	2130	2130	2130	2130	2130	2130
负荷备用容量	MW	80	80	80	0	80	80	80	80	80	80	80	80
事故备用容量	MW	0	0	0	0	200	200	200	200	200	200	0	200
检修容量	MW	320	320	320	0	0	0	0	0	0	0	320	0
受阻容量	MW	0	0	0	0	0	0	0	0	0	0	0	0
最大工作容量	MW	880	880	880	1280	1000	1000	1000	1000	1000	1000	880	1000
平均出力	MW	824.1	833.8	755.9	1202.7	491.2	512.3	627.4	926.5	926.7	949.0	865.8	839.9
其中：基荷出力	MW	200	200	200	200	200	200	200	200	200	200	200	200
可调出力	MW	624.1	633.8	555.9	1002.7	291.2	312.3	427.4	726.5	726.7	749.0	665.8	639.9
可调工作容量	MW	680	680	680	1080	800	800	800	800	800	800	680	800
日负荷率	%	93.6	94.8	85.9	94.0	49.1	51.2	62.7	92.7	92.7	94.9	98.4	84.0
龙羊峡水电站与水光互补组合电源对比													
负荷备用容量	MW	0	0	0	−80	0	0	0	0	0	0	0	0
事故备用容量	MW	0	0	0	0	0	0	0	0	0	0	0	0
基荷出力	MW	0	0	0	0	0	0	0	0	0	0	0	0
可调工作容量	MW	0	0	0	80	0	0	0	0	0	0	0	0
可调出力	MW	79.5	82.7	37.2	93.7	41.0	36.3	34.0	26.2	29.9	47.3	110.6	84.9
日负荷率	%	9.0	9.4	4.2	1.5	4.1	3.6	3.4	2.6	3.0	4.7	12.6	8.5

平水年的7月，负荷需求未发生变化，备用容量也随光伏发电的增大发生变化，但水光互补组合电源承担的系统最小和最大负荷不变。随着光伏电站不同日发电量情况的变化，水光互补组合电源承担腰荷的电量增加。从互补前后龙羊峡水电站的运行方式对比看，在光伏电站发电出力较大时，龙羊峡水电站的发电出力适当减小，在其

他负荷需求大的时段发电出力增加，但日内平均发电出力不变。从互补后龙羊峡水电站的发电出力过程看，龙羊峡的水电机组也不存在穿越机组振动区的问题。与枯水年的7月相比，水电站平均发电出力增加，水光互补组合电源的平均发电出力增加，承担系统的负荷过程发生变化，但变化不大。

平水年的12月，水光互补组合电源承担最大负荷不变，遇光伏电站日发电量不同情况变化时，日发电量越大时，承担系统位置下移，以承担系统基荷和腰荷为主。互补前后龙羊峡水电站日发电量不变化，仅出力过程发生改变。从互补后龙羊峡水电站的发电出力过程看，由于互补后的发电出力明显大于枯水年的，故龙羊峡水电站的水电机组不存在穿越机组振动区的问题。

3）丰水年。丰水年的7月和9月龙羊峡水电站满出力运行，水电站和光伏电站无互补的能力，考虑龙羊峡水电站及下游梯级水电站均满出力运行，青海电网的调峰将由火电承担，当火电调峰不足时，由水电弃水调峰，因此水光互补后馒头形的发电出力过程在无法被系统消纳时，将会弃水或弃光。丰水年的龙羊峡水电站平均发电出力867.0MW，除7月和9月外，各月平均发电出力在551.9～1129.1MW变化，基荷出力200MW，可调发电出力351.9～929.1MW，可调工作容量480～1000MW，日负荷率55.2%～98%。比平水年平均发电出力增加约15%，水电站承担系统的备用容量减少。

丰水年的龙羊峡水电站平均发电出力明显大于平水年的，当遇光伏电站日最小发电量情况时，尽管增加光伏电量较少，水光互补前后承担系统的备用容量在水电机组检修的11月和发电出力较大的4月减小，承担系统负荷的位置下移，承担系统负荷越来越接近基荷，日负荷率11月略减少；当遇光伏电站日平均发电量情况时，增加光伏电量较大，水光互补前后水电机组检修的月份承担系统的备用容量减少，承担系统负荷的位置变化，日负荷率11月略减少，4月水光互补后约有3MW平均发电出力超过水电站的装机容量1280MW，7月及9月水光互补后平均发电出力均超过水电站的平均发电出力1280MW；当遇光伏电站日最大发电量情况时，水电机组检修及发电出力较大的月份承担系统的负荷备用减少，且在4月及8月水光互补后分别约有60.3MW及29.8MW的平均发电出力超过水电站的工作容量1280MW，日负荷率均增加，其他月份与光伏电站日平均发电量情况时相同。

水光互补组合电源在水电站遇丰水年时无论遇光伏电站何种日发电量情况，以承担系统基荷和腰荷为主，承担系统的峰谷差随着电量的增加减小，考虑龙羊峡下游梯级水电站也以较大发电出力运行，青海电网的调峰将可能出现调峰能力不足的情况，水光互补后馒头形的发电出力在无法被系统消纳时，需要送入西北电网消纳，否则将会弃水或弃光。

丰水年水光互补遇光伏电站日不同发电量情况的电力电量平衡表见表3-17～表3-19。

表 3-17　　水光互补电力电量平衡表（光伏日平均发电量情况）

项　目	单位	月　份											
		1	2	3	4	5	6	7	8	9	10	11	12
龙羊峡水电站													
装机容量	MW	1280	1280	1280	1280	1280	1280	1280	1280	1280	1280	1280	1280
负荷备用容量	MW	80	80	80	80	80	80	0	80	0	80	80	80
事故备用容量	MW	0	0	0	0	200	200	0	0	0	200	200	200
检修容量	MW	320	320	320								320	
受阻容量	MW	0	0	0	0	0	0	0	0	0	0	0	0
最大工作容量	MW	880	880	880	1200	1000	1000	1280	1200	1280	1000	680	1000
平均出力	MW	729.1	731.1	690.9	1129.1	551.9	777.1	1280	1111.9	1280	711.5	666.1	745.4
其中：基荷出力	MW	200	200	200	200	200	200	1280	200	1280	200	200	200
可调出力	MW	529.1	531.1	490.9	929.1	351.9	577.1	0	911.9	0	511.5	466.1	545.4
可调工作容量	MW	680	680	680	1000	800	800	0	1000	0	800	480	800
日负荷率	%	82.9	83.1	78.5	94.1	55.2	77.7	100.0	92.7	100	71.2	98	74.5
光伏电站													
装机容量	MW	850	850	850	850	850	850	850	850	850	850	850	850
平均出力	MW	159.6	168	162.5	153.9	145.7	125.5	132.0	138.9	135.9	129.1	165	153.1
水光互补组合电源													
装机容量	MW	2130	2130	2130	2130	2130	2130	2130	2130	2130	2130	2130	2130
负荷备用容量	MW	0	0	80	0	80	80	0	0	0	80	80	80
事故备用容量	MW	0	0	0	0	200	200	0	0	0	200	0	200
检修容量	MW	320	320	320	0	0	0	0	0	0	0	320	0
受阻容量	MW	0	0	0	0	0	0	0	0	0	0	0	0
最大工作容量	MW	960	960	880	1280	1000	1000	1280	1280	1280	1000	880	1000
平均出力	MW	888.7	899.1	853.4	1280.0	697.6	902.6	1280	1250.8	1280	840.6	831.1	898.5
其中：基荷出力	MW	200	200	200	200	200	200	1280	200	1280	200	200	200
可调出力	MW	688.7	699.1	653.4	1080	497.6	702.6	0	1050.8	0	640.6	631.1	698.5
可调工作容量	MW	760	760	680	1080	800	800	0	1080	0	800	680	800
日负荷率	%	92.6	93.7	97	100	69.8	90.3	100	97.7	100	84.1	94.4	89.9
龙羊峡水电站与水光互补组合电源对比													
负荷备用容量	MW	−80	−80	0	−80	0	0	0	−80	0	0	0	0
事故备用容量	MW	0	0	0	0	0	0	0	0	0	0	−200	0
基荷出力	MW	0	0	0	0	0	0	0	0	0	0	0	0
可调工作容量	MW	80	80	0	80	0	0	0	80	0	0	200	0
可调出力	MW	159.6	168	162.5	150.9	145.7	125.5	0	138.9	0	129.1	165	153.1
日负荷率	%	9.7	10.6	18.5	5.9	14.6	12.6	0	5.1	0	12.9	−3.5	15.3

表3-18　　　　水光互补电力电量平衡表（光伏日最大发电量情况）

项　目	单位	月　份											
		1	2	3	4	5	6	7	8	9	10	11	12
龙羊峡水电站													
装机容量	MW	1280	1280	1280	1280	1280	1280	1280	1280	1280	1280	1280	1280
负荷备用容量	MW	80	80	80	80	80	80	0	80	0	80	80	80
事故备用容量	MW	0	0	0	0	200	200	0	0	0	200	200	200
检修容量	MW	320	320	320								320	
受阻容量	MW	0	0	0	0	0	0	0	0	0	0	0	0
最大工作容量	MW	880	880	880	1200	1000	1000	1280	1200	1280	1000	680	1000
平均出力	MW	729.1	731.1	690.9	1129.1	551.9	777.1	1280	1111.9	1280	711.5	666.1	745.4
其中：基荷出力	MW	200	200	200	200	200	200	1280	200	1280	200	200	200
可调出力	MW	529.1	531.1	490.9	929.1	351.9	577.1	0	911.9	0	511.5	466.1	545.4
可调工作容量	MW	680	680	680	1000	800	800	0	1000	0	800	480	800
日负荷率	%	82.9	83.1	78.5	94.1	55.2	77.7	100	92.7	100	71.2	98	74.5
光伏电站													
装机容量	MW	850	850	850	850	850	850	850	850	850	850	850	850
最大出力	MW	205.2	228.5	218	211.2	199.9	211	198	197.9	200.5	177.8	203.2	179.3
水光互补组合电源													
装机容量	MW	2130	2130	2130	2130	2130	2130	2130	2130	2130	2130	2130	2130
负荷备用容量	MW	0	0	0	0	80	80	0	0	0	80	80	80
事故备用容量	MW	0	0	0	0	200	200	0	0	0	200	0	200
检修容量	MW	320	320	320	0	0	0	0	0	0	0	320	0
受阻容量	MW	0	0	0	0	0	0	0	0	0	0	0	0
最大工作容量	MW	960	960	960	1280	1000	1000	1280	1280	1280	1000	880	1000
平均出力	MW	934.3	959.6	908.9	1280	751.8	988.1	1280	1280	1280	889.3	869.3	924.7
其中：基荷出力	MW	200	200	200	200	200	200	1280	200	1280	200	200	200
可调出力	MW	734.3	759.6	708.9	1080	551.8	788.1	0	1080	0	689.3	669.3	724.7
可调工作容量	MW	760	760	760	1080	800	800	0	1080	0	800	680	800
日负荷率	%	97.3	100	94.7	100	75.2	98.8	100	100	100	88.9	98.8	92.5
龙羊峡水电站与水光互补组合电源对比													
负荷备用容量	MW	−80	−80	−80	−80	0	0	0	−80	0	0	0	0
事故备用容量	MW	0	0	0	0	0	0	0	0	0	0	−200	0
基荷出力	MW	0	0	0	0	0	0	0	0	0	0	0	0
可调工作容量	MW	80	80	80	80	0	0	0	80	0	0	200	0
可调出力	MW	205.2	228.5	218	150.9	199.9	211	0	168.1	0	177.8	203.2	179.3
日负荷率	%	14.5	16.9	16.2	5.9	20	21.1	0	7.3	0	17.8	0.8	17.9

表 3-19　　水光互补电力电量平衡表（光伏日最小发电量情况）

项　目	单位	月份											
		1	2	3	4	5	6	7	8	9	10	11	12
龙羊峡水电站													
装机容量	MW	1280	1280	1280	1280	1280	1280	1280	1280	1280	1280	1280	1280
负荷备用容量	MW	80	80	80	80	80	80	0	80	0	80	80	80
事故备用容量	MW	0	0	0	0	200	200	0	0	0	200	200	200
检修容量	MW	320	320	320								320	
受阻容量	MW	0	0	0	0	0	0	0	0	0	0	0	0
最大工作容量	MW	880	880	880	1200	1000	1000	1280	1200	1280	1000	680	1000
平均出力	MW	729.1	731.1	690.9	1129.1	551.9	777.1	1280	1111.9	1280	711.5	666.1	745.4
其中：基荷出力	MW	200	200	200	200	200	200	1280	200	1280	200	200	200
可调出力	MW	529.1	531.1	490.9	929.1	351.9	577.1	0	911.9	0	511.5	466.1	545.4
可调工作容量	MW	680	680	680	1000	800	800	0	1000	0	800	480	800
日负荷率	%	82.9	83.1	78.5	94.1	55.2	77.7	100	92.7	100	71.2	98	74.5
项目	单位	1	2	3	4	5	6	7	8	9	10	11	12
光伏电站													
装机容量	MW	850	850	850	850	850	850	850	850	850	850	850	850
最小出力	MW	79.5	82.7	37.2	93.7	41	36.3	34	26.2	29.9	47.3	110.6	84.9
水光互补组合电源													
装机容量	MW	2130	2130	2130	2130	2130	2130	2130	2130	2130	2130	2130	2130
负荷备用容量	MW	80	80	80	0	80	80	0	80	0	80	80	80
事故备用容量	MW	0	0	0	0	200	200	0	0	0	200	0	200
检修容量	MW	320	320	320	0	0	0	0	0	0	0	320	0
受阻容量	MW	0	0	0	0	0	0	0	0	0	0	0	0
最大工作容量	MW	880	880	880	1280	1000	1000	1280	1200	1280	1000	880	1000
平均出力	MW	808.6	813.8	728.1	1222.8	592.9	813.4	1280	1138.1	1280	758.8	776.7	830.3
其中：基荷出力	MW	200	200	200	200	200	200	1280	200	1280	200	200	200
可调出力	MW	608.6	613.8	528.1	1022.8	392.9	613.4	0	938.1	0	558.8	576.7	630.3
可调工作容量	MW	680	680	680	1080	800	800	0	1000	0	800	680	800
日负荷率	%	91.9	92.5	82.7	95.5	59.3	81.3	100	94.8	100	75.9	88.3	83
龙羊峡水电站与水光互补组合电源对比													
负荷备用容量	MW	0	0	0	−80	0	0	0	0	0	0	0	0
事故备用容量	MW	0	0	0	0	0	0	0	0	0	0	−200	0
基荷出力	MW	0	0	0	0	0	0	0	0	0	0	0	0
可调工作容量	MW	0	0	0	80	0	0	0	0	0	0	200	0
可调出力	MW	79.5	82.7	37.2	93.7	41	36.3	0	26.2	0	47.3	110.6	84.9
日负荷率	%	9	9.4	4.2	1.4	4.1	3.6	0	2.2	0	4.7	−9.7	8.5

当龙羊峡水电站以较大发电出力运行或水位已达到汛限水位、正常蓄水位且遇光伏电站日发电量较大时，龙羊峡水电站无能力进行补偿。这时，若系统又无法消纳，将会弃水或弃光。当龙羊峡水电站遇枯水期水光互补承担系统负荷小于光伏电站的发电出力时，需要考虑系统其他水电站降低发电出力，以使水光互补后的出力为系统利用。因此，若龙羊峡水光互补以不需要系统电源补偿为前提，则遇上述情况将可能出现弃光。

3.4 本章小结

（1）水光互补利用已建龙羊峡水电站，在满足防洪、发电、灌溉等综合利用要求的前提下，基本不影响龙羊峡水电站承担系统的任务，遵循水量平衡的原则，跟随光伏电站发电出力的变化调整水电站的发电出力，使光伏发电与水电站发电出力满足电力系统调度需求，使光伏电站的发电量在电力系统充分利用，提高光伏发电的利用率。

（2）光伏电站发电时间冬季最短。春秋季基本相当，夏季最长，但平均发电出力却呈现冬季略高，春秋季基本相当，夏季相对较低，且日内发电出力受昼夜、季节以及天气、温度等影响波动较大，具有一定的波动性、随机性、间歇性，但间歇的规律性较强；年际间发电量变化较平稳，月际间发电量的波动不大。

（3）龙羊峡水电站在枯水年、平水年、丰水年随着水库调节后流量的变化时，水电站承担系统负荷的位置也在变化：枯水年多承担调峰；平水年以承担基荷和腰荷为主；丰水年来水较大时承担基荷。承担系统备用也随着出库水量的增大，适当减少。

（4）水光互补方案根据补偿方式分为小幅度补偿和完全互补两种水光互补方案。采用小幅度补偿的方式，一般为新能源因各种原因导致发电出力突然变化时，水电站根据变化的情况做出响应，以使水电与光伏组合的发电出力突变不明显，出力更平滑，更易于电网消纳。实践证明，经龙羊峡水电站补偿后的水电与光伏组合的发电出力均较平滑，能满足光伏电站接入电力系统的技术要求，也更容易为电力系统完全利用。采用完全补偿方式，完全水光互补相当于水电站水量及容量等均不发生变化的前提下，水电站在光伏发电出力大时，减小水电的发电出力，在光伏发电出力小时，增加水电的发电出力，共同形成虚拟电站。虚拟电站总电量增加，但增加的电量受光伏电站不同天气及辐射量的变化而随机变化，光伏电站增加电量较少时，水电站运行方式略有变化，但变化不大。光伏电站增加电量较多时，相当于虚拟电站从水电站的枯水期转化为平水期，平水期转化为丰水期。

第4章

水光互补运行对电网的影响

4.1 水光互补运行对水电站的影响分析

4.1.1 水光互补运行对水电站电气设备及其运行方式的影响

光伏电站通过龙羊峡水电站接入电力系统，对正在运行的龙羊峡水电站的电气系统会造成各方面的影响。在光伏电站接入规模分析计算时，已对龙羊峡水电站的330kV系统现状设备进行了复核，对电气设备运行方式进行了分析，认为龙羊峡水电站330kV系统设备电气参数满足850MW光伏电站接入要求，其中龙羊峡水电站5回330kV送出线路的送出能力满足龙羊峡水电站与光伏电站共同接入电力系统的要求。为了更好地分析龙羊峡水电站接入、送出光伏电站及水光互补运行后对龙羊峡水电站运行方式的影响，分别以330kV送出线路参数和330kV母线参数为限制条件对水光互补项目运行进行了8760h的生产模拟。

1. 计算条件

（1）850MW光伏电站发电采用当地光资源逐小时发电出力数据。

（2）龙羊峡水电站按多年调节水库运行，其中12月至次年2月为枯水期、5—9月为丰水期，其他月份为平水期。水电站在丰水期、平水期和枯水期的径流量分别按丰水期平均径流量的100%、60%和30%计，采用水电站设计年均利用小时数4642h计算。

（3）优先光伏电站发电，330kV送出线路电流受限或330kV母线电流受限时先改变水电站发电出力过程，水电站的水库库容受限时光伏电站弃光弃电，当弃光100%后水电站的水库库容仍受限时，水电站弃水弃电。

（4）龙羊峡水电站330kV线路的线路2按8760h均流入397MW计算。

（5）送出曲线：方案一，以单回330kV线路导线持续允许负荷825MW为限制条件，330kV线路送电3300MW，即水光互补运行实时总发电出力不超过2900MW计算；方案二，以单回330kV线路导线经济输送容量523MW为限制条件，330kV线路送电 2092MW，即水光互补运行实时总发电出力不超过 1700MW 计算；方案三，以 330kV 母线电流 2500A 为限制条件，即水光互补运行实时总发电出力不超过 1032MW 计算；方案四，以 330kV 母线电流 2500A 为限制条件且午间 10:00—14:00 330kV 送出线路限负荷 1000MW，即水光互补运行实时总发电出力午间不超过 603MW、其他时段不超过 1032MW 计算。水光互补运行日内送出曲线如图 4-1 所示。

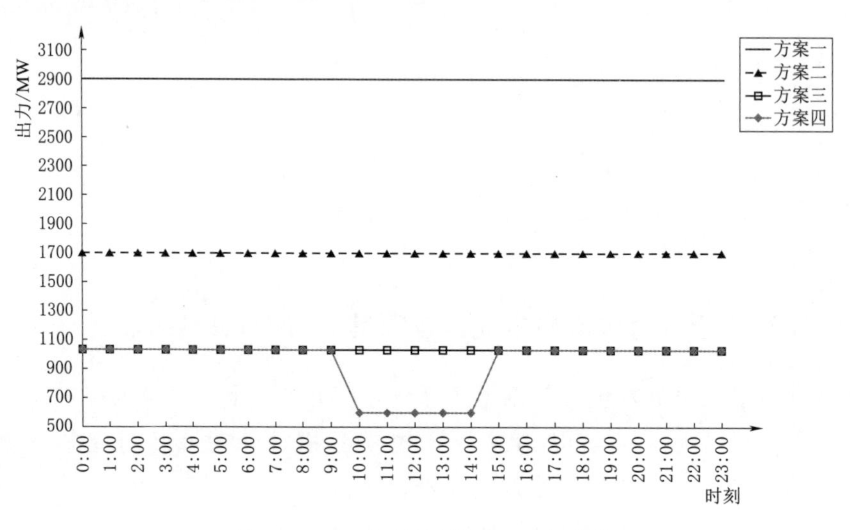

图 4-1 水光互补运行日内送出曲线

2. 流程图

水光互补运行 8760h 的生产模拟流程如图 4-2 所示。

3. 计算结果及分析

水光互补运行 8760h 的生产模拟结果概览表见表 4-1。

表 4-1 水光互补运行 8760h 的生产模拟结果概览表

电站及出线名称	计算参数	模拟结果			
		方案一	方案二	方案三	方案四
光伏电站	年发电量/(亿 kW·h)	13.23	13.23	13.23	13.23
	年利用小时/h	1556	1556	1556	1556
	年送出电量/(亿 kW·h)	13.23	13.23	13.23	13.23
	弃电率/%	0	0	0	1.42
	电量占比/%	12.32	12.32	12.32	12.16
水电站	年发电量/(亿 kW·h)	59.42	59.42	59.42	59.42
	年利用小时/h	4642	4642	4642	4642
	年送出电量/(亿 kW·h)	59.42	59.42	59.42	59.42
	弃电率/%	0	0	0	0
	电量占比/%	55.31	55.31	55.31	55.41

续表

电站及出线名称	计 算 参 数	模 拟 结 果			
		方案一	方案二	方案三	方案四
线路 2	年接入电量/(亿 kW·h)	34.78	34.78	34.78	34.78
	电量占比/%	32.37	32.37	32.37	32.43
330kV 送出线路/330kV 母线	年可送电量/(亿 kW·h)	289.08	183.26	125.18	117.35
	年送出电量/(亿 kW·h)	107.43	107.43	107.75	107.24
	年缺电量/(亿 kW·h)	181.65	75.83	17.75	10.11
	年利用小时/h	3255	5135	7518	7504
	年缺电率/%	62.84	41.38	14.18	8.62

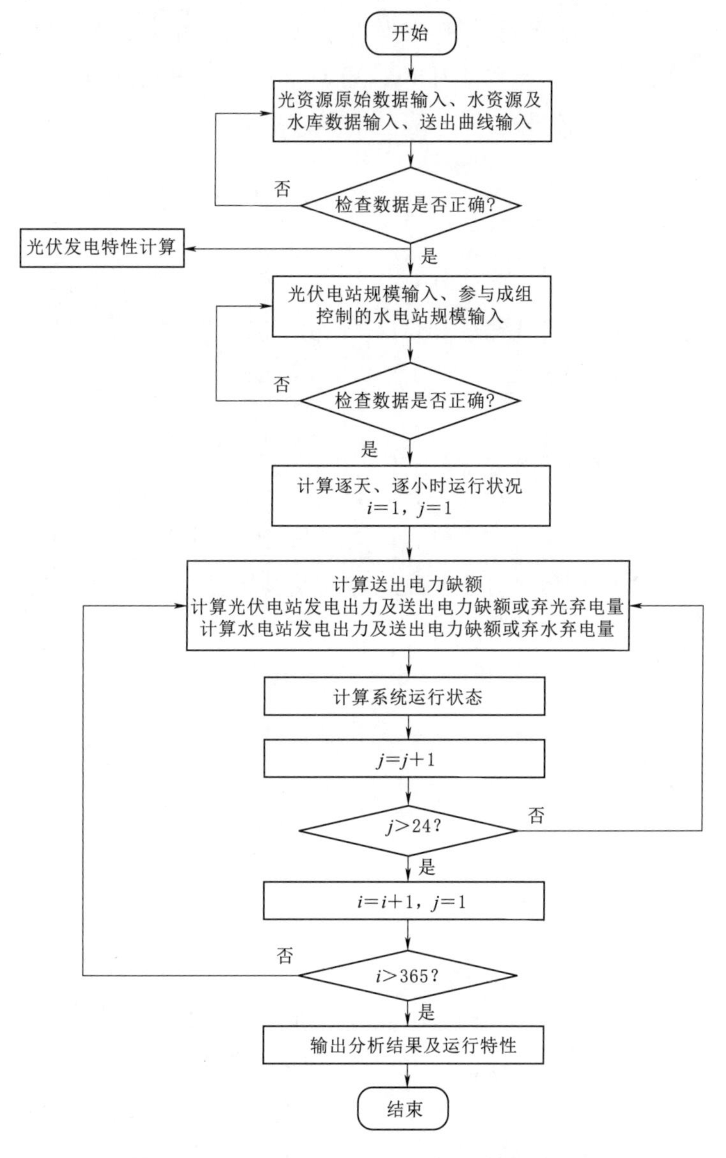

图 4-2 水光互补运行 8760h 的生产模拟流程

8760h生产模拟结果的光伏电站月发电量特性和日发电量特性如图4-3和图4-4所示。在方案一～方案四4个送出曲线运行方案的8760h水光互补运行模拟结果中选取2月26日及6月6日发电出力过程如图4-5～图4-8所示，其中：2月的光伏电站发电出力相对高、水电站为枯水期；6月的光伏电站发电出力相对低、水电站为丰水期；在2月26日方案四午间送出线路限负荷时，水电站发电出力调整为最低后，光伏电站发电出力和龙羊峡水电站线路2流入总容量仍高于送出线路限负荷值，只能弃光弃电；6月6日方案三和方案四午间个别时刻随着光伏电站发电出力的增大降低水电站的发电出力，在下午光伏电站发电出力降低时再增大水电站的发电出力，水光互补运行通过改变水电站发电出力过程实现运行目标。方案四在光伏电站午间大发时刻对送出线路限负荷，且限负荷值1000MW为龙羊峡水电站装机容量的78%、只有水光互补项目规模的47%，水光互补运行后光伏电站会出现弃光弃电现象，但从表4-1的生产模拟结果可以看出光伏电站全年弃电率只有1.42%。

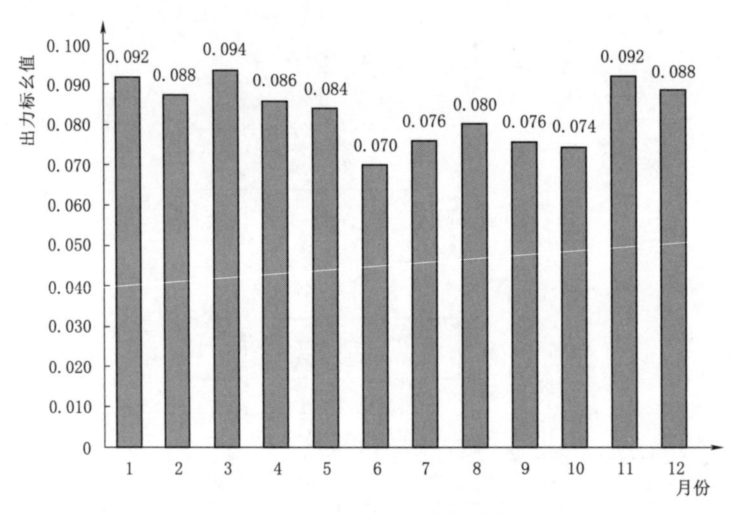

图4-3　光伏电站月发电量特性

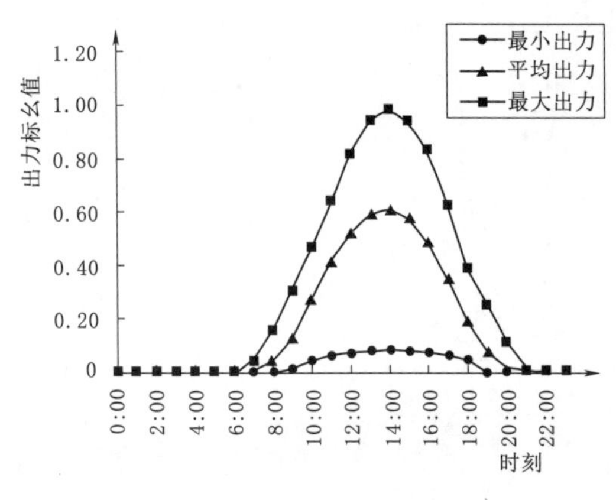

图4-4　光伏电站日发电量特性

通过水光互补运行8760h生产模拟结果可以看出，正常运行时，龙羊峡水电站330kV送出线路及330kV母线不限制光伏电站发电、不限制龙羊峡水电站发电，水光互补项目通过水光互补运行后实时发电出力均能够通过龙羊峡水电站的4回送出线路送出。若送出线路限制送出容量且光伏电站和水电站共同的发电出力大于限制送出容量值时，先降低水电站的发电出力，当水电站水电机

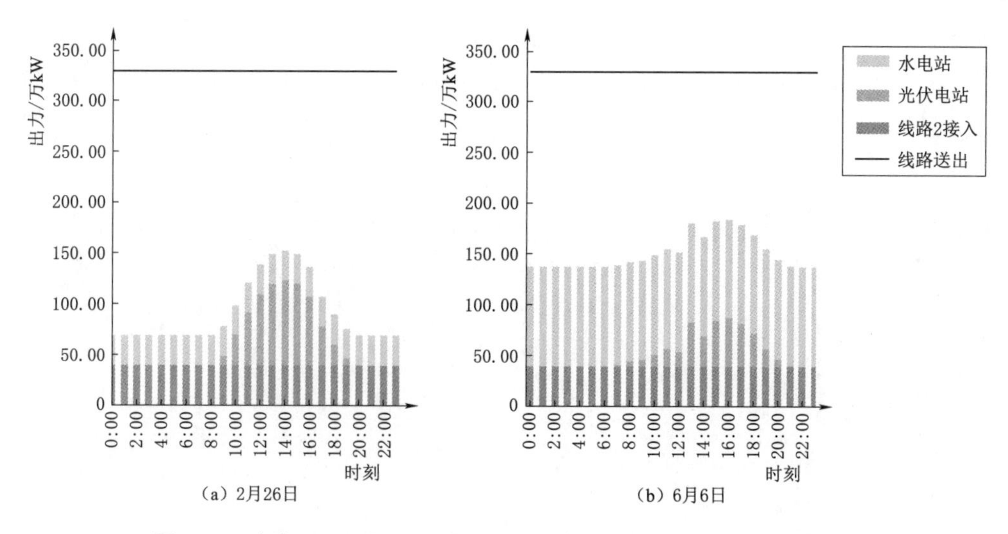

图 4-5 方案一：2 月 26 日和 6 月 6 日水光互补运行发电出力过程图

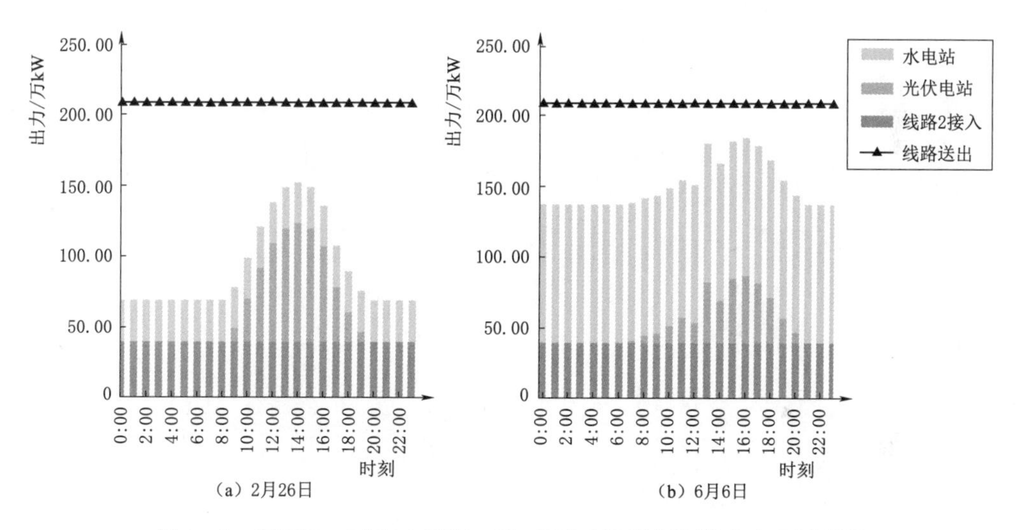

图 4-6 方案二：2 月 26 日和 6 月 6 日水光互补运行发电出力过程图

组调低至最低发电出力后水光互补运行的总发电出力仍大于限制送出容量值时，光伏电站将弃光弃电；在进行 8760h 生产模拟时，全年午间 4h 在送出线路送出的限制容量值只有水光互补项目规模的 47%，同时还考虑从龙羊峡水电站 330kV 线路的线路 2 流入 397MW 容量时，光伏电站全年的弃光弃电率只有 1.42%。

在第 2 章中分析计算光伏电站接入规模时，分析了龙羊峡水电站接入光伏电站后的极限运行工况，极限运行工况不考虑以水光互补方式运行改变水电站的发电出力过程，而是以光伏电站实时发电与水电站实时发电叠加，验算电气设备是否过电流而对水电站的运行方式产生影响。极限运行工况指同时考虑光伏电站满发 850MW、龙羊峡水电站全部机组满发 1280MW 且线路 2 流入龙羊峡水电站 397MW 容量的运行工

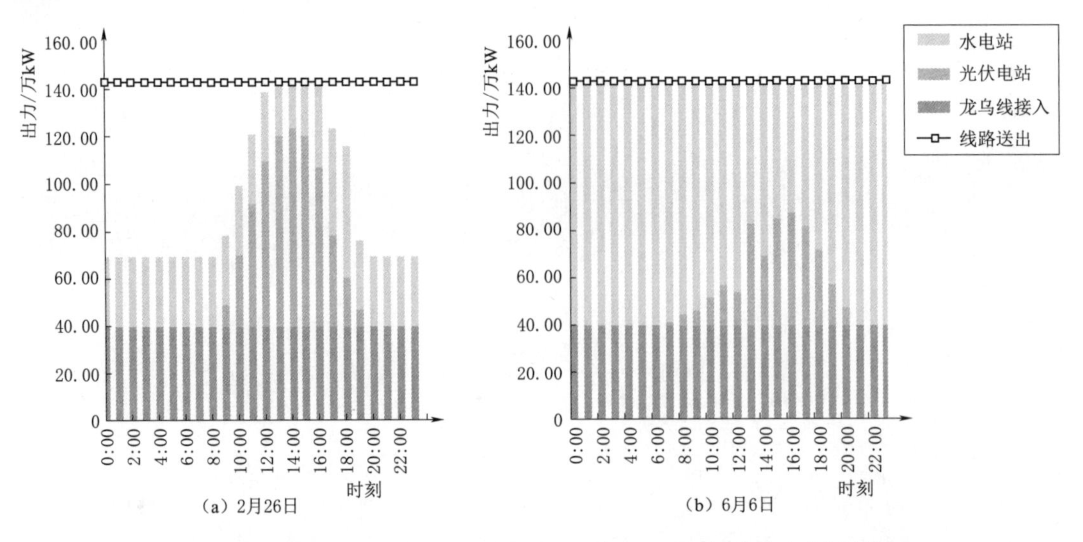

图4-7　方案三：2月26日和6月6日水光互补运行发电出力过程图

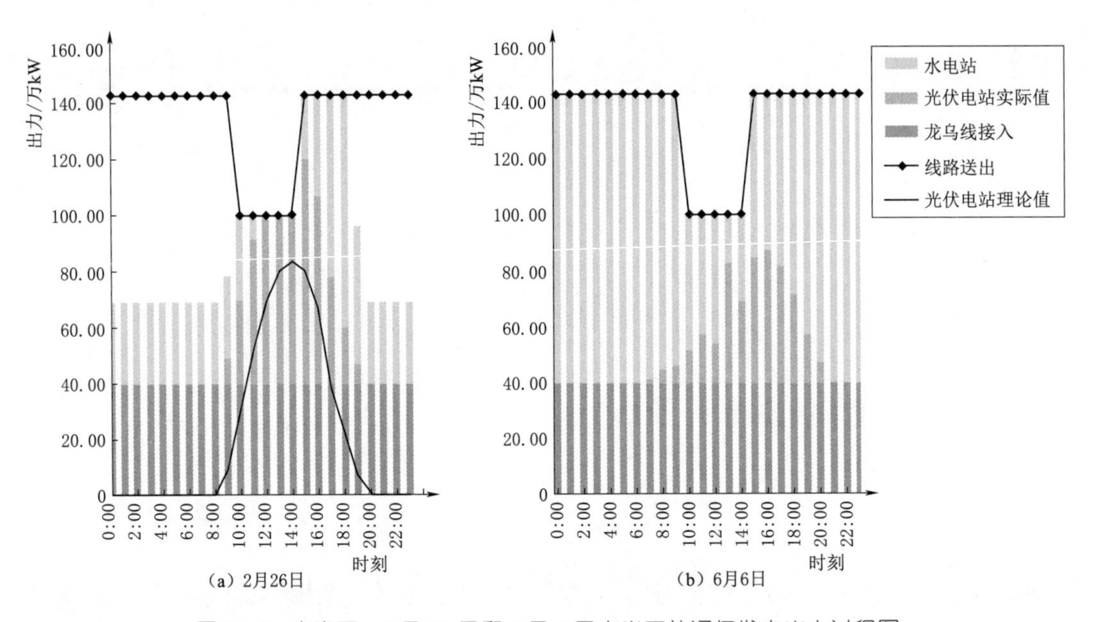

图4-8　方案四：2月26日和6月6日水光互补运行发电出力过程图

况。根据光伏电站发电出力—保证率—电量累积曲线（图2-5）可知，一方面，光伏电站不会实时满发850MW；另一方面，龙羊峡水电站由于来水情况不同也不会实时满发1280MW。因此，结合8760h生产运行模拟进一步分析极限运行工作受限运行的运行方式四（图2-9和图2-10）和运行方式五（图2-11），具体分析如下：

(1) 运行方式五为一段母线退出运行且另一段母线机组接入B3母线的隔离开关退出运行，同时一回送出线路检修退出运行。若光伏电站实时出力不超过789MW或G3接入B3母线的隔离开关正常运行，即可避免该工况出现，使母线电流小于

2500A，保证龙羊峡水电站母线设备可正常运行。由 850MW 光伏电站运行 8760h 的生产模拟可见，存在实时发电出力超过 789MW 现象的共计 7 天，累计时长 14h，最大时超发电出力 47.41MW，此时龙羊峡水电站 330kV 母线过电流 3.32%，具体数据见表 4－2。从中可见，光伏电站实时发电出力超过 789MW 的 7 天均发生在 1 月和 2 月，此时处在水电站的枯水期，水电站不会全部满发 1280MW。说明在运行方式五时只要安排 G3 和 G4 不满发即可满足极限运行工况下龙羊峡水电站 330kV 母线电流的限制条件。运行方式五的光伏电站 8760h 生产模拟分析见表 4－2。

表 4－2　运行方式五的光伏电站 8760h 生产模拟分析表

日　期	时　刻	光伏电站实时发电出力/MW	超 789MW 发电出力/MW	330kV 母线过电流比例/%
1 月 30 日	14:00	790.50	1.50	0.10
1 月 31 日	14:00	799.73	10.73	0.75
2 月 23 日	14:00	817.40	28.40	1.99
2 月 24 日	13:00	791.06	2.06	0.14
	14:00	828.40	39.40	2.76
	15:00	794.12	5.12	0.36
2 月 25 日	13:00	796.69	7.69	0.54
	14:00	833.90	44.90	3.14
	15:00	799.40	10.40	0.73
2 月 26 日	13:00	801.83	12.83	0.90
	14:00	836.41	47.41	3.32
	15:00	803.32	14.32	1.00
2 月 28 日	14:00	813.91	24.91	1.74
	15:00	799.24	10.24	0.72

（2）运行方式四为 1 台母联开关及 1 回送出线路退出运行，同时水电机组接入 B3 母线的隔离开关退出运行，其他 330kV 设备及线路均正常运行。当龙羊峡水电站 B1、B3 母联开关及线路 6 检修退出运行，同时水电机组接入 B3 母线的隔离开关退出运行时，若光伏电站实时发电出力不超过 149MW 或 G1～G3 接入 B3 母线的隔离开关正常运行或 B1、B3 母联开关正常运行，即可避免该工况出现，使母线电流小于 2500A，保证龙羊峡水电站母线设备可正常运行。从 850MW 光伏电站运行 8760h 的生产模拟结果可知，光伏电站的实时发电出力不超过 149MW 的只有 10 天，对于此种运行方式在实际运行中应尽量避免。

4.1.2 水光互补运行对水电站控制方式的影响

龙羊峡水电站建成后一直担任电力系统的调频、调峰任务，对保证电力系统的安全稳定运行有着举足轻重的作用。光伏电站的接入，从系统调度和协调运行的角度均不应影响龙羊峡水电站的安全运行及调度响应。

对青海省电力资源的分析及负荷增长的分析可见，随着梯级水电站的建设，龙羊峡水电站第一调频电站的功能已逐渐由拉西瓦水电站等新建大型水电站分担。同时，青海省的水电资源在全省电力资源的占比很高，即青海省的水电资源对省内的电源具备很强的调峰能力。

水光互补项目运行后，调峰和调频的影响体现在以下方面：

（1）在保证水电站下游用水、电量增长的同时水光互补运行对调峰的影响。电力系统对龙羊峡水电站的调度方式为，在日内按时段将发电量下达给龙羊峡水电站，由龙羊峡水电站下达给各水电机组。

由于龙羊峡水电站是黄河上游梯级水电站的龙头电站，水光互补运行后龙羊峡水库日内出库流量应保证下游水电站发电用水及综合用水要求，龙羊峡水库总出库水量不变，但出库流量过程将不同于水电站单独运行时；龙羊峡水电站接入光伏电站后，水光互补运行后接入电力系统的日电量提高，也就是说电网调度对水光互补组合电源点日下达的发电量将较以往增长。白天光伏电站发电时，可以在水电站水库无损蓄水，水光互补运行后，水电站调峰能力在不同运行工况下有所增减，总体调峰能力未受影响。

（2）在水电机组调节补偿光伏发电曲线的情况下水光互补协调运行对调频的影响。由于水电机组具有调节速度快的优势，往往在电力系统中承担调频的任务。而光伏电站发电由于受环境、气象等条件的影响，其日发电曲线会有变化。将水电站与光伏电站发电相结合，以水电机组的调节性能平滑光伏电站发电的发电曲线，以达到接入电力系统前先由水电机组对光伏电站发电特性进行优化的目的。

但水电机组对光伏电站发电的调节并不是无限制的，受水电机组机械特性的限制，水电机组对光伏电站发电的调节运行时应躲过水电机组的振动区，水电机组接力器等设备的调节特性也限制了调节响应的频次和深度。水光互补协调运行可以在电网要求和水电机组调节能力综合分析、实验的基础上设定调节响应时间步长和调节幅值限值，达到既满足调频要求又保证水电机组安全稳定运行的目的。

4.1.2.1 发电计划下达

从接入电力系统的角度看龙羊峡水电站和光伏电站作为一个电源点接入，即电网调度对龙羊峡水光互补项目下达日整体发电指标，由水光互补协调运行控制系统对龙羊峡水电站水电机组及光伏电站进行AGC及AVC控制，实现调度目标。将光伏电站看作龙羊峡水电站扩建的5号水电机组，该机组的发电具有间歇性、随机性、波动性，同时该机组发电时水电站水库没有出库流量。但是，电网调度对水光互补项目下达的发电计划需考虑5台水电机组的发电情况，它们具有以下特点：

（1）按4台水电机组发电计算水库出库流量。

(2) 按 4 台水电机组计算上调备用容量。

(3) 按 5 台水电机组发电计算发电量。

因此，电网调度为龙羊峡水电站制订的日发电计划是在以往制订的水电站日发电计划的基础上，综合考虑光伏电站的发电特性，叠加光伏电站的发电量后的整体日发电计划下达给水光互补项目。根据水电站与光伏电站共同接受电网调度的要求，发电计划给定实时总有功功率、光伏电站发电实时有功功率及水电站发电实时有功功率三者关系为

$$P_{给}=P_{水}+P_{光}$$

式中 $P_{给}$——电网调度下达的给定总有功功率；

$P_{水}$——水电机组发电总有功功率，即水电站发电实时有功功率；

$P_{光}$——光伏电站发电总有功功率，即光伏电站发电实时有功功率。

水电站日发电计划综合考虑上游水情信息及水电站日出库流量要求，结合电力负荷分布要求，给定水电站不同时段的发电量或日发电曲线。

光伏电站发电具有明显的周期性，在白天发电，夜间不发电，发电时间基本在8:00— 18:00之间，典型发电曲线呈馒头形，在12:00—14:00之间达到发电高峰。同时，其发电情况还受气候、季节、天气等因素影响有所变化。由于太阳能资源不可控、不能储的特性，优先考虑光伏电站发电，光伏电站的日发电计划按照光功率预测的结果给定。

龙羊峡水电站按照"以水定电"的原则发电，其水量计划一般按旬调整，水电站日内按水光互补运行实现对光伏电站发电波动的补偿调节。当光伏电站实时发电量与发电计划不一致时，水电站对其进行补偿，使水光互补协调运行后的实时发电量最大限度地满足发电计划。水电站由于补偿光伏电站发电变化而产生的出库水量的变化，通过调整下一时段的发电计划或调整下一日的发电计划保持出库流量不变。

电网调度制订发电计划的原则需要按照水光互补电站的特点调整，下达发电任务的方式由对水电站和光伏电站独立下达发电任务变为对水光互补电站整体下达发电任务。

4.1.2.2 水光互补协调运行 AGC 控制策略

AGC 功能是水光互补协调运行控制的核心，AGC 功能应充分考虑电站运行方式，至少应具有调节有功功率、调频等功能。

水光互补协调运行的 AGC 控制应根据电网调度下达的发电任务，按安全、可靠、经济的原则运行，最大限度地避免弃光、弃水。首先保证光伏电站按其实时光资源情况发电，以下达的发电计划实时总有功功率减去光伏电站的实时有功功率，剩余有功功率再参与水光互补协调运行控制的水电机组之间的分配。水电站水电机组的自动控制流程相对成熟，机组有功功率分配应考虑的边界条件都已具备。在对光伏电站的实时发电出力变化进行补偿调节时，水电机组的调节过程和调节特点都发生了变化，调节的频次更高了，机组运行区域的范围变大了，运行中遇到振动区的概率提高了。因此，应制订躲避水电机组运行振动区和避免机组频繁调节的控制策略。

1. 机组运行跨越振动区策略

水电机组在水力因素、电力因素、机械因素或其他不平衡因素等的综合作用下都会存在振动区。振动区是水电机组运行的不稳定工况区，水电机组在此区间运行时，大轴摆度、机械磨损及水电机组其他受损情况都会更严重，水电机组的振动区通过稳定性试验测得。水电机组的振动区与运行水头、实时出力密切相关，在不同的水头下，水电机组的振动区不同，一般来说相同机型，低水头下水电机组的振动区大，高水头下水电机组振动区小。为了保障水电机组的运行安全，在对水电机组进行AGC控制时，应使水电机组不运行在当前水头下的振动区内。根据水电站水电机组运转特性曲线及振动区分布，AGC在下述三种情况设置为跨越振动区运行，具体如下：

(1) 水电机组跨越振动区后运行的有功功率缺额比不跨越振动区运行的有功功率缺额小，且差值超过跨越振动区死区。

(2) 水电机组跨越振动区后效率增加超过设定的效率死区。

(3) 在振动区边缘等待跨越振动区的水电机组有功功率与其他水电机组最小有功功率的差额超过振动区范围。

2. 防止多台水电机组频繁调节策略

在多云等变化天气情况下，光伏电站实时发电有功功率变化频繁，为了防止水电站多台水电机组频繁参与AGC调节，减少水电机组损耗，在AGC有功功率分配过程中，整定光伏电站有功功率变化引起的调节响应时间步长和调节幅值限值，既要快速补偿光伏电站发电变化，使水电机组对光伏电站发电波动性的补偿效果更好，又要防止在某段时间内水电机组频繁地反复调节。

(1) 设定光伏电站有功功率变化调节幅值限值，该参数为死区类变量。只有光伏电站实时有功功率变化超过该限值时，水电机组才进行调节；通过设置有功功率调节幅值限值，可以防止水电机组过于频繁地调节动作。

(2) 设定调节响应时间步长，该参数为死区类变量。在调节响应时间步长范围内，即便光伏电站发电实时有功功率变化超过有功功率调节幅值限值水电机组也不对其进行补偿调节；通过设置调节响应时间步长，一方面防止水电机组过于频繁地调节，同时避免在调节响应时间内反向变化时的调节；另一方面可以将大阶跃的变化分解为多个同向变化，降低水电机组大幅度调节的概率。

(3) 定义每台水电机组有功功率调节幅值步长，该参数为可整定变量。AGC控制按有功功率调节幅值步长在n台水电机组间循环分配。通过设置水电机组有功功率调节幅值步长，可减少光伏电站有功功率变化时参加调节的水电机组台数，从而减少水电机组磨损。当参与水光互补协调运行的水电机组总有功功率增加时，选择实发有功功率占总容量比例最小的水电机组增加有功功率，如果增量在调节幅值步长范围内，且该发电机组运行不进入振动区、运行也不越过有功功率上限，则只需1台水电机组参与补偿调节；否则，将第1台水电机组分配后的剩余有功功率分配给实发有功功率占总容量比例次小的水电机组，进行同样判断和分配，依次进行直至分配完有功功率增量。当水电机组总有功功率减少时，首先选择实发有功功率占总容量比例最大的水电机组减少有功功率，其他的采用与增加有功功率相同的策略。这样有功功率变幅不大时，只有1台或2台水电机组参与调节，可以防止水电机组过于频繁调节，同时也可减少多台水电机组参与有功功率小范围变化调节造成累计调节误差增大的现象，流程图如图4-9所示。

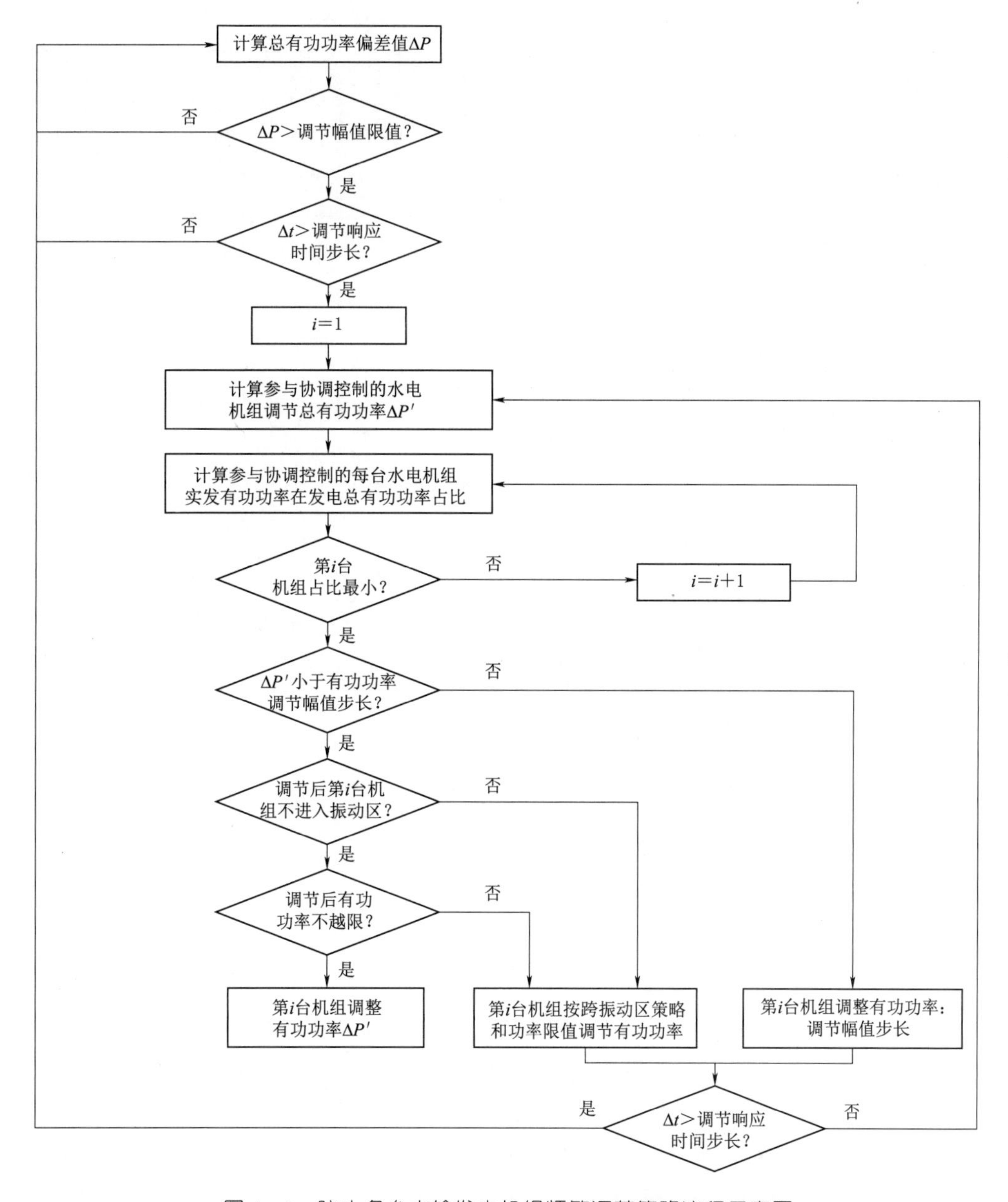

图4-9 防止多台水轮发电机组频繁调节策略流程示意图

4.1.2.3 水电站对光伏电站发电出力调节范围分析

水光互补协调运行以水电机组对光伏电站实时发电出力变化进行调节，水电机组是否会运行在振动区影响水电站的安全稳定运行；根据对龙羊峡水电站水电机组的长期运行水头下运行情况的测试结果，水电机组运行振动区在130～190MW区间内，按长期运行水头下的振动区分析计算水电机组如果不运行在振动区内是否能够实现对光伏电站全容量的连续补偿调节。

表4-3为水电机组躲避振动区后的运行区域计算结果。

表4-3 水电机组躲避振动区后的运行区域

<table>
<tr><th>参与协调运行方式</th><th>运行状况</th><th>可运行区域/MW</th><th>水电站对光伏电站的调节范围/MW</th></tr>
<tr><td rowspan="2">1台水电机组运行</td><td>运行在0～130MW区域</td><td>0～130</td><td>0～130</td></tr>
<tr><td>运行在190～320MW区域</td><td>190～320</td><td>190～320</td></tr>
<tr><td rowspan="3">2台水电机组成组运行</td><td>2台均运行在0～130MW区域</td><td>0～260</td><td rowspan="3">0～640</td></tr>
<tr><td>1台运行在0～130MW区域，另1台运行在190～320MW区域</td><td>190～450</td></tr>
<tr><td>2台均运行在190～320MW区域</td><td>380～640</td></tr>
<tr><td rowspan="4">3台水电机组成组运行</td><td>3台均运行在0～130MW区域</td><td>0～390</td><td rowspan="4">0～960</td></tr>
<tr><td>1台运行在0～130MW区域，另2台运行在190～320MW区域</td><td>380～770</td></tr>
<tr><td>1台运行在190～320MW区域，另2台运行在0～130MW区域</td><td>190～580</td></tr>
<tr><td>3台均运行在190～320MW区域</td><td>570～960</td></tr>
<tr><td rowspan="5">4台水电机组成组运行</td><td>4台均运行在0～130MW区域</td><td>0～540</td><td rowspan="5">0～1280</td></tr>
<tr><td>1台运行在190～320MW区域，另3台运行在0～130MW区域</td><td>190～710</td></tr>
<tr><td>2台运行在0～130MW区域，另2台运行在190～320MW区域</td><td>380～900</td></tr>
<tr><td>1台运行在0～130MW区域，另3台运行在190～320MW区域</td><td>570～1090</td></tr>
<tr><td>4台均运行在190～320MW区域</td><td>760～1280</td></tr>
</table>

由表4-3的计算分析结果可以看出：

（1）只有1台水电机组参与水光互补协调运行控制时，对光伏电站发电出力变化的补偿调节范围在0～130MW及190～320MW，当需要水电机组发电出力在130～190MW且长时间运行时，水电机组将运行在振动区。因此，要避免水电机组在振动区运行，不能实现对光伏电站发电波动全容量补偿。

（2）当2台水电机组参与水光互补协调运行控制时，对光伏电站发电出力变化的补偿调节范围在0～640MW，即参与可水光互补协调运行控制的水电机组可以连续补偿调节光伏电站全容量850MW的75%，且水电机组不会长期在振动区运行，影响水电机组的安全稳定运行。

（3）当3台及以上水电机组参与水光互补协调运行控制时，能够实现对光伏电站850MW的全容量补偿调节，且水电机组不会长期在振动区运行，影响水电机组的安全稳定运行。

由光伏电站发电出力—保证率—电量累积曲线（图2-5）可知，光伏电站发电出力超过640MW的工况仅占全年的2%左右。结合以上计算分析，龙羊峡水电站2台及以上水电机组参与水光互补协调运行控制能够实现对光伏电站实时发电出力变化全容量范围的补偿调节。龙羊峡水电站作为调频调峰电站，以1台水电机组作为电力系统备用容量运行，以另外2台水电机组或3台水电机组参与水光互补协调运行控制是可行的，且水电机组不会因为对光伏电站发电出力变化的补偿调节而长期在振动区运行。考虑龙羊峡水电站1台水电机组检修退出运行，在光伏电站发电出力超过640MW时，建议由拉西瓦水电站等其他水电站承担电力系统的备用容量，龙羊峡水电站仍以3台水电机组参与水光互补协调运行控制，实现对光伏电站发电出力波动的全容量调节。

4.1.2.4 水光互补协调运行控制调节参数

在研究水光互补运行方式时，主要以水电站的短期调度需求为目标，即以一日或数日为调度周期，在水电站水量平衡的基础上，研究以水电站的水库调节性能与光伏电站互补运行，这是一种长时间尺度的互补运行。而在日内运行时，以水电机组的快速调节性能补偿光伏电站发电波动，匹配电力系统调度要求，则是超短期的互补运行，需要通过水光互补协调运行控制系统实现。

对于超短期的水光互补协调运行控制，经常是分钟级甚至秒级的调节，由图4-10可以看出调节周期Δt选择越短、调节幅值限值ΔP选择越小则对光伏电站发电出力的平滑作用越好，而对水电机组调速系统要求越高，过于频繁的调节会造成水轮机接力器的反复抽动且对光伏电站发电出力平滑作用提升不大，因此对于实时控制系统应该选取合适的调节参数，既满足对光伏电站发电出力的补偿需求又不影响水电机组安全稳定运行。对光伏电站发电出力的补偿作用以补偿后水电站和光伏电站共同的发电出力不超过电网调度允许的变化范围为低限，以水轮机及其附属设备能够承受的调节参数为高限，结合光资源变化特性进行分析计算。

1. 水电机组调节响应测试与分析

2013年，在龙羊峡水光互补项目投运前对龙羊峡水电站的4台水电机组进行了有功功率调节试验，测试水电机组有功功率调节速度及调节响应误差。对每台水电机组进行了有功功率变幅50MW、100MW、150MW、200MW的试验测试，在试验目标设定时，避开了机组运行的振动区，水电机组有功功率调节测试记录见表4-4。

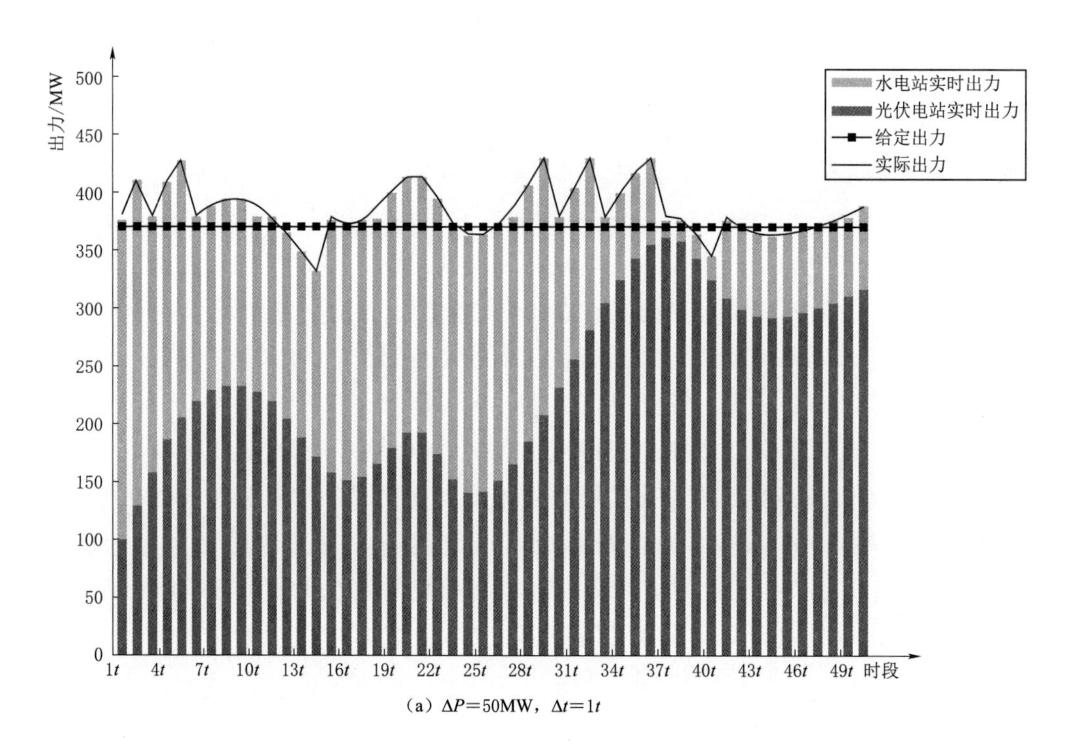

（a）ΔP=50MW，Δt=1t

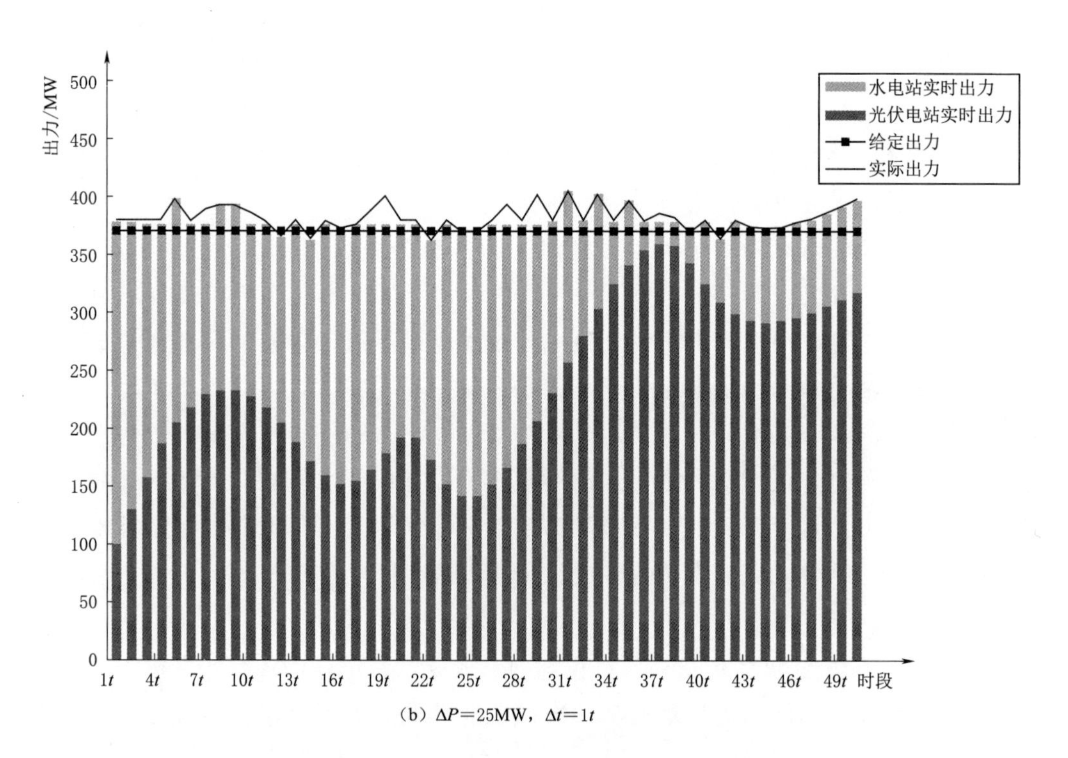

（b）ΔP=25MW，Δt=1t

图 4-10（一） 水光互补调节实时发电出力示意图

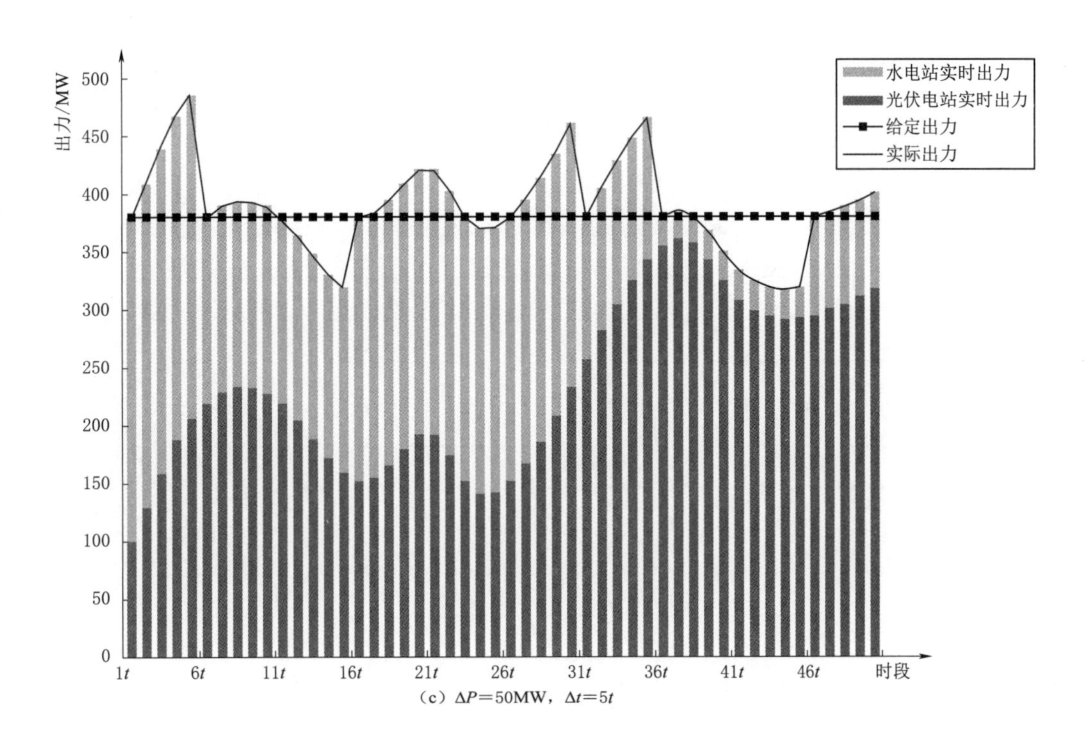

(c) ΔP=50MW，Δt=5t

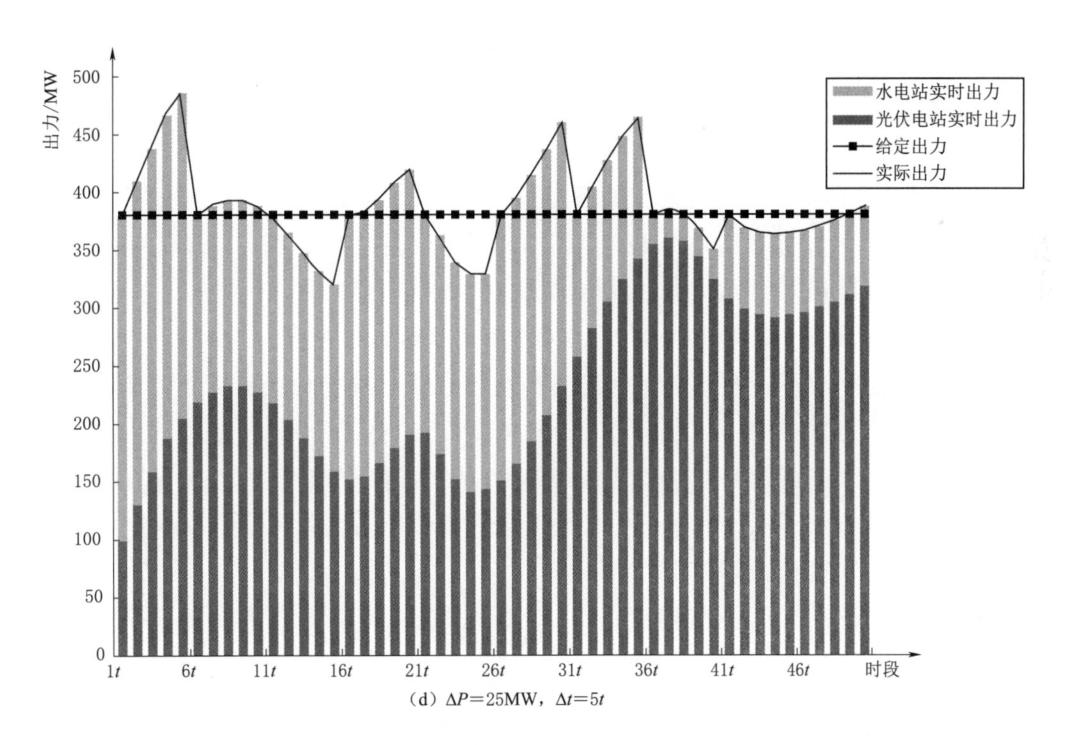

(d) ΔP=25MW，Δt=5t

图4-10（二） 水光互补调节实时发电出力示意图

表4-4　水电机组有功功率调节测试记录表

机组号	有功功率变幅/MW	调节前		调节结果/MW	调节时间/s
		当前值/MW	目标值/MW		
G1	−50	94.00	40	38.96	23
	−100	90.80	0	1.798	38
	+150	1.798	130	133.86	43
	+200	0.799	200	190.50	61
G2	+50	43.95	100	108.99	16
	+100	110.08	200	225.07	18
	−150	203.69	50	45.85	37
	+200	110.58	300	301.99	52
G3	+50	45.35	100	94.90	12
	−100	204.69	100	111.08	26
	+150	63.43	210	208.99	54
	−200	200.59	0	2.097	61
G4	−50	81.41	30	33.46	5
	+100	33.46	130	128.27	23
	−150	147.35	0	0.599	44
	200	—	—	—	—

从试验结果看，水电机组发电有功功率变幅50MW时调节时间最长为23s、有功功率变幅100MW时调节时间最长为38s、有功功率变幅150MW时调节时间最长为54s、有功功率变幅200MW时调节时间最长为61s。由太阳能资源数据分析可知光伏电站发电出力10min有功功率最大变幅为100MW，因此水光互补协调运行时水电机组的调节响应速度满足对光伏电站发电出力进行补偿调节的需求。

2. 龙羊峡水光互补项目一期工程与二期工程调节参数选择

水光互补协调运行控制系统将水光互补运行的调节响应时间步长和调节幅值限值都定义为变量，可以根据调节目标需求及水电站设备响应能力进行整定。水光互补项目投运前，没有太阳能资源变化的分钟级或秒级数据进行分析，暂以水光互补运行总有功功率与电网调度下达的发电任务偏差不超过允许范围为目标，结合水电机组的调节响应时间，初拟运行参数。

水光互补项目一期工程投运后经过试验及验证最终采用以8s作为调节响应时间步长、10MW作为调节幅值限值，水光互补协调运行后的发电出力曲线满足电网调度对调节响应误差的要求，龙羊峡水电站的水电机组及调速系统能够适应调节响应需求。

在水光互补项目二期工程投运前，以一期工程水光互补协调运行控制调节系统参数推算二期工程建成后的调节参数，计算公式为

一期工程 $P_{给}=P_{水}+P_{光}$

二期工程 $P'_{给}=P'_{水}+P'_{光}$

式中 $P_{水}$、$P_{光}$、$P_{给}$——一期工程中水电站发电有功功率、光伏电站发电有功功率、电网调度下达的给定有功功率；

$P'_{水}$、$P'_{光}$、$P'_{给}$——二期工程中水电站发电有功功率、光伏电站发电有功功率、电网调度下达的给定有功功率。

计算条件如下：

(1) 水电站按照“以水定电”原则确定的发电量不变，即 $P'_{水}=P_{水}$。

(2) 电网调度下达发电任务的原则不变。

(3) 电网调度对调节响应的允许误差为下达发电任务的3%。

将水光互补项目的一期工程等效为基本电站模型，对二期工程进行分析计算。二期工程投运后电网调度对调节响应的允许误差将增大 ΔP，即

$$\Delta P=P'_{给}\times 3\%-P_{给}\times 3\%=(P'_{光}-P_{光})\times 3\%$$

当 $P_{光max}=320MW$、$P'_{光max}=850MW$ 时，有

$$\Delta P_{max}=(P'_{光max}-P_{光max})\times 3\%=15.9MW$$

水光互补项目二期工程投运后，光伏电站规模增大，电网调度下达给水光互补项目的给定总有功功率相应增加，其幅值响应误差允许值也相应增加，最大允许误差可增加15.9MW。由此，水光互补协调运行控制系统调节参数有功功率调节幅值限值可以相应增加。

3. *以实时发电数据分析计算调节参数*

水光互补项目投运后，收集到光伏电站实际运行的秒级数据，对调节参数进一步计算分析如下：

(1) 光伏电站发电数据资料。对已运行稳定的龙羊峡水光互补项目并网光伏电站收集发电数据，发电数据采样周期应为秒级、发电数据应为典型天气的数据。现场收集的龙羊峡水光互补项目并网光伏电站发电数据见表4-5。

表4-5 龙羊峡水光互补项目并网光伏电站发电数据表

日期	天气	采样周期	数据时段	装机容量/MW
7月3日	雨	4点/min、15s	6:20—20:00	674.8
		17点/2min、7s	10:00—16:00	674.8
		20点/min、3s	11:00—14:00	674.8
7月7日	多云	4点/min、15s	6:20—20:00	674.8
		17点/2min、7s	10:00—16:00	674.8
		20点/min、3s	11:00—14:00	674.8

续表

日　期	天　气	采样周期	数据时段	装机容量/MW
7月8日	多云	4点/min、15s	6:20—20:00	674.8
		17点/2min、7s	10:00—16:00	674.8
		20点/min、3s	11:00—14:00	674.8
7月10日	晴	4点/min、15s	6:20—20:00	674.8
		17点/2min、7s	10:00—16:00	674.8
		20点/min、3s	11:00—14:00	674.8
7月12日	阴转多云	4点/min、15s	6:20—20:00	689.8
		17点/2min、7s	10:00—16:00	689.8
		20点/min、3s	11:00—14:00	689.8

（2）发电数据分析。对上述光伏电站发电实时数据不同采样周期的幅值变化值进行统计分析，出力的幅值变化值 ΔP 为

$$\Delta P_{n+1}=P_{n+1}-P_n$$

式中　P_n——n 时刻光伏电站实时有功功率；

P_{n+1}——$n+1$ 时刻光伏电站实时有功功率。

中位值是采样时间内所有幅值变化值从大到小排列的中间数的值，平均值是采样时间内幅值变化值的平均数。中位值及平均值反映了幅值变化值的大小程度。光伏电站日内发电曲线前半天呈增长趋势，后半天呈下降趋势，统计结果表明秒级数据幅值变化值为“0”的概率很高，因此结合光伏电站发电曲线特性，将幅值变化中位值及平均值按“<0”和“>0”分别进行统计。对不同采样周期光伏电站出力的幅值变化值按0.5MW的区间进行划分，不同幅值区间发生的概率与中位值与平均值的分布关系的概率如图4-11～图4-13所示。

由统计数据可以看出，各种典型天气下在15s、7s、3s采样周期幅值变化值的中位值及平均值都不大，幅值变化最大值出现的概率极低，大于幅值变化值平均值的概率不到30%；幅值变化值低的区间出现概率高，0～1MW区间出现概率最高，说明发电曲线在秒级数据下变化平稳。从幅值变化值的中位值及平均值来看，晴天发电最为稳定；阴转多云天气发电变化最剧烈，其低值区间概率小于其他天气低值区间概率，高值区间概率大于其他天气高值区间概率。

水光互补协调运行调节参数的研究若以最剧烈变化天气的最大值进行研究，则可以涵盖其他较平稳变化的工况，因此对采样数据中的阴转多云天气发电数据进行进一步分析计算。

（3）阴转多云与晴天天气实时发电曲线对比分析。图4-14中，光伏电站发电出力具有明显的间歇性规律，白天发电，晚上不发电；白天发电时前半日具有爬坡趋

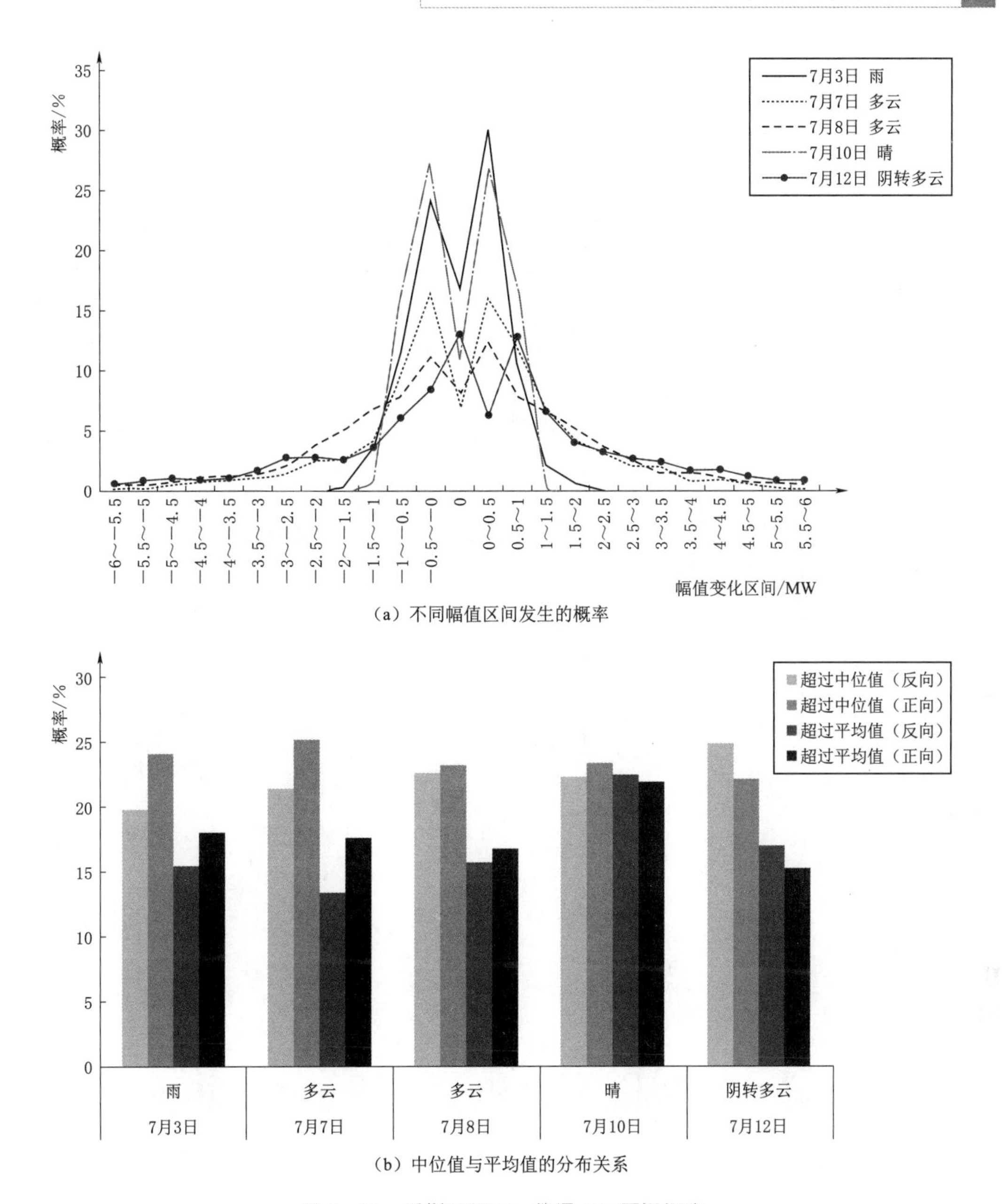

(a) 不同幅值区间发生的概率

(b) 中位值与平均值的分布关系

图 4-11　采样周期 15s 数据 ΔP 区间概率

势，后半日具有下坡趋势。也就是说，光伏电站的日发电曲线是一个具有变化趋势的曲线。前半日，后一采样点的幅值比前一采样点幅值增大；后半日，后一采样点的幅值比前一采样点幅值减小。水光互补项目在制定发电任务曲线时要以光功率预测的结果为基础确定光伏电站的发电任务，水光互补协调运行日内平滑光伏电站发电出力曲线就是对天气等原因引起的光伏电站发电出力与发电任务的偏差进行补偿调节，使水光互补项目送出的电力电量更为稳定。因此，在做日内平滑光伏电站发电出力曲线调

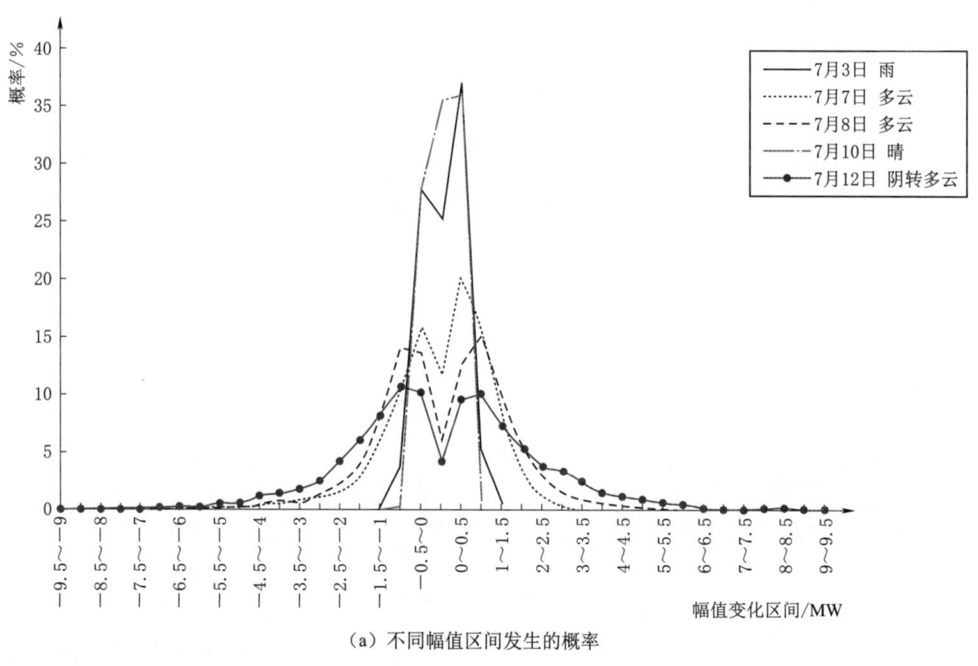

(a) 不同幅值区间发生的概率

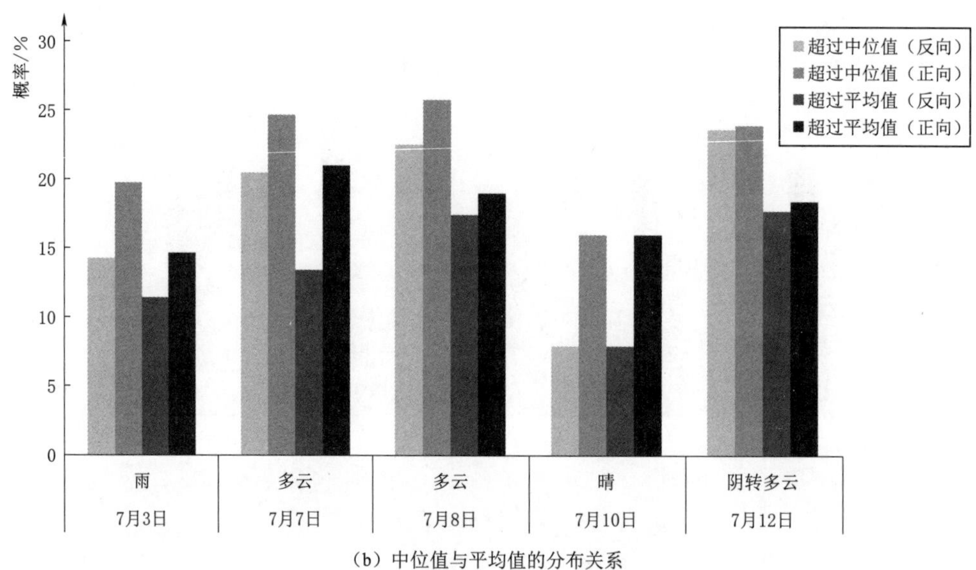

(b) 中位值与平均值的分布关系

图 4－12　采样周期 7s 数据 ΔP 区间概率

节分析时，可以先剔除光伏电站发电正常的变化趋势得到一条偏差曲线，对引起波动的偏差进行分析。

设想以典型晴天发电曲线作为基本曲线，其他天气发电曲线与其对比，则可以得到一个与典型晴天发电出力曲线之间的偏差曲线，从而只研究不同采样点间由于天气突变引起的光伏电站发电偏差。

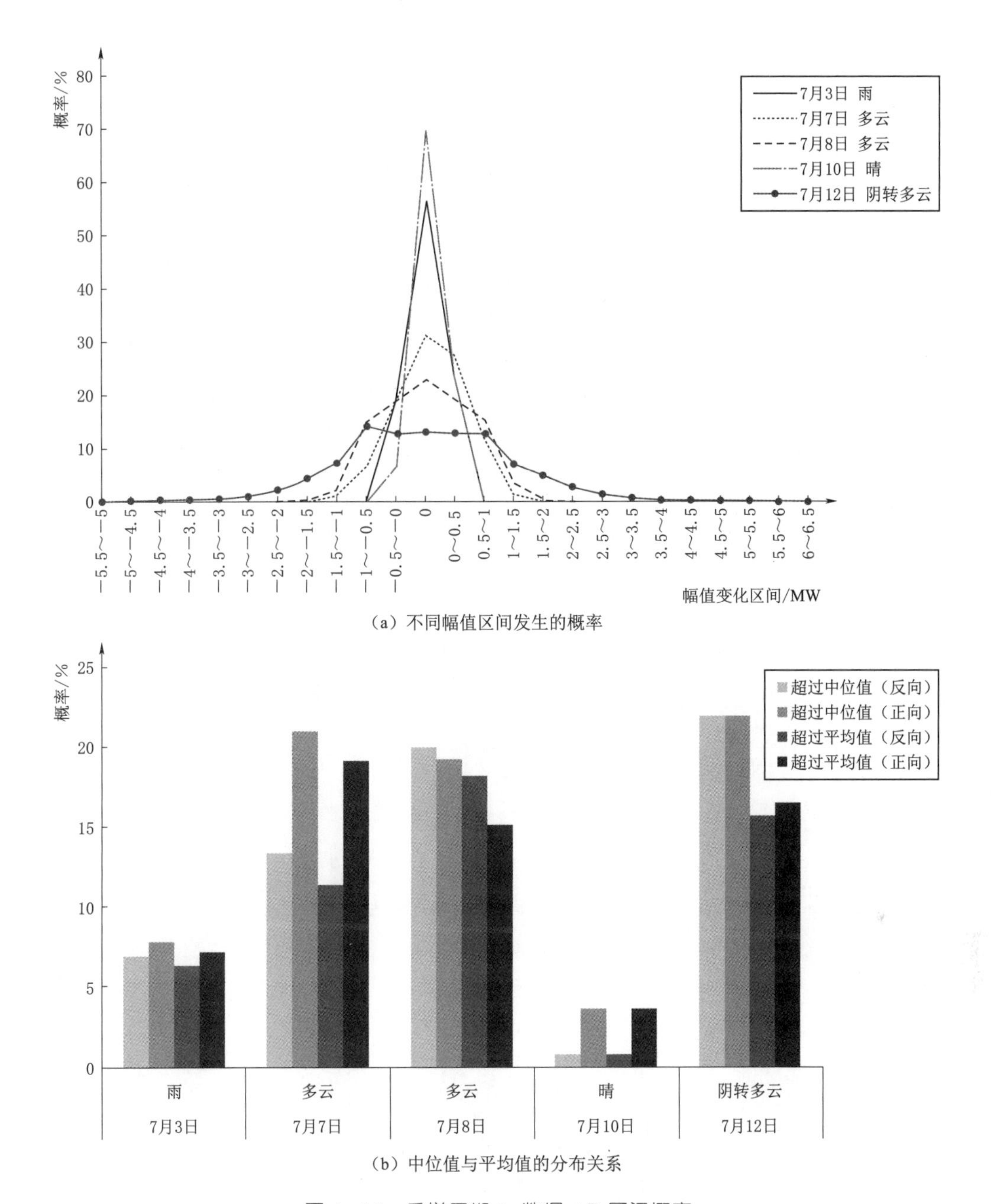

(a) 不同幅值区间发生的概率

(b) 中位值与平均值的分布关系

图 4-13 采样周期 3s 数据 ΔP 区间概率

收集到的 5 天典型天气发电数据中，7 月 10 日是典型的晴天发电曲线，基本没有波动，7 月 12 日与 7 月 10 日仅隔一天，不存在季节差异，且这两天的最大出力相差不大。可以以 7 月 10 日晴天天气光伏电站的发电出力曲线作为基本出力曲线，将 7 月 12 日阴转多云天气数据与其一一对比求差，得到光伏电站日内发电偏差曲线，图 4-15～图 4-17 为不同采样周期光伏电站日内发电偏差曲线及其幅值变化柱状图。

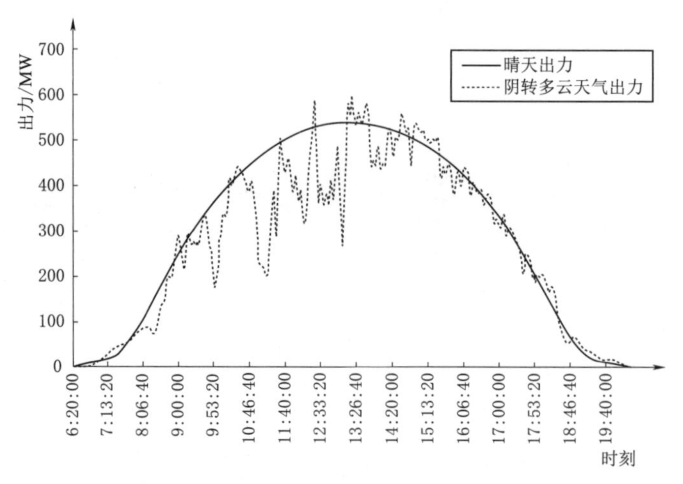

图4-14　阴转多云天气与晴天天气光伏电站实时发电出力对照曲线

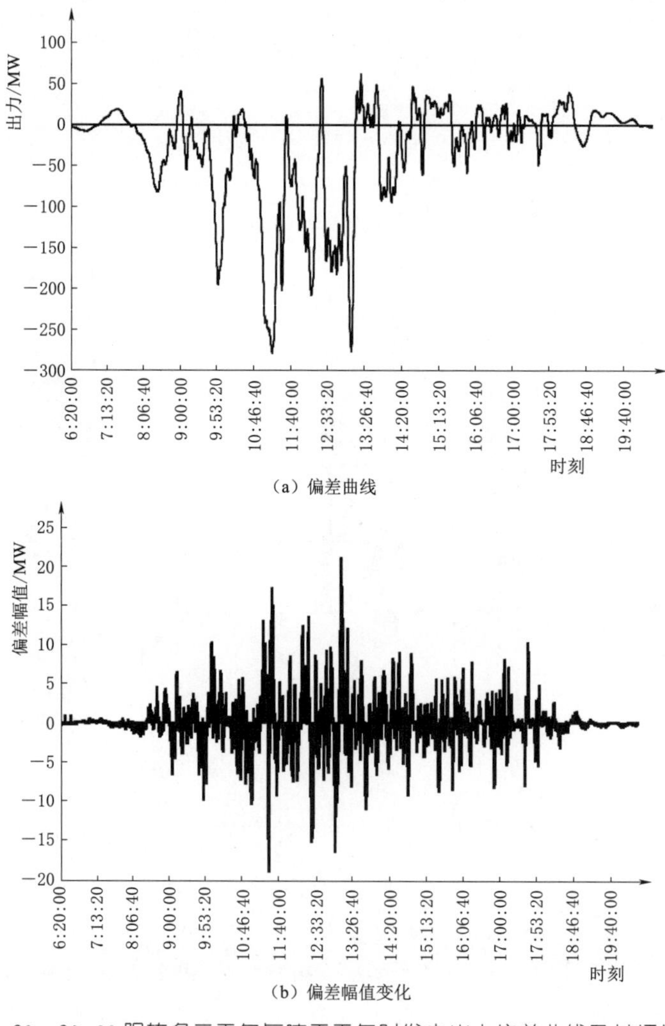

图4-15　6:20—20:00阴转多云天气与晴天天气时发电出力偏差曲线及其幅值变化柱状图

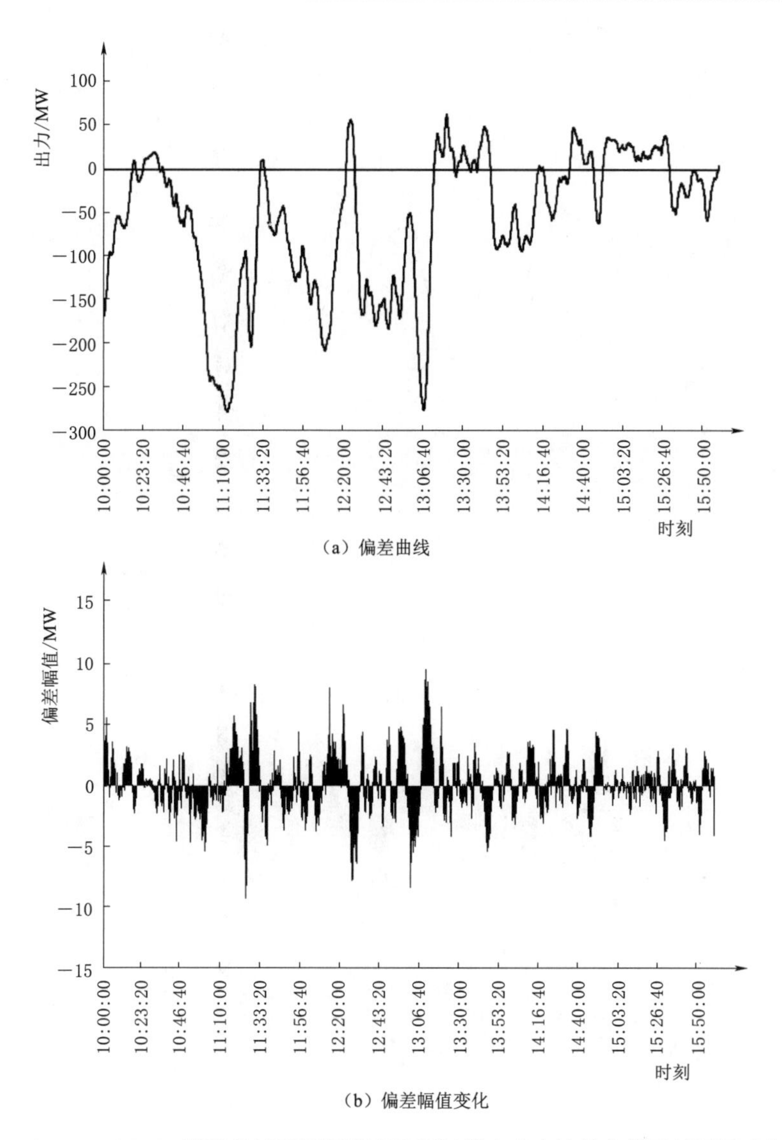

（a）偏差曲线

（b）偏差幅值变化

图 4-16　10:00—15:50 阴转多云天气与晴天天气时发电出力偏差曲线及其幅值变化柱状图

由图 4-15 可以看出，阴转多云天气发电出力偏差最大的时段在 11:00—14:00 时段，此时段光伏电站发电出力高，由天气变化原因引起的发电出力偏差也大。可以采用 11:00— 14:00 时段数据进行分析，从而涵盖其他时段所有工况。

由图 4-17（b）可以看出，11:10—11:20 的 10min 时间段光伏电站发电出力偏差幅值变化呈正、反向频繁变化，即光伏电站发电出力忽大忽小，对其进行补偿调节就需要水电机组做减有功功率或增有功功率频繁反向调节；13:04:48—13:14:48 的 10min 时间段光伏电站发电出力的偏差幅值变化最大。将图 4-17 中 11:10—11:20 的 10min 时间段和 13:04:48—13:14:48 的 10min 时间段中的曲线放大后的偏差曲线及其幅值变化如图 4-18 和图 4-19 所示。

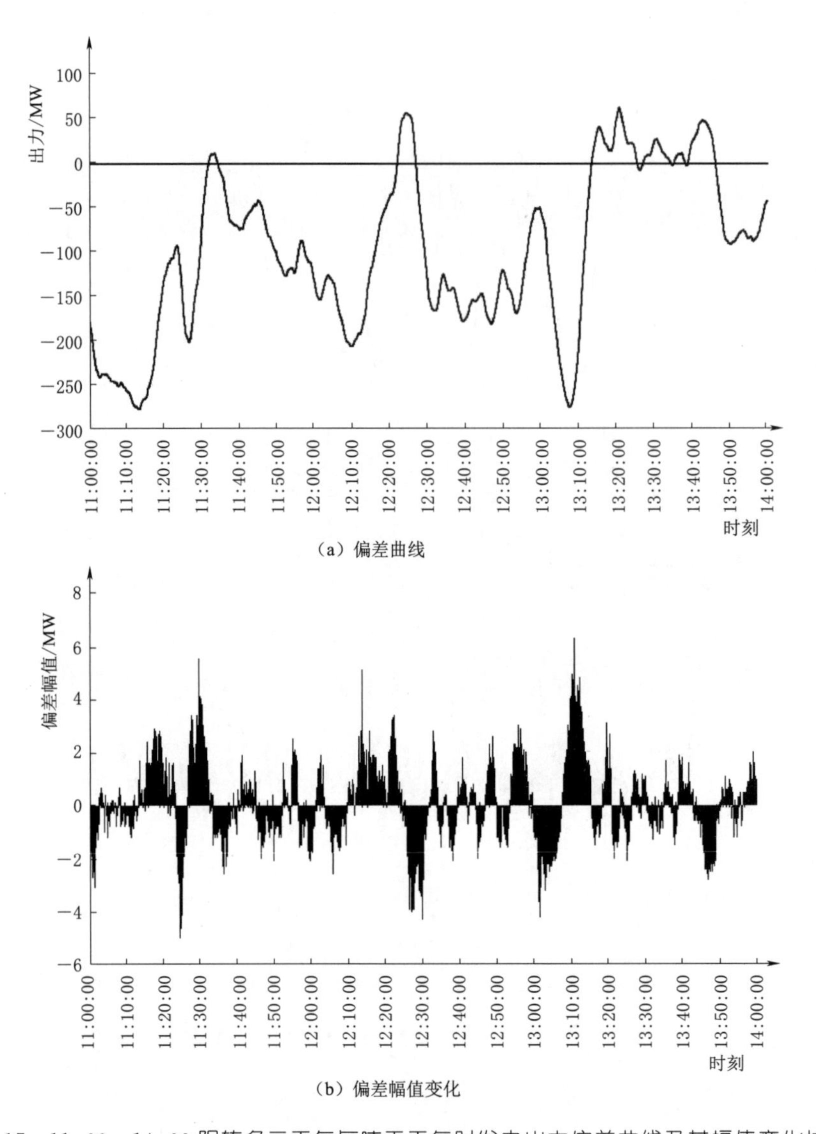

图4-17　11:00—14:00阴转多云天气与晴天天气时发电出力偏差曲线及其幅值变化柱状图

对10min内光伏电站发电出力偏差以3s的采样周期分析时，所有变化都相对平缓了。11:10—11:20的10min时间段中频繁的正、反向变化也是经过多个连续同向变化过渡，变化幅值变小后才转为反向变化；13:04:48—13:14:48的10min时间段的大幅值变化是多个连续采样周期的同趋势小幅值变化累积的结果；如果适当加大调节响应时间步长，可以相应减少水电机组有功功率反复反向调节次数，从而减少水电机组接力器的反复动作，如图4-18所示；若调节响应时间步长大于11:10—11:20的10min时间段的时间范围，则发电出力变化将都不被调节。从图4-18（a）也可以看出，11:10—11:20首末时刻发电出力幅值差异不大，也就是说此种情况调节响应时间步长的选择减少了水电机组反复增、减有功功率的调节，电站总发电出力曲线的

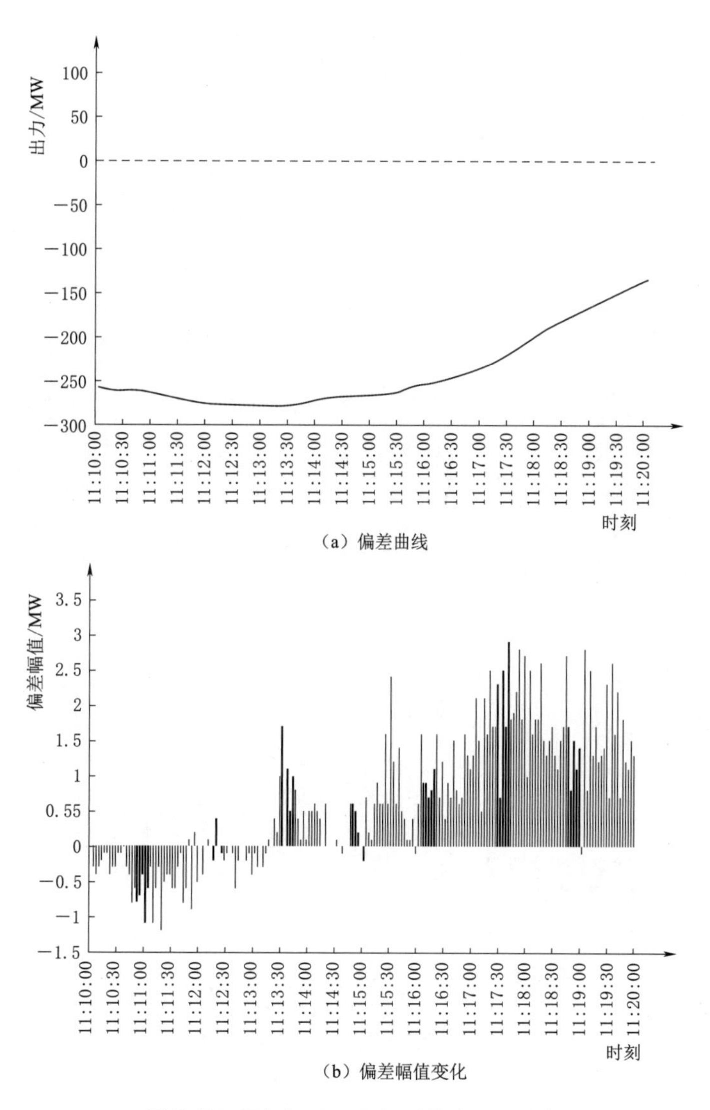

(a) 偏差曲线

(b) 偏差幅值变化

图 4-18　11:10—11:20 阴转多云天气与晴天天气时发电出力偏差曲线及其幅值变化柱状图

波动不大。13:04:48—13:14:48 的 10min 时间段的大幅值阶跃型变化实际是同向小幅值变化的累积，将分钟级变化降为秒级时，每个采样周期间的幅值变化均不大。由图 4-19 看出，若调节响应时间步长设定为 10min，则电站总发电出力曲线将呈现百兆瓦的大阶跃，必然偏离电网调度下达的发电曲线，因此调节响应时间步长也不能设置过大。可见，合理选择日内水光互补运行协调控制的调节参数对水光互补项目总出力曲线响应电网调度发电任务和水电机组的安全稳定运行影响很大。

(4) 调节参数分析计算。根据以上对光伏电站出力偏差及其幅值变化的分析，可以看出各种典型天气下发电出力幅值变化趋势一致。因此，对实际采样数据进行外延统计计算及分析。以 3s 采样周期数据推演得到 6s、9s 采样周期数据，以 7s 采样周期

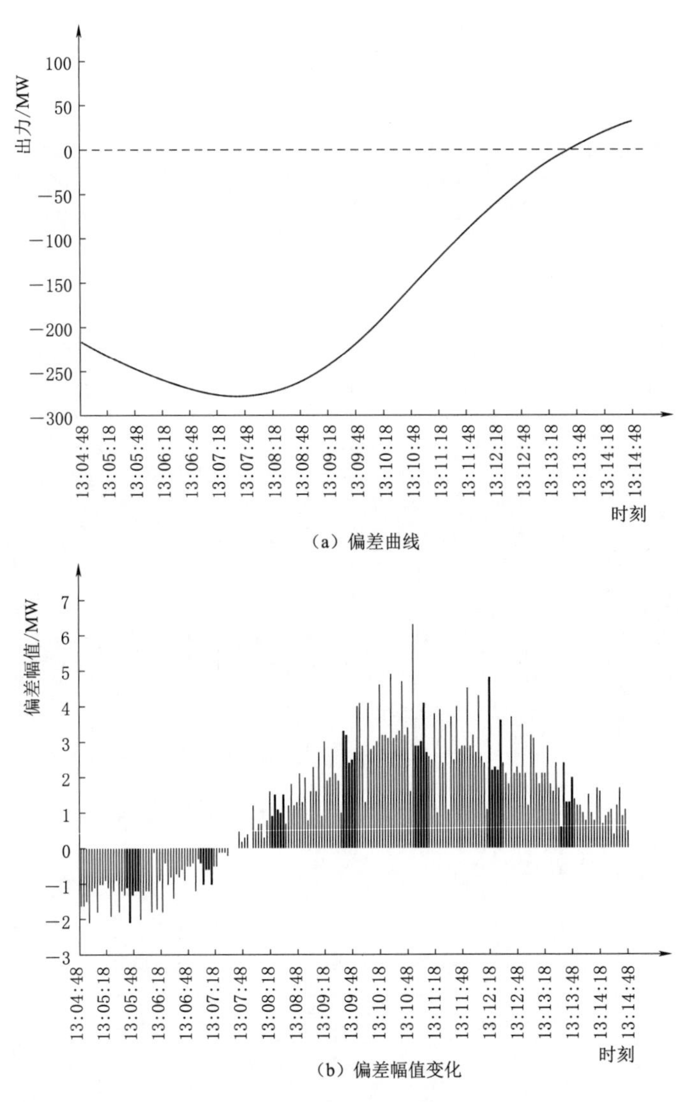

图 4-19　13:04:48—13:14:48 阴转多云天气与晴天天气时发电出力偏差曲线及其幅值变化柱状图

数据推演得到 14s 采样周期数据，并将光伏电站 689MW 规模等比换算至 850MW 进行分析。

设想各采样周期对应幅值变化最大值有一个拐点变化值，则该采样周期应为最佳调节响应时间步长。假定光伏电站发电出力波动时，电网调度给定水光互补电站总有功功率保持不变，如果光伏电站发电出力变化不超过当前水光互补电站给定总有功功率的 3%，则水光互补项目总有功功率变化在允许的误差范围之内，水电机组可以不调节。选用极端工况进行计算，即电网调度当前给定水光互补电站总发电出力调节目标基准即为光伏电站的当前发电出力，若光伏电站的发电出力变化超过 3%，则需要水电机组参与调节，以满足电网调度对总出力调节目标的要求。以此标准对不同采样周期光伏电站发电出力变化和水电机组的调节进行计算，结果见表4-6。

表4-6　不同采样周期数据计算水光互补协调运行控制调节结果统计

光伏电站发电出力幅值变化方向	计算结果统计参数	采样周期						
		3s	6s	7s	9s	12s	14s	15s
正向变化	出力变化最大值/MW	6.9	10.8	10.4	14.6	17.2	20	25.9
	对应实时出力/MW	482	482	496.6	482	482	487.1	465.2
	最大值变化百分比/%	1.44	2.24	2.10	3.03	3.57	4.10	5.57
	调节幅值/MW	0	0	0	0.2	2.8	5.3	11.9
	对应实时出力3%/MW	14.5	14.5	14.9	14.5	14.5	14.6	14
	出力变化平均值/MW	—	—	3.7	5.9	7.8	7.2	5.9
	最大值超过平均值概率/%	—	—	35.71	32.73	33.18	35.16	20.27
	出力变化中位值/MW	—	—	3.5	5.6	7.7	6.6	4.3
	最大值超过中位值概率/%	—	—	38.46	34.09	34.09	39.01	24.85
反向变化	出力变化最大值/MW	−6.2	−9.4	−11.3	−13.6	−17.6	−21.2	−23.2
	对应实时出力/MW	442.2	434.3	432.3	430.5	434.3	442.2	434.3
	最大值变化百分比/%	−1.40	−2.17	−2.61	−3.17	−4.05	−4.79	−5.34
	调节幅值/MW	0	0	0	−0.7	−4.6	−7.9	−10.2
	对应实时出力3%/MW	13.3	13	13	12.9	13	13.3	13
	出力变化平均值/MW	—	—	−3.5	−5.9	−7.7	−7.1	−5.19
	最大值超过平均值概率/%	—	—	9.89	15.91	15.00	9.34	18.34
	出力变化中位值/MW	—	—	−2.1	−6	−7.4	−4.1	−4
	最大值超过中位值概率/%	—	—	10.99	15.45	16.82	10.44	24.70

由表4-6计算可知，采样周期不大于7s时，采样周期内的幅值变化最大值不大于光伏电站实时发电出力的3%，更不会大于电网调度给定水光互补电站总有功功率的3%，水电机组可以不进行调节，因此，调节响应时间步长选择8～15s较为合适。

对阴转多云天气7～15s采样周期幅值变化的最大值、平均值、中位值进行统计分析。以装机容量689MW时的7月12日11:00—14:00数据推算装机容量850MW的发电出力的最大值为743MW、发电出力最小值为245MW、发电出力平均值为518MW。若分别以光伏电站发电出力的最大值、最小值和平均值作为电网调度给定的总有功功率，则允许的发电出力调节误差为22MW、7MW和16MW，即在7MW以下时光伏电站发电出力变化可以不进行调节。但考虑数据样本选取的11:00—14:00时段为光伏电站日发电出力最大时段，其他时段的光伏电站实时发电出力仍会小于245MW，仍需对调节幅值限值结合采样周期进行分析。

从图4-20中可以看出，不同的采样周期，幅值变化的中位值均小于平均值，说明调节数据更多地分布在平均值以下，而且相对集中；幅值变化大的数据少而且数值

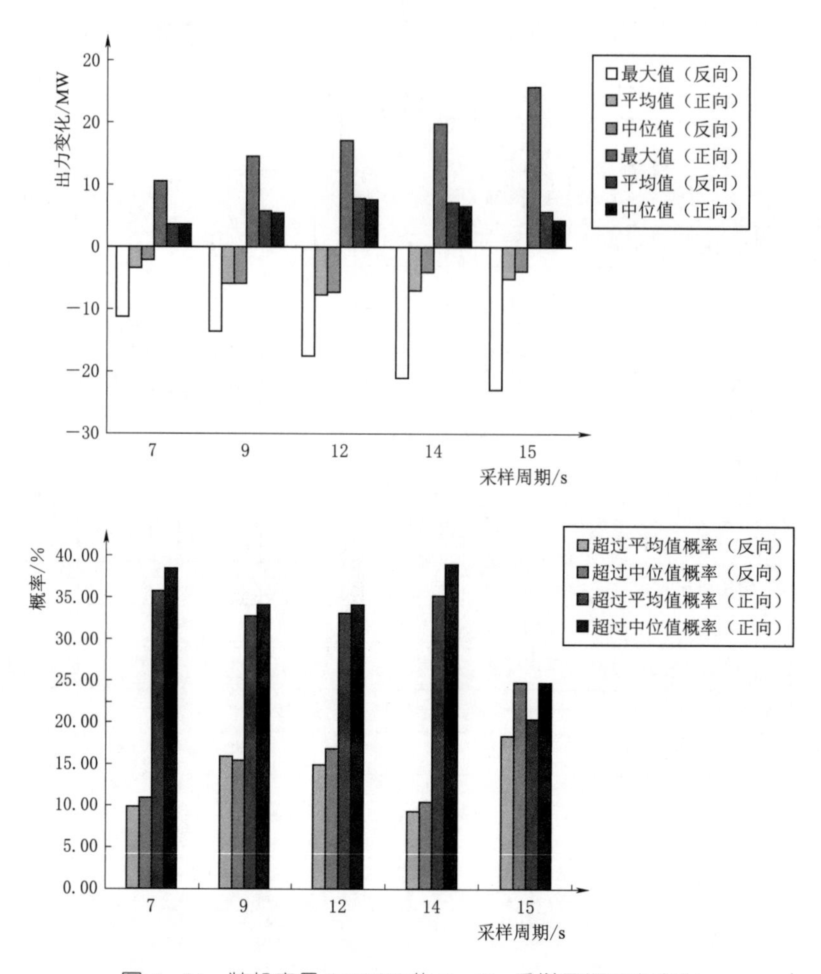

图4-20　装机容量850MW的7～15s采样周期出力变化

偏大。出力变化超出平均值及中位值的概率不大，说明出力变化集中在小区间变化值内。

由表4-6可见，2～4MW是7s采样周期的中位值，以2～4MW为调节幅值限值在7s采样周期将有约一半的出力变化被调节；8MW是各采样周期中出力变化平均值的最大值，超过8MW的调节幅值限值，将只有较少的出力变化被调节；同时，8MW约为样本区间的最小发电出力（245MW）的3%，小于8MW的调节出力限值，能够保证调节响应在相应调节响应时间步长下满足电网调度对调节响应的允许误差要求。虽然在早上及傍晚光伏电站发电出力较小（通常小于245MW），但考虑水光互补电站组合电源的总装机容量，电网调度给定总有功功率不会只按光伏电站的发电出力给定。对7～15s采样周期分别以2MW、3MW、4MW、5MW、6MW、7MW、8MW及10MW作为调节出力限值，对大于出力变化的采样周期进行概率统计，统计结果见表4-7。

表 4-7　装机容量 850MW 不同采样周期出力变化被调节概率　%

调节出力限值	采样周期				
	7s	9s	12s	14s	15s
2MW	66.5	80	85	79.7	73.5
3MW	51.6	71.8	78.2	72	60.4
4MW	40.7	66.4	72.7	64.8	51.3
5MW	28.6	55.0	68.2	59.9	42.5
6MW	20.9	48.6	59.5	52.7	35.7
7MW	12.6	38.2	52.3	47.3	28.3
8MW	8.8	28.2	47.7	38.5	22.6
10MW	2.2	13.6	32.7	30.2	16.9

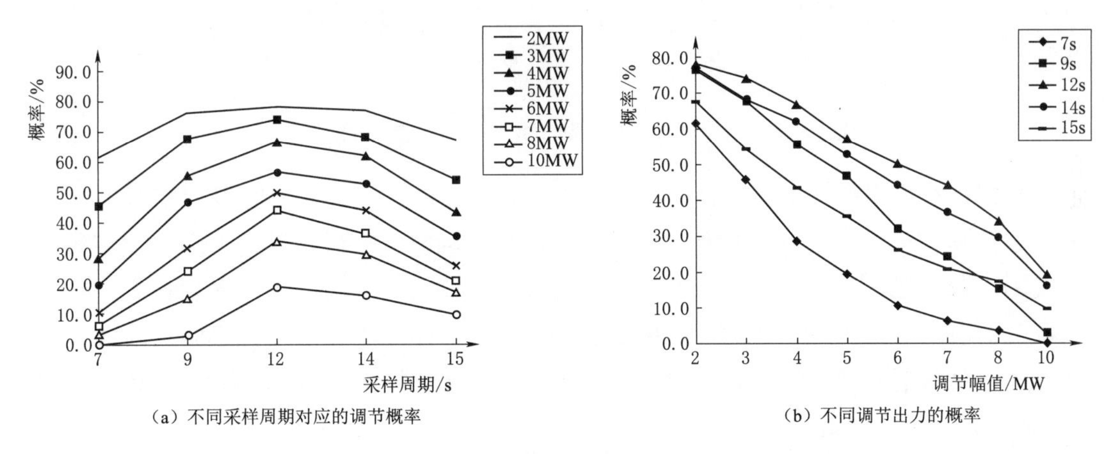

图 4-21　7～15s 采样周期不同调节幅值限值对应调节概率曲线

从图 4-21 可以看出，对各调节出力限值而言，采样周期小于 12s 时是增加趋势，大于 12s 时是减小趋势，可以以 12s 作为调节响应时间步长；不同采样周期随着调节出力限值的增大调节发生的概率均呈下降趋势，但 7s 线与其他线偏离较大。采用 12s 线以 6～8MW 作为调节出力限值时有 50%左右的出力变化都将被调节，故选择以 7MW 作为调节出力限值。

对 7 月 12 日 11:00—14:00 的 12s 采样周期数据按 850MW 光伏电站实时发电出力以 3MW、6MW 及 7MW 的调节出力限值进行调节，取其 10min 数据看实时总发电出力曲线如图 4-22 所示。可以看出，采用 3MW 调节出力限值的调节最频繁，但实时总发电出力与给定总有功功率的偏差最小，采用 7MW 调节出力限值的调节次数相对减少，但实时总发电出力与给定总有功功率的偏差相对增大。整体看水电机组都能够按照光伏电站实时发电出力的变化反向变化，实时总有功功率与给定发电出力基本一致。

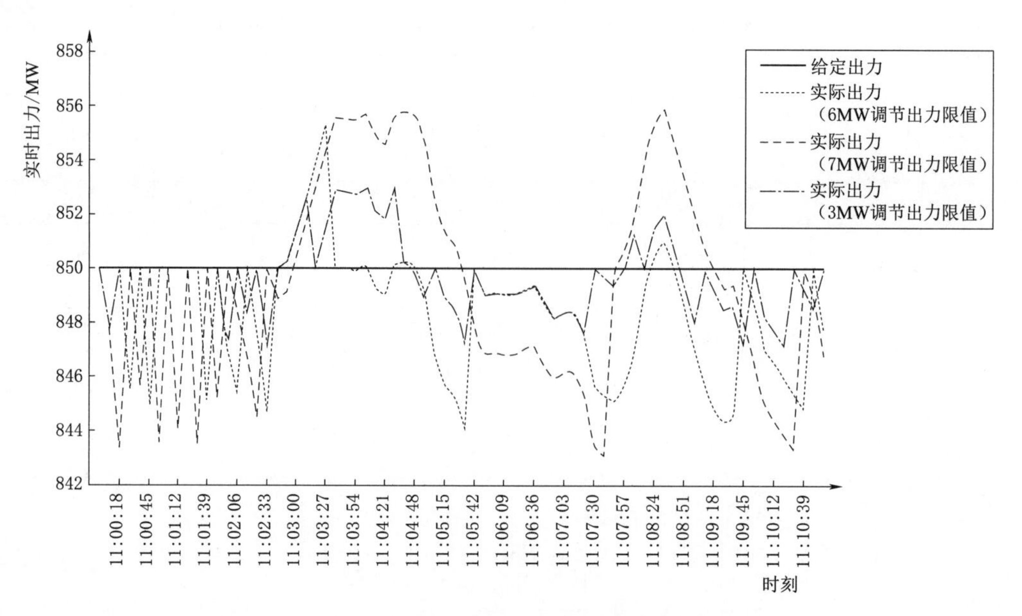

图4-22 12s采样周期不同调节出力限值的发电出力曲线

分析计算采用的样本数据是一种典型天气当天11:00—14:00时段的实时发电出力数据及其外延计算的相关数据，虽然天气具有一定的代表性，但不一定是全年典型天气的代表数据。若二期工程投产后，仍采用一期工程实施的调节响应时间步长8s和调节幅值限值10MW，其调节死区较12s短时，采样计算和水电机组调节的次数会多一些，跟踪电网调度下达发电任务的出力曲线偏差会小一些；调节出力限值较7MW大时，光伏电站实时发电出力变化值大于调节出力限值的概率小一些，水电机组调节次数少一些，总有功功率曲线与电网调度下达的发电任务偏差会大一些。但只要电网调度给定的总有功功率大于333MW，其调节响应偏差都不会大于允许的误差范围。一期工程投产后试验验证采用8s、10MW作为调节参数，龙羊峡水电站水电机组能够保证安全稳定运行。

由表4-7可知：7s及9s采样周期内光伏电站发电出力变化大于10MW的概率很小，分别为2.2%和13.6%；以10MW作为7～9s采样周期对应的调节出力限制，大概率是多个周期累积的发电出力幅值变化；由于收集到的光伏电站实时发电数据没有8s采样周期的数据，以9s采样周期数据进行分析，当天11:10后光伏电站有一段单向趋势的发电出力过程，选取11:10:00—11:15:57时段逐3s发电出力对采样周期和调节出力限值分别采用9s和10MW、12s和7MW的调节参数模拟运行调节过程。

计算原则与方法：

1）850MW光伏电站实时发电出力采用逐3s发电出力。

2）假定电网调度给定水光互补项目发电任务目标总有功功率为350MW，起始时刻水光互补项目的实际总发电出力为350MW。

3）发电目标允许误差按3%计，即水光互补项目总有功功率在339.5～360.5MW时均认为调节到位。

4）按照优先光伏电站发电的原则计算 $P_{水n}=P_{给n}-P_{光n}$，每一调节点水电机组的调节出力 $\Delta P_{水n}=(P_{给n}-P_{光n})-P_{水(n-1)}$，当 $\Delta P_{水n}$ 大于调节出力限值时水电机组按控制策略调节。

5）在采样周期内的发电出力变化不被调节。

水光互补协调运行控制调节模拟流程示意如4-23所示。

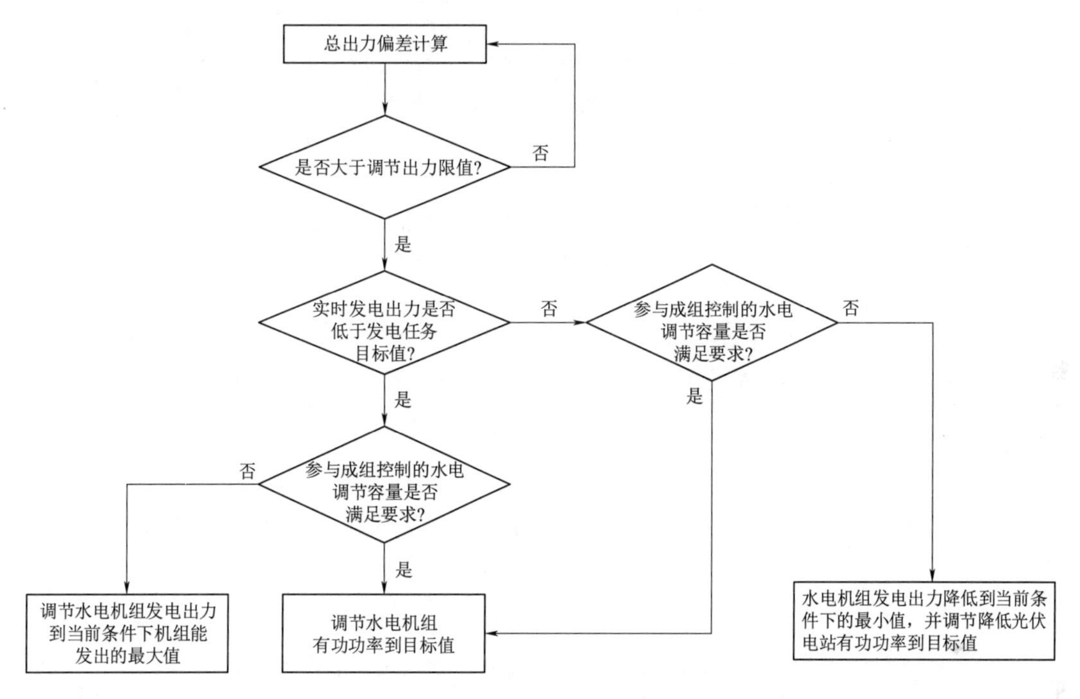

图4-23 水光互补协调运行控制调节模拟流程示意图

龙羊峡水光互补组合电源的水光互补协调运行控制过程模拟（11:10:00—11:15:51）见附录A，其中11:10:00—11:15:57时段的水光互补协调运行控制调节的方案一与方案二实时总发电出力曲线如图4-24所示。其中：对3s采样周期6min时段数据进行调节模拟，方案一计算29次，发生调节5次；方案二计算39次，发生调节3次。

通过以上对6min时段120个数据的水光互补协调运行控制调节过程模拟可以看出，秒级数据光伏电站实时发电出力变幅不大，都是经过多个采样周期累积后水电机组才满足调节条件。由于10MW的调节幅值限值更大一些，水电机组达到调节条件累积的采样周期更多一些，即水电机组调节的次数更少一些。由附录A可以看出，11:10:48—11:11:36时段的光伏电站实时发电出力由262.06MW变化到250.29MW的过程，采用方案一的水电机组在11:11:00时先达到调节条件进行调节，在11:11:36

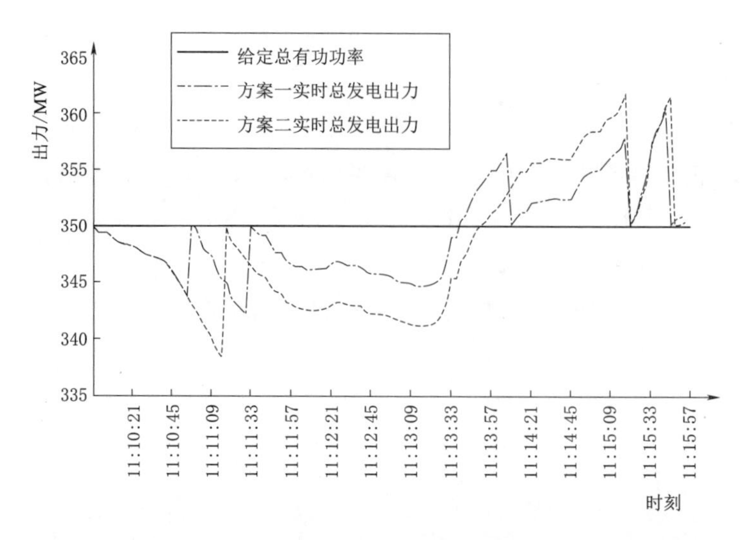

图 4-24　11:10:00—11:15:57 时段水光互补协调运行控制调节方案一及方案二实时总发电出力曲线图

时再次达到调节条件进行调节，进行了 2 次调节，而采用方案二的水电机组只在 11:11:21时达到调节条件进行了一次调节；11:11:39—11:14:12 时段光伏电站实时发电出力由 249.79MW 变化到 257.48MW 的过程，采用方案一的水电机组在 11:14:12 时达到调节条件进行了 1 次调节，而采用方案二的水电机组未进行调节；11:15:12—11:15:51 时段的光伏电站实时发电出力由 263.55MW 变化到 278.68MW 的过程，由于前面多个调节响应时间步长周期的累积，采用方案一的水电机组先达到调节条件进行调节，参与二次调节，而采用方案二的水电机组也参与二次调节。

由图 4-24 也可以看出：采用方案一参数时，水电机组参与调节 5 次，水光互补项目实时发电出力与电网给定目标值偏差小一些；采用方案二参数时，水电机组参与调节 3 次，水光互补项目实时发电出力与电网给定目标值偏差大一些。但是，这两个方案的实时总发电出力都满足电网调度调节目标偏差要求。

以上模拟结果与对光伏电站实时发电秒级数据的分析及对调节参数的分析计算结果一致，在秒级数据分析时，光伏电站实时发电波动不大，调节出力限值增大导致在一个采样周期光伏电站发电变化值不会越限，需多个采样周期同向变化累积才会越限。同时，由于光伏电站发电变化在一个采样周期不会越限，在后续采样周期反复发生反向变化将导致较长的时间段光伏电站发电变化都不越限，水电机组不对其进行调节。即便采样周期缩小，也只是增加了调节计算的次数，增大了实时总发电出力与电网调度给定目标值的偏差，但偏差仍在允许范围之内。从水电站水电机组的角度看，参与调节的次数减少从而降低了反复调节带来的磨损，更有利于水电机组的安全稳定运行。由此，龙羊峡水光互补项目二期工程仍可采用 10MW、8s 作为调节参数。

4.1.3 对承担电网一次调频影响分析

4.1.3.1 对水电机组一次调频功能影响的分析

一次调频是机组调速系统采集到系统频率越限而自动进行的对实时发电出力的调整，以达到稳定系统运行频率的目的。无论是否由于光伏电站实时发电出力的突变引发系统频率变化，只要是系统频率越限，龙羊峡水电站的水电机组都会进行一次调频响应。光伏电站实时发电出力突变即使引起系统频率越限，引起电网内所有参与一次调频的水电机组进行响应，但电网对龙羊峡水电站水电机组的一次调频功能要求不发生改变，水光互补运行不影响龙羊峡水电站水电机组的一次调频功能。

4.1.3.2 水电机组参与系统一次调频对光伏电站实时发电出力补偿的影响分析

电网通常要求水电机组应具备一次调频功能，并按要求接入，因此水光互补运行后，当受气象等因素影响光伏电站的实时发电出力发生波动，水电机组将立即对其进行补偿调节，以保证送入电网的实时发电出力满足电网下达的发电任务要求。

西北电网在运行管理办法中对水电机组一次调频功能做了相关规定，规定水电机组永态转差率不大于3%、频率死区为±0.05Hz、一次调频的最大负荷限幅为机组额定有功功率的6%；一次调频负荷响应滞后时间，即当电网频率变化达到一次调频动作值到水电机组负荷开始变化所需的时间，应小于3s；电网频率变化超过一次调频频率死区时，水电机组应在15s内对目标功率完全响应，在45s内水电机组实际功率与目标功率偏差的平均值应在其额定有功功率的3%范围内，稳定时间应小于1min。

电网对永态转差率和频率死区的要求，取决于调速器自身特性以及调速器相关参数设定。在此，主要从一次调频的最大负荷限幅方面考虑水光互补运行与龙羊峡水电站水电机组一次调频功能的关系。

龙羊峡水电站水电机组的单机容量为320MW，一次调频最大负荷限幅按6%计为19.2MW。水电机组投入一次调频功能承担电网一次调频任务时，其最大负荷限幅应留于一次调频功能，不能用于水光互补运行调节，因此需要分析参与水光互补协调运行的水电机组投入一次调频功能后对光伏电站实时发电出力进行补偿调节的范围。不同的运行方式下水电站最大负荷限幅和调节范围见表4-8。

当龙羊峡水电站2台及以上水电机组参与水光互补协调运行控制时，能够实现光伏电站发电出力波动的全容量调节。由光伏电站发电出力—保证率—电量累积曲线（图2-5）可知，光伏电站发电出力大于71%的保证率只有5%，即水电机组投入一次调频功能后，2台水电机组参与水光互补协调运行对光伏电站全容量调节的保证率达95%，所以，即便水电机组投入一次调频功能，只要以2台及以上水电机组参与

表4-8　不同的运行方式下水电站最大负荷限幅和调节范围

参与协调运行方式	最大出力/MW	最大负荷限幅/MW	调节范围/MW
1台机组运行	320	19.2	300.8
2台机组成组运行	640	38.4	601.6
3台机组成组运行	960	57.6	902.4
4台机组成组运行	1280	76.8	1203.2

水光互补协调运行，就能实现对光伏电站全容量调节。

4.1.3.3　对电网其他机组一次调频的影响

由于其发电的波动性，当大规模光伏电站接入电网运行时：如若引起电网频率的变化，势必增大电网调频机组的压力。如果参与水光互补协调运行的水电机组能够先于电网其他一次调频机组对光伏电站的出力波动进行补偿，则大规模光伏电站接入电网运行将不会增大电网一次调频机组的调节压力。可以对水光互补协调运行的控制参数进行分析计算，确定出光伏电站接入水电站水光互补运行后对电网其他一次调频机组的影响。

根据《西北电网发电机组一次调频运行管理办法》对水电机组的要求，水电机组一次调频动作响应的滞后时间小于3s且在15s内完成对目标出力90%响应，即参与一次调频的水电机组需在18s内完成对目标出力90%的完全响应。

由表4-8可知，考虑龙羊峡水电站水电机组投入一次调频功能后，2台、3台、4台水电机组参与水光互补协调运行控制的可用调节容量分别为601.6MW、902.4MW、1203.2MW。假定电网频率变化均由龙羊峡水光互补项目并网光伏电站发电出力变化引起，此时电网内能参与一次调频功能的机组都能进行有功功率调节，使电网频率恢复到正常范围。但是，当龙羊峡水电站参与水光互补协调运行的水电机组先于电网内其他能参与一次调频功能的水电机组进行了调节，即水光互补协调运行的机组优先调节保障了电网频率在正常范围，则龙羊峡水光互补项目并网光伏电站接入电网时将不会增加电网其他机组一次调频的压力。据此，对光伏电站发电出力变化与频率变化的关系进行分析，可以得出电网频率越过死区时对应的有功功率变化值。正常情况下，只要水光互补协调运行控制系统调节幅值限值小于该值，采样周期小于18s，则在光伏电站发电出力变化时，参与水光互补协调运行控制的水电机组将先于电网内其他一次调频机组完成对光伏电站发电出力变化的调节。因此，可以通过水光小模型和青海电网大模型进行分析计算，推导出水光互补协调运行控制系统的调节出力，其中：水光小模型是假定电网内引起频率变化的负荷全部为龙羊峡水光互补项目并网光伏电站的发电出力变化，而对这个频率变化的调节响应全部由龙羊峡水电站的水电机组完成；青海电网大模型是指引起电网频率变化的负荷仍然全部为龙羊峡水光互补项目并网光伏电站的发电出力变化，但计算是在青海电网全网进行的，由电网内参与一次调频的机组对频率变化进行调节响应。

1. 基础数据

根据龙羊峡水光互补项目的建设时序，按一期工程及二期工程投运的 2013 年及 2015 年两个节点进行计算，其对应的各能源装机容量及青海省负荷预测见表 4－9。

表 4－9　龙羊峡水光互补项目各能源装机容量及青海省负荷预测表　单位：MW

年份	龙羊峡水光互补项目装机容量		青海省负荷预测		
	光伏	水电	水电	火电	系统最大负荷
2013	320	1280	11235.18	2382.5	9350
2015	850	1280	11275.5	3670	14500

考虑龙羊峡水电站水电机组参与电网一次调频后，参与水光互补协调运行控制最大调节出力为机组额定有功功率的 94%。

2. 计算条件

（1）电网其他参与一次调频的水电机组的永态转差率为 3%。

（2）龙羊峡水电站水电机组实际设定的永态转差率为 6%。

（3）火电机组的转速不等率为 3.5%。

（4）综合负荷的单位调节功率系数 $K_{L*}=1.5$。

（5）系统频率变化值取西北电网要求的死区最大值 0.05Hz。

3. 计算公式

（1）光伏电站负荷的单位调节功率为

$$K_L=\frac{K_{L*}P_{LN}}{f_N}$$

式中　K_{L*}——综合负荷的单位调节功率系数；

P_{LN}——综合负荷；

f_N——系统频率。

（2）火电机组或水电机组的单位调节功率为

$$K_G=\frac{P_{GN}}{f_N\sigma}$$

式中　P_{GN}——火电机组或水电机组参与调节的功率；

f_N——系统频率；

σ——火电机组转速不等率或水电机组永态转差率，%。

（3）系统的单位调节功率为

$$K_S=K_G+K_L$$

式中　K_G——水电机组的单位调节功率；

K_L——光伏电站负荷的单位调节功率。

（4）一定频率变化下，对应有功功率调整量为

$$\Delta P = K_S \Delta f$$

式中　Δf——频率变化量；

K_S——系统的单位调节功率，MW/Hz。

4. 水光小模型计算结果

水光小模型计算假定条件：

（1）系统内所有机组及电源点均运行在理想状态下，不存在有功功率变化引起系统频率变化的因素。

（2）系统内所有其他负荷均在理想状态下，不存在负荷波动引起系统频率变化的因素。

（3）系统内引起频率变化的负荷全部为龙羊峡水光互补项目并网光伏电站的负荷，即综合负荷容量为当期光伏电站的装机容量。

（4）由光伏电站负荷变化引起的频率变化，全部由龙羊峡水电站水电机组调节，即龙羊峡水电站水电机组先于系统内其他参与一次调频机组调节。

水光小模型计算结果见表4-10。

表4-10　水光小模型计算结果

参　数	2013年			2015年		
参与成组控制的水电机组台数/台	2	3	4	2	3	4
K_G/(MW/Hz)	200.5	300.8	401.07	200.5	300.8	401.07
K_L/(MW/Hz)	9.65	9.65	9.65	25.5	25.5	25.5
K_S/(MW/Hz)	210.15	310.45	410.72	226	326.3	426.57
频率变化0.05Hz时对应的ΔP/MW	10.51	15.52	20.54	11.3	16.32	21.33

5. 青海电网大模型计算结果

将龙羊峡水光互补项目并网光伏电站发电出力的变化，放到青海省电网进行计算，即龙羊峡水光互补项目并网光伏电站发电出力变化引起的电网频率变化由参与一次调频的机组共同调节，结果见表4-11。

表4-11　青海电网大模型计算结果

参　数	2013年	2015年
水电机组的单位调节功率/(MW/Hz)	7490.12	7517
火电机组的单位调节功率/(MW/Hz)	1361.43	2097.15
综合负荷的单位调节功率/(MW/Hz)	280.5	435
系统的单位调节功率/(MW/Hz)	210.15	10049.15
频率变化0.05Hz时对应的ΔP/MW	456.6	502.46

6. 计算结果汇总

有功功率调整量汇总见表4-12。

表4-12 有功功率调整量汇总表 单位：MW

年份	水光小模型			青海电网大模型
	2台机组成组控制	3台机组成组控制	4台机组成组控制	
2013	10.51	15.52	20.54	456.6
2015	11.3	16.32	21.33	502.46

从表4-12可以看出，龙羊峡水光互补项目一期工程2013年实施时，以水光小模型计算的有功功率调整量最小，如果水光互补协调运行控制系统采用的调节参数有功功率调节幅值限制小于10.51MW、采样周期小于18s，那么由水光互补协调运行控制的龙羊峡水电站水电机组先行调节，而不增加电网内其他一次调频机组的压力。到2015年二期工程投运，有功功率调节幅值限值可适当增加，但不超过11.3MW，龙羊峡水光互补项目并网光伏电站投运及水光互补协调运行后，不影响电网内其他一次调频机组的运行。

4.2 水光互补运行对其他新能源消纳及调峰能力的影响分析

4.2.1 对电网消纳其他新能源的影响分析

青海省新能源主要有光电和风电，2013年时风电的装机容量不大，因此新能源消纳主要以光电为主。

从青海电网消纳光电的情况看，2015年消纳5600～8100MW光电装机容量，消纳电量80亿～120亿kW·h，仅占其缺电量的25%。光电的装机容量需要水电调峰容量5600～8100MW，占可用水电装机容量的48%～70%，即使考虑约10%的可用水电容量不调峰，剩余水电调峰容量占20%～42%，即2300～4800MW调峰容量可为青海电网以外的其他电网调峰。若增加青海电网消纳光电的容量，则为青海电网以外其他电网提供的调峰能力降低。

考虑青海电网可消纳光电的装机容量约5600MW（含水光互补的光电装机容量850MW），若龙羊峡水电站和光伏电站互补后送入电网，说明光电装机容量850MW已经过龙羊峡水电站的补偿后共同送入电网可以为电网消纳，故龙羊峡水电站已对装机容量850MW的光伏电站进行了补偿，相应补偿其他光伏电站的能力也减少850MW。其余光伏电站约4750MW的容量需要青海电网其他水电站进行补偿消纳。

龙羊峡水光互补组合电源相当于青海电网系统中水电站与光伏电站进行补偿运行及消纳的分解，即将大系统水电与光伏补偿运行通过某个水电站与其较近的光伏电站补偿运行来实现，不影响电网消纳其他光伏发电的容量，对分析青海电网的水电与光电容量的配比及运行调度有示范作用。

4.2.2 一期工程对调峰能力的影响分析

为了分析龙羊峡水光互补项目一期工程（320MW）对电力系统调峰能力的影响，分别对水光互补运行前及水光互补运行后承担系统的调峰能力进行分析。

龙羊峡水电站枯水年、平水年、丰水年遇光伏电站日最大、平均、最小发电量情况时，龙羊峡水光互补运行前后运行方式不同，但承担系统的负荷备用、事故备用相同，其承担电力系统日内变化以7月和12月为代表分别说明。

枯水年7月和12月水光互补运行前后遇光伏电站不同日发电量情况时承担系统负荷对比如图4-25和图4-26所示。平水年7月和12月水光互补运行前后遇光伏电站不同日发电量情况时承担系统负荷对比如图4-27和图4-28所示。丰水年12月水光互补运行前后遇光伏电站不同日发电量情况承担系统负荷对比如图4-29所示。

除龙羊峡水电站丰水年的丰水期外，枯水年、平水年、丰水年遇光伏电站日最大、平均、最小发电量情况时，均不影响承担系统的最大调峰容量，以光伏电站发电为水光互补组合电源的基荷，置换出龙羊峡水电站承担的基荷出力，增加水光互补运行后可调电量。可调电量的增加量随着光伏电站发电出力而变化，即光伏电站日发电电量越大，则可调电量增加越大。

从可调电量在日内过程分配看，可调电量日内过程分配与系统负荷需求有关，水光互补运行前后增加的可调电量大部分增加在腰荷，且随着光伏电站日发电量的变化而变化，遇水电站发电出力较大时，水光互补运行前后增加的可调电量在基荷少部分增加。

水光互补运行后增加的可调电量可根据系统的需求分配在日内不同时段，电力电量均可以被电力系统利用。由于光伏电站的发电与系统需求同步，不增加或者减少系统峰谷差，故水光互补组合电源对电力系统调峰无影响。

4.2.3 水光互补项目对龙羊峡水电站调峰能力的影响分析

龙羊峡水光互补项目对龙羊峡水电站调峰能力影响也按照龙羊峡水光互补运行前及水光互补运行后承担系统的调峰能力进行分析。随着光伏电站装机容量的增大，置换了龙羊峡水电站水量用于系统调节，相当于增加了龙羊峡水电站的调节水量。

龙羊峡水电站承担系统调峰的能力受来水流量情况的不同有差别，随着来水丰枯的不同，承担系统的备用有可能会变化，调节峰谷差的容量也随之发生变化。

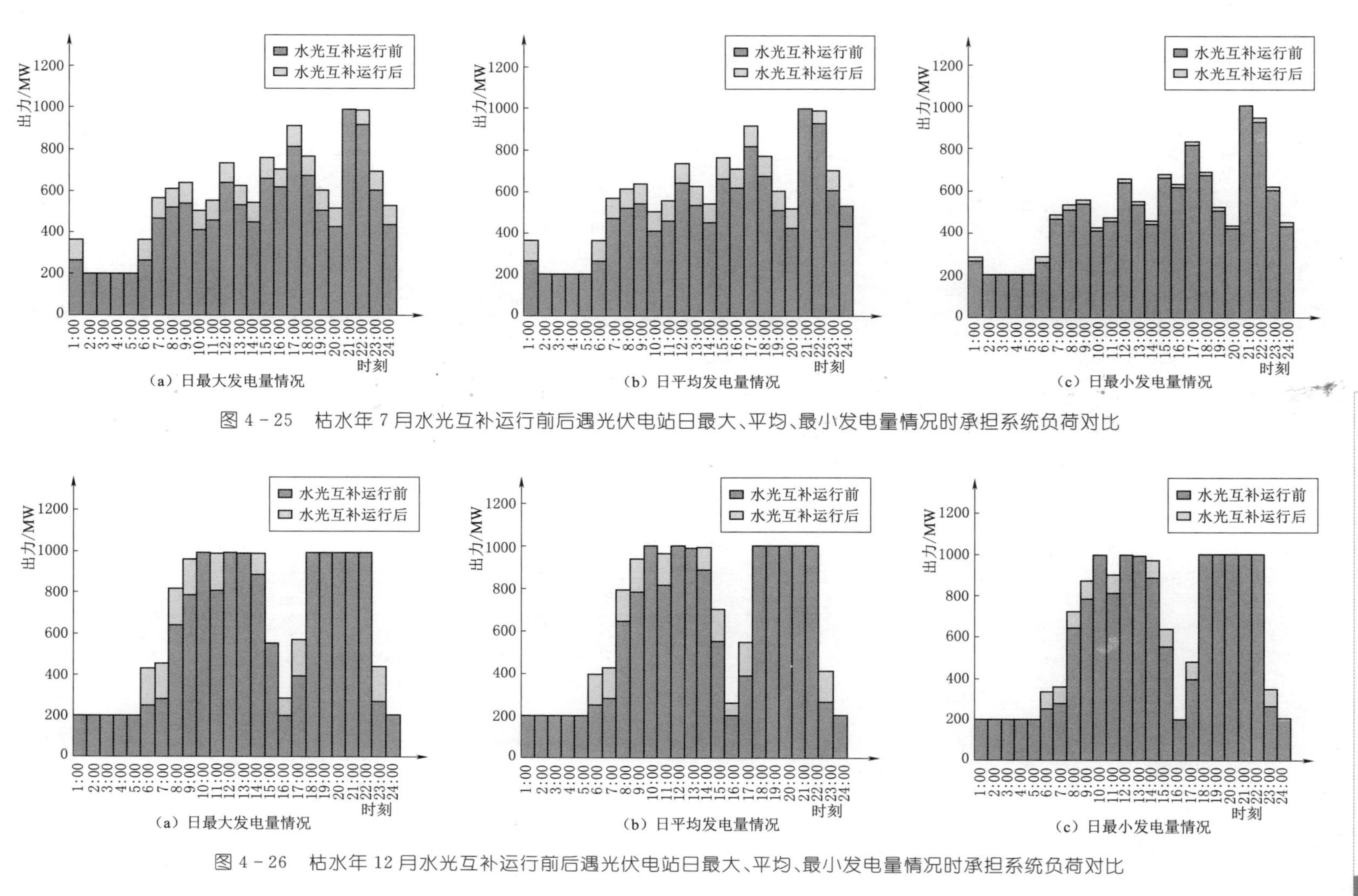

图 4-25 枯水年 7 月水光互补运行前后遇光伏电站日最大、平均、最小发电量情况时承担系统负荷对比

图 4-26 枯水年 12 月水光互补运行前后遇光伏电站日最大、平均、最小发电量情况时承担系统负荷对比

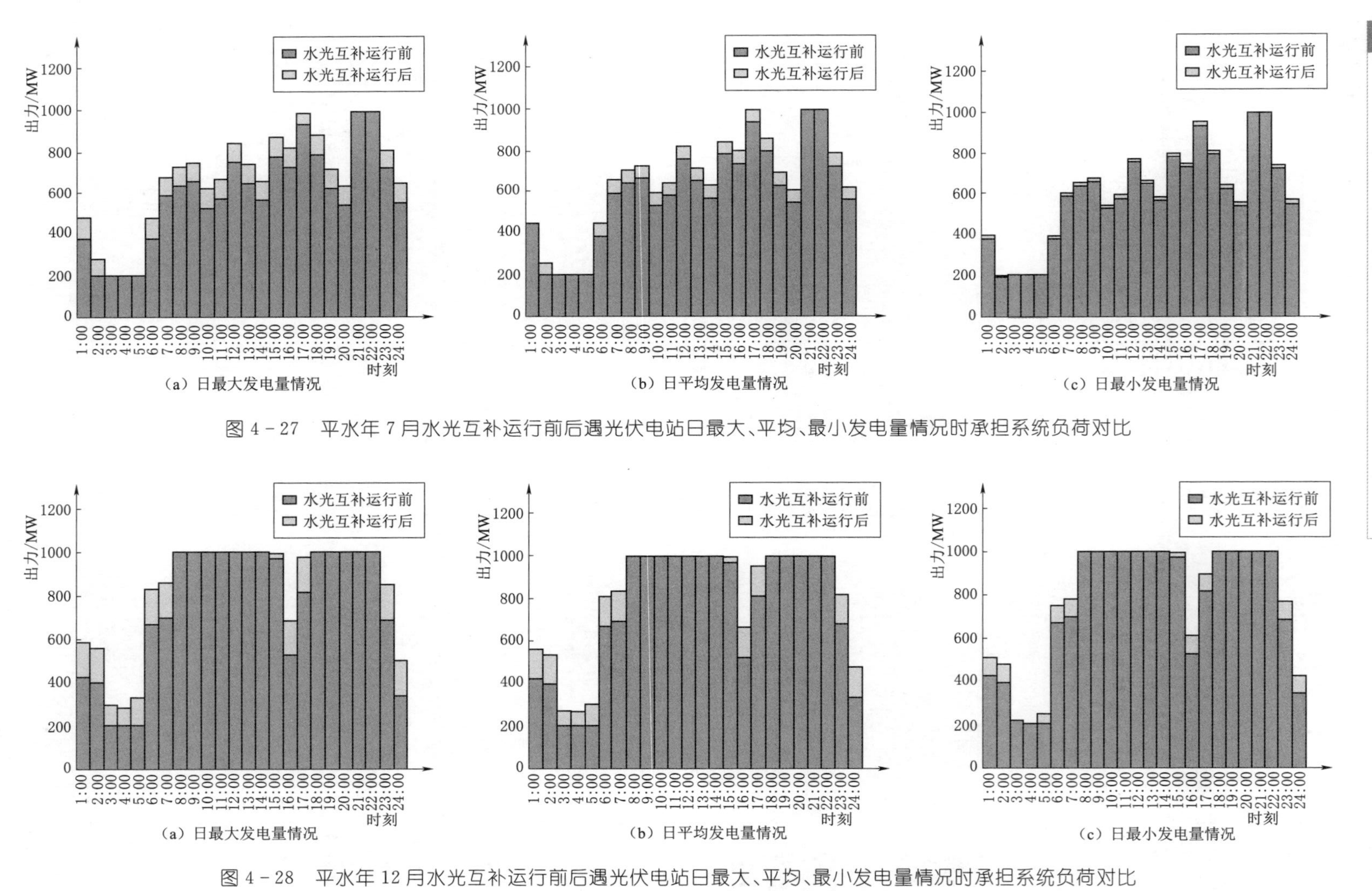

图 4-27　平水年 7 月水光互补运行前后遇光伏电站日最大、平均、最小发电量情况时承担系统负荷对比

图 4-28　平水年 12 月水光互补运行前后遇光伏电站日最大、平均、最小发电量情况时承担系统负荷对比

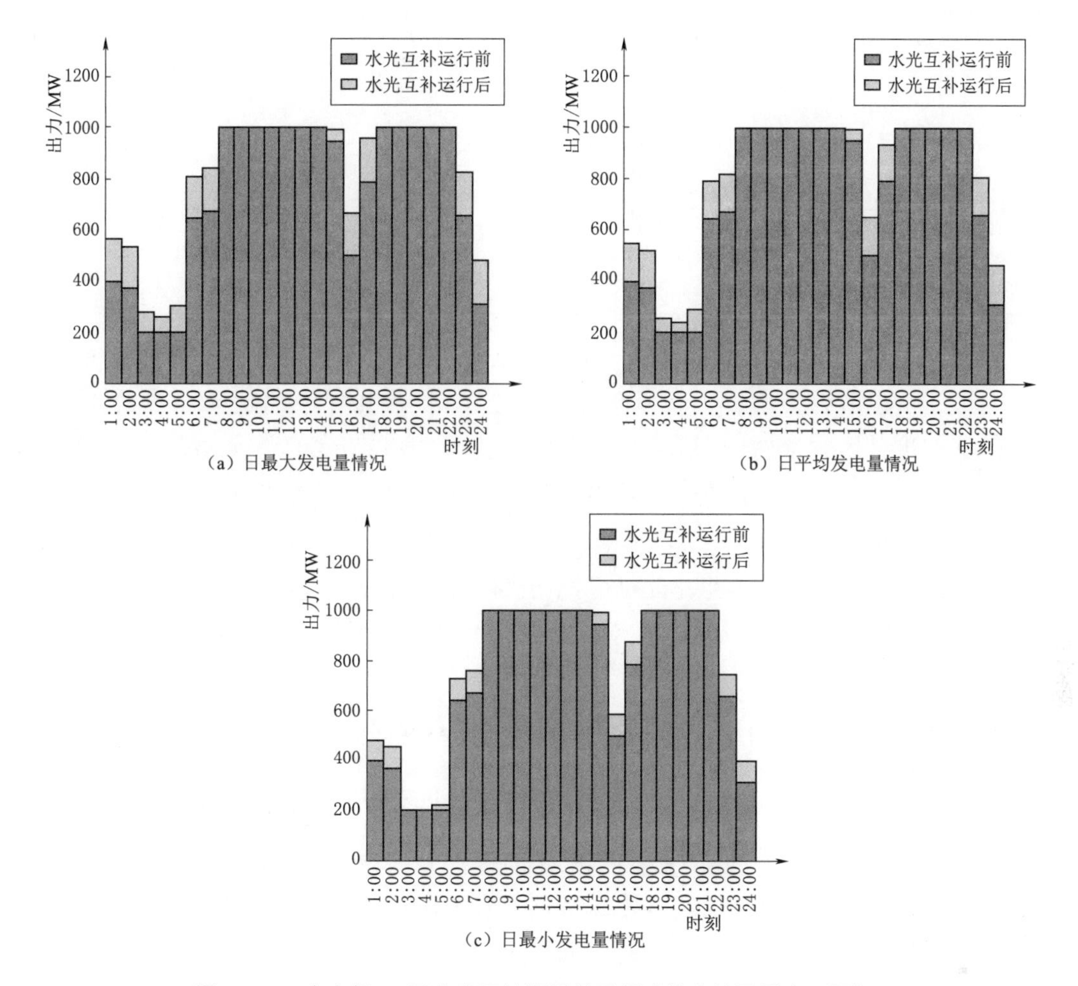

图4-29　丰水年12月水光互补运行前后遇光伏电站日最大、平均、最小发电量情况时承担系统负荷对比

分别以龙羊峡水电站枯水年、平水年、丰水年在7月和12月的运行情况为例，分析其承担系统调峰容量，具体见表4-13。

表4-13　　龙羊峡水电站承担系统调峰容量表　　单位：MW

项　目	枯水年		平水年		丰水年	
	7月	12月	7月	12月	7月	12月
装机容量	1280	1280	1280	1280	1280	1280
平均发电出力	502.3	595.1	593.4	755	1280	745.4
调峰容量	1080	1080	1080	1080	0	1080
负荷备用容量	80	80	80	80	0	80

续表

项　目	枯水年		平水年		丰水年	
	7月	12月	7月	12月	7月	12月
事故备用容量	200	200	200	200	0	200
承担峰谷差容量	800	800	800	800	0	800
承担基荷容量	200	200	200	200	1280	200

从表4-13可见：①丰水年的7月，水电满出力运行时，水电站将承担系统基荷运行，不承担系统备用；②枯水年和平水年，水电出力均占装机容量的40%～60%，故承担备用容量的同时，还可承担系统峰谷差容量，尽管承担峰谷差容量均为800MW，但由于枯水年平均发电出力小于平水年的，因此平水年承担系统电力负荷的位置低于枯水年。

龙羊峡水电站进行水光互补运行后，光伏电站发电量大时相当于水电站的平均发电出力增大，只是水光互补组合电源的发电出力随着光伏电站日发电出力的变化而变化。

枯水年、平水年12月水光互补前后光伏电站日最大、平均、最小发电量情况时承担系统峰谷差对比如图4-30和图4-31所示。

从图4-30和图4-31可见：光伏电站日最大发电量和日平均发电量情况的水光互补组合电源的运行方式与水电站的平水年的运行方式相当；光伏电站日最小发电量情况的水光互补组合电源的运行方式介于水电站的枯水年和平水年之间；水光互补运行前后备用容量无变化。

若水电站遇平水年，则遇光伏电站日最大和日平均发电量情况时水光互补组合电源的运行方式与丰水年的运行方式相当，且越来越接近基荷运行；遇光伏电站日最大发电情况时，水光互补组合电源承担备用容量发生变化，与光伏电站发电量有关，但与水电站遇丰水年的丰水期不承担负荷备用容量时相当。

在丰水年的特丰水期，则水光无法互补运行，也不影响其承担系统的调峰作用。

龙羊峡水电站和光伏电站互补运行后与互补运行前的龙羊峡水电站相比，备用容量变化不大，随着来水年份的不同和光伏电站日发电量的不同，枯水年承担调峰容量不变，腰荷容量变化；平水年承担调峰容量有变化，腰荷容量也有变化。

总之，由于水电站在不同来水情况下承担系统的调峰情况有变化，当与光伏电站互补运行后，相当于每日的来水情况受光伏电站日发电量的影响发生变化，承担系统调峰的情况也发生变化，但变化不会超过水电站遇丰水年的丰水期时的情况，故水光互补运行基本不影响承担电网的调峰。

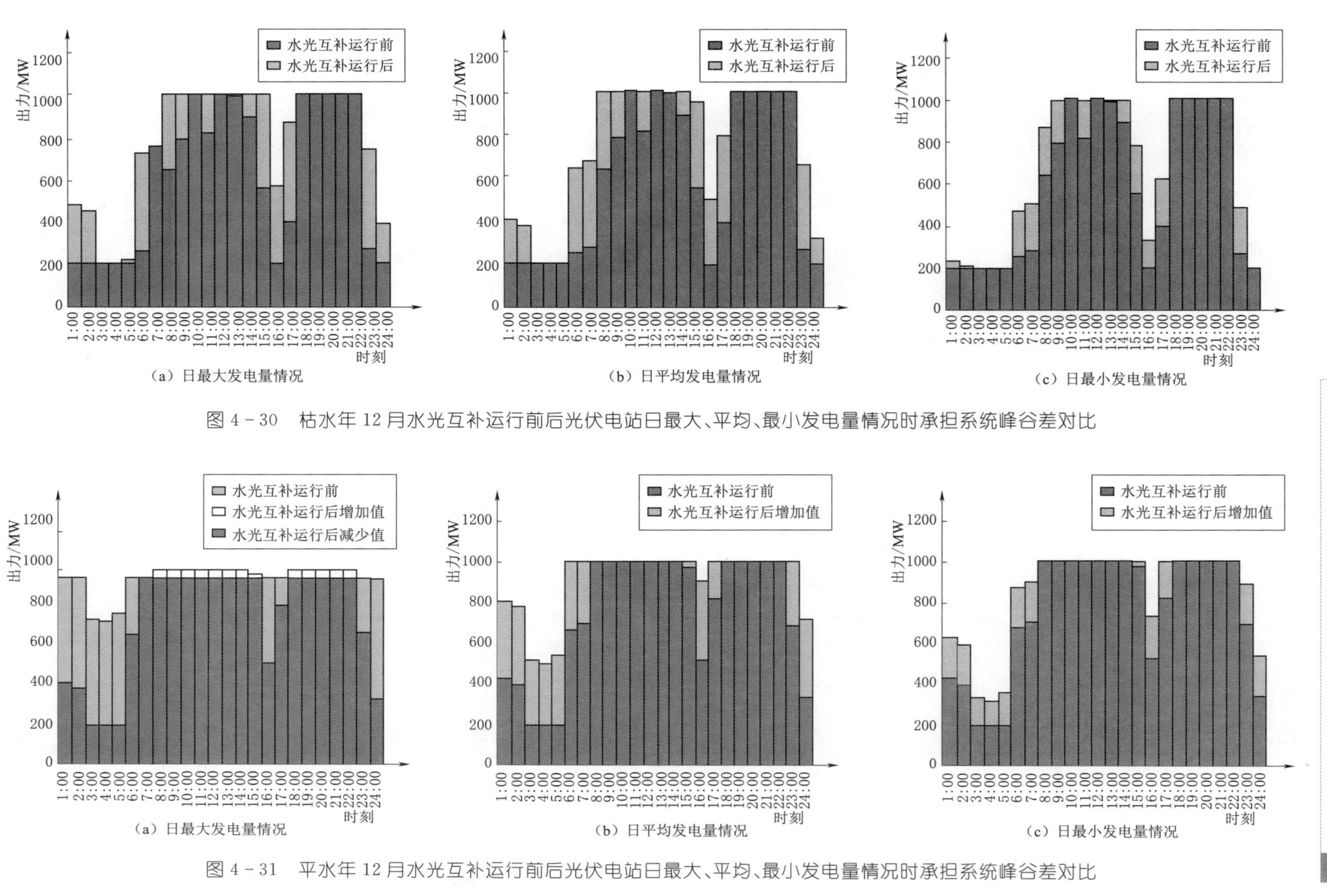

图4-30 枯水年12月水光互补运行前后光伏电站日最大、平均、最小发电量情况时承担系统峰谷差对比

图4-31 平水年12月水光互补运行前后光伏电站日最大、平均、最小发电量情况时承担系统峰谷差对比

4.3 水光互补运行对黄河水量调度及下游梯级水电站发电的影响分析

龙羊峡水光互补项目采用水电站与光伏电站互补运行，最大限度地利用太阳能和水能资源。龙羊峡水电站作为黄河上游的龙头水电站，采用“以水定电”的运行方式，其发电出力过程直接影响下游梯级水电站的发电和综合用水。经过水光互补运行之后，龙羊峡水电站的日发电量和日出库水量基本不变，但出库流量过程发生了改变。本节分析水光互补运行后的发电对黄河水量调度及下游梯级水电站发电的影响。

4.3.1 对黄河水量调度影响分析

龙羊峡水电站是黄河龙羊峡—青铜峡河段段梯级的“龙头”水电站，是目前国内承担综合利用任务最多、补偿区域最广的多年调节水库电站。工程以发电为主，并与刘家峡水库联合承担青海、甘肃、宁夏、内蒙古等省（自治区）河段的灌溉、防洪、防凌和为下游供水等综合利用任务。

黄河上游水库调度是通过龙羊峡、刘家峡两水库联合调度实现的。根据综合利用任务，长期以来形成水利、电网、电站、沿黄各省共同协商机制，实行“以水定电”的调度方式，调度关系比较复杂。由黄河水利委员会进行全流域水量调度，上、中游水量调度办公室进行水电调度协调，电力调度主要采用以水定电方式，由西北电网及各省网根据水量调度要求结合电网用电情况进行调度。

在实际调度中，对刘家峡水电站的水库调度根据防洪、防凌、灌溉等不同时期按月、旬调度，最小调度时段为5天，要求月流量误差不超过5%；对龙羊峡水电站的水库调度一般由黄河上中游水量调度委员会办公室根据龙羊峡—刘家峡区间来水、电网用电需求灵活掌握，满足刘家峡水库出库水量及水库水位控制要求，按月进行控制。

水光互补运行调度时，根据光伏电站的发电特性，以日内补偿为主进行水光互补的运行调度。龙羊峡水光互补项目一期工程的龙羊峡水电站日发电量按照出库水量计划确定，仅发电出力过程发生改变，因此龙羊峡水电站日计划出库水量不变，只是计划出库流量的过程发生改变，对黄河上游水量调度不会产生影响；二期工程也采用相同运行调度方法，按日内光功率预测的发电量误差不超过20%，影响龙羊峡水电站日出库水量的误差不超过500万m^3，且可通过下一天对水量的修正，尽可能少影响或不影响龙羊峡水电站的日出库水量，累计各月水量也基本不受影响或影响很小。因此，水光互补运行不影响龙羊峡水电站承担防洪、发电、灌溉等综合利用要求。

4.3.2 对下游梯级水电站发电影响分析

水光互补调度运行时，根据光功率预测系统预测光伏电站发电量与计划的水电电量，分配给水光互补组合电源的发电过程，对龙羊峡及其下游梯级水电站的发电影响主要是水光互补运行日内对出库水量的影响。

根据1988—2010年龙羊峡水电站的统计资料分析，随着龙羊峡水电站出库水量变化，度电耗水量3.1～5m^3/(kW·h)。按度电平均耗水量4m^3/(kW·h)估算，遇光伏电站日最大发电量情况时，按日内光功率预测的发电量误差不超过20%。这样，龙羊峡水电站出库水量误差可能为341.4万～438.79万m^3，出库水量误差最大不超过500万m^3，通过拉西瓦水电站反调节能够满足黄河水量调度要求，即需要拉西瓦水电站反调节库容约500万m^3。

龙羊峡水电站需要调节库容500万m^3蓄水或放水进行水光互补运行，占龙羊峡水电站调节库容193.5亿m^3的比例很小，龙羊峡水电站水库水位波动约1.8cm，占龙羊峡水电站平均水头133.00m的0.01%。因此，基本不影响龙羊峡水电站的发电量。

龙羊峡水电站下游为拉西瓦水电站，2009年5月其首台水电机组已投产发电。拉西瓦水电站正常蓄水位2452.00m，死水位2440.00m，平均水头约210.00m，调节库容1.5亿m^3，多年平均发电量102.2亿kW·h。水光互补按照光伏电站日发电量的误差约20%估算，需要拉西瓦水电站反调节库容500万m^3，相应拉西瓦水库水位消落0.4m，平均水头下降约0.2m，影响拉西瓦水电站的发电量仅0.1%，影响较小。

通过拉西瓦水电站的反调节，拉西瓦水电站发电量可基本保持与水光互补运行前相同，因此拉西瓦水电站以下梯级水电站入库流量基本不受影响。水光互补运行基本不影响龙羊峡和拉西瓦水电站及其下游梯级水电站的发电量。

4.4 水光互补运行数学模型

4.4.1 "虚拟水电"的定义及内涵

西安理工大学以龙羊峡水光互补一期工程为例，阐述了"虚拟水电"的定义及内涵，即一般情况下把能够接入水电站的新能源电站，作为水电站的额外机组，把与水电形成互补运行、打包上网的新能源称为"虚拟水电"。"虚拟水电"的概念可以从两个方面理解：第一，水电对新能源的补偿，会平滑新能源的发电出力曲线，消除新能源电站发电出力的不可控性，将新能源发电转换为优质电能，新能源的电能质量得到了提高；第二，形成互补运行关系后，新能源电站和水电站将作为一个组合电源整体接受电力系统的调度。从发电量的角度来看，新能源电站可被视为水电站新增的机组；从系统运行的角度看，新能源电站还可以和水电站的其他水电机组共同参与电网调峰，并与水电机组一样不再需要电网为其设置备用容量，具备了水电机组的一些特性。

4.4.2 光伏电站发电出力预测模型

水光互补项目发电任务制定时，光伏电站发电出力是根据光功率预测的结果制定的，西安理工大学分析了影响光伏电站发电的主要因素有：发现日照时数与光伏电站发电出力的变化趋势是较为一致的；日最高气温和日平均气温与光伏电站发电出力的变化趋势基本相似，但在不同的月份与光伏电站发电出力的相关性不同；相对湿度与光伏电站发电出力的变化趋势基本相反；云量的变化具有很强的随机性。

西安理工大学通过建立多元线性回归模型对7月的光伏电站发电出力进行预测，并将影响因素代入回归方程得到预测准确度为70%。对短期光伏电站发电出力预测通过建立基于马尔科夫链预测模型、基于自适应的神经网络预测模型、基于逐步回归的预测模型三种模型分析比较，并建立光伏电站发电出力预测模型评价指标对预测结果进行综合性衡量和评价。发现三种建模的方法都有各自的特点和优点，马尔科夫链预测模型着重的是预测相邻两天的发电出力范围，其建模过程简单，易于实现；基于自适应的神经网络预测模型的建立是对预测日各小时发电出力的整体预测，采用自适应优化隐含层节点数，通过网格搜索优化得到准确的参数，其模型预测精度高；基于逐步回归的预测模型采用的是线性预测法，对晴天的发电出力预测较为准确，但是对阴天和雨天的预测误差较大，在实际操作中不建议使用。

4.4.3 水光互补组合电源的调峰能力分析

西安理工大学选择从“电源的调峰能力”入手，分析水光互补组合电源的调峰能力如下：

（1）将水光互补组合电源调峰能力分为白天、黑夜至凌晨两个时段的调峰能力。其中：①白天，水电站与光伏电站均能参与电网调峰，且光伏电站被视为水电站的新增机组，此时水光互补组合电源的理论调峰容量为水电站与光伏电站装机容量的总和；②在黑夜至凌晨，光伏电站发电出力为零，此时只有水电站能够承担电网的晚高峰负荷，水光互补组合电源的理论调峰容量等于水电站的装机容量。以龙羊峡水电站一期工程为例，白天的理论调峰容量为1600MW；黑夜至凌晨的水光互补组合电源的理论调峰容量需扣除光伏电站的装机容量，为1280MW。

（2）将水光互补组合电源的调峰能力与水电单独运行时调峰能力进行比较，认为水光互补运行后，光电不仅没有削弱水电的调峰能力，反而作为“虚拟水电”成为水电新增的机组，通过电量和一定发电容量的支持，使水光互补组合电源获得了比单独运行水电更大的调峰能力，有利于提高水电的调峰效益。

（3）分别按调度时长、优化目标和求解方法对水光互补运行模型的分类以及特点和适应性进行分析，建立水光互补短期调度模型，并采用模拟优化的思想，分别设置晴天、阴天和雨天三种典型天气发电出力方案求解计算，从而认为经过水光互补运行之后的龙羊峡水电站调峰能力在三种典型天气下分别提高18%、9%和5%。考虑所选取典型日光伏电站发电出力资料的局限性，根据长系列资料推求水光互补之后可能达到的调峰容量增幅，分别统计增幅的最大值、最小值以及平均值，结果显示龙羊峡水电站调峰能力最大可提高18%左右，平均可提高10%左右，最小为不提高。

（4）总结水光互补运行对调峰能力的影响，认为水光互补运行可提高水电站的调峰能力，水光互补组合电源与单独运行水电站相比拥有更强的调峰能力。

电网调峰是指在电网中的用电负荷发生变化时，为了维持有功功率平衡，保持子系统频率稳定，需要由调峰机组改变发电出力以适应用电负荷的变化。即在电网用电负荷增加时，调峰机组能够增大发电出力，在电网负荷降低时，调峰机组能够降低发电出力。通过分析计算将光伏电站作为水电站的虚拟机组计入白天调峰容量的前提是：当电网用电负荷增大时，光伏电站未在发电工况且光资源情况允许满容量发电，此时调控光伏电站投入运行并满容量发电以响应电网的调峰需求；当电网用电负荷降低时，光伏电站可以降发电出力运行以满足电网的调峰需求。这与分析水光互补运行和水光互补运行对调峰能力影响分析的前提不同，因而结论不同。

4.4.4 水光互补对水量调度的影响分析

结合龙羊峡水电站和拉西瓦水电站“以水定电”的运行方式，设置了晴天、阴天、雨天三种出力类型下的计算方案，对水光互补运行后龙羊峡水库出库流量以及拉西瓦水库水位变化的影响进行分析后认为：①经过水光互补之后，龙羊峡水库出库流量过程虽然发生了较大波动，但日总出库水量变化很小，相对误差最大仅为0.21%，水光互补对龙羊峡水库出库水量变化的影响很小；②经过拉西瓦水库的反调节以后，拉西瓦水库水位虽然存在一定程度的波动，但是最大波动幅度占拉西瓦水库12m消落深度的0.58%，且调度期末水位基本无变化；③拉西瓦水库能够完全消纳龙羊峡出库流量的波动，水光互补对龙羊峡—拉西瓦梯级水库日水量调度几乎无影响。

4.5 本章小结

（1）按照水光互补原则，在保证下游综合用水的前提下优化光伏电站发电质量，水电站日内发电出力过程发生变化，出库流量不变，进行8760h生产模拟，水光互补运行后对水电站正常运行方式没有影响。龙羊峡水电站接入850MW光伏电站水光互补运行对水电站电气设备正常运行没有影响。遇丰水年的丰水期且午间光伏电站大发时送出线路限负荷，会产生弃光弃电情况，弃光弃电量取决于线路限负荷情况和当时的光资源情况。

（2）正常工况能够保证光伏电站和水电站的送出，但应避免330kV母联开关故障时水电站330kV线路的送出线路（线路6）检修退出运行的运行工况。

（3）制订水光互补运行电站的发电任务应综合考虑水电站“以水定电”确定的电量和光伏电站光功率预测确定的电量和发电过程。将光伏电站虚拟为水电站的1台水电机组共同制定发电计划，但水光互补后水电站的出库流量仍只考虑原水电站水电机组发电的出库流量。对水光互补运行的电站进行调度，电网调度制定发电任务的原则要发生变化，由原来对水电站和光伏电站独立下达发电任务变为对水光互补组合电源整体下达发电任务。

（4）日内水电站的多台水电机组成组参与水光互补协调运行控制可以实现对光伏电站实时发电出力变化的全容量补偿调节。通过有功功率控制策略可以有效地避免水电机组运行在振动区，合理设置水光互补协调运行控制系统的调节参数可以有效避免水电机组频繁参与调节，确保水电机组及其附属设备的安全可靠运行。

（5）通过对光伏电站实时发电出力秒级数据的分析，发现光伏电站实时发电出力变化经过采样周期的细分变得平缓，大阶跃变化都是多个采样周期小变化值的累积。因此，合理配置水光互补协调运行控制系统调节响应时间步长和调节幅值限值，可使水光互补组合电源的实时发电出力满足电网调度对调节响应的要求。

（6）参与水光互补运行不影响水电站承担电网一次调频功能，同时，水电机组参与电网一次调频也不影响对光伏电站发电量波动性实时调节。通过合理设置水光互补协调运行控制系统的调节参数，在光伏电站发电出力变化时，参与水光互补协调运行的水电机组将先于电网其他机组对光伏电站发电出力变化进行补偿调节，为电网内其他参与一次调频的机组减小了压力，为电力系统让出了更多的调频容量。

（7）水光互补组合电源相当于电网中水电站与光伏电站进行补偿运行及消纳的分解，即将大系统水电与光电补偿运行通过某个水电站与其较近的光伏电站补偿运行来实现，不影响电网消纳其他光伏发电的容量，对分析整个电网的水电与光电容量的配比及运行调度有示范作用。

（8）水光互补运行前后，龙羊峡水电站的备用容量变化不大，下游水电站在水光互补运行后相当于每日的来水情况受光伏发电量的影响发生变化，不同来水情况下承担系统的调峰情况有变化，但变化不会超过水电站遇丰水年的丰水期的情况，因此水光互补运行可以说基本不影响水电站对电网的调峰能力。

（9）根据光伏电站的发电特性，以日内补偿为主进行水光互补运行。龙羊峡水光互补项目水电站日发电量按照计划出库水量确定，仅发电出力过程发生改变。龙羊峡水电站日计划出库水量不变，计划出库流量过程发生改变，对黄河上游水量调度不会产生影响，对龙羊峡、拉西瓦及其下游梯级水电站的发电出力基本不产生影响。

第 5 章

大型光伏电站电气设计

5.1 大型光伏电站汇集方案

龙羊峡水光互补项目建设时，大规模集中式并网光伏电站建设在我国还处于起步状态，缺乏可供借鉴成熟的经验。在其汇集方案设计时遇到一些问题和难点，主要集中在汇集系统方式及设备选型上，项目针对当时国内设备生产及制造能力、设备造价、工程项目运行管理经验等进行了综合分析比较，提出了经济合理、技术可行的设计方案。

5.1.1 大型光伏电站高压汇集系统

（1）汇集升压方案。龙羊峡水光互补项目 850MW 光伏电站是当时国内最大的光伏电站，光伏阵列布置集中，汇集升压方案可以采用一级升压（方案一）或二级升压（方案二）方案，两种方案比较分析如下：

方案一：根据光伏电站及各光伏阵列区的位置，采用 28 回 35kV 集电线路汇集到 330kV 升压站，通过 35kV/330kV 变压器将电能升压到 330kV 后接入系统。

方案二：各光伏阵列区就近以 35kV 送入相应的 110kV 升压站，通过 35kV/110kV 升压后，再接入 330kV 升压站，经 110kV/330kV 再次升压到 330kV 后接入系统。

根据光伏电站及各光伏阵列区的位置，方案二宜设置 8 座 110kV 升压站（4 座 100MVA、3 座 110MVA、1 座 120MVA），每个升压站各以 1 回 110kV 线路接入 330kV 升压站。

（2）技术经济比较。

1）两种方案技术比较比选见表 5-1。

2）考虑设备费用及造价（含主变压器、330kV 配电装置、110kV 配电装置、35kV 配电装置、110kV 架空线路、35kV 集电线路），方案一比方案二的设备投资少，同时方案一 20 年运行设备维护费用也比方案二低。

综合以上技术经济比较可看出，方案一的灵活性、可靠性均好于方案二，且经济上明显占优，因此选择一级升压方案。

表 5-1 技术比较表

序号	项目	方案一	方案二
1	可靠性	只需新建35kV汇集站，1回35kV线路故障仅影响该回线路容量，影响范围较小，可靠性高	新建8个110kV升压站及8回110kV架空线路，1个开关站或1回110kV线路故障将会影响整个110kV升压站全部容量的送出，可靠性较低
2	灵活性	采用35kV/330kV一级升压，设备造价低，运行灵活	采用35kV/110kV及110kV/330kV两级升压，设备造价高，运行灵活性较差
3	布置	仅设35kV汇集站，占地面积小，开关站不影响光伏阵列区的布置；每个子阵出线回路数较多，但可采用同塔四回形式，线路走廊宽度与110kV相同	需额外建设110kV升压站，占地面积大，升压站布置影响光伏阵列区的布置，每个子阵出线回路较少（一回）
4	维护	采用35kV开关柜，基本无维护工作量，维护简单	110kV设备多，维护工作量大，维护工作复杂

（3）后续大型光伏电站高压汇集升压方案选择。由于方案二相比方案一变配电设施大幅增加，当大型光伏电站光伏阵列区布置比较集中时，一般推荐采用方案一。当光伏阵列布置较为分散时，由于110kV线路与35kV线路输送容量相差约6倍，造价差2～3倍，采用方案一的线路综合造价会增加，线路损耗及压降也会增加。这时需要通过技术经济比较确定方案，也需要考虑光伏电站业主运行管理方面及分期建设方面诉求，光伏阵列布置较分散时的高压汇集升压方案比较见表5-2。当光伏阵列布置过于分散，距离光伏电站中心位置超过20km时，难以满足35kV线路压降要求，方案一不再成立。

表 5-2 光伏阵列布置较分散时的高压汇集升压方案比较

方案	方案一	方案二
优点	1. 减少了二级升压所需的变配电设施。 2. 运行管理简单，减少了升压站的管理费用	1. 线路投资节省。 2. 线路损耗小。 3. 集电线路压降小。 4. 若由多家共同开发，提高了建设的灵活性和管理的独立性
缺点	1. 线路投资较大。 2. 线路损耗较大。 3. 集电线路压降较大。 4. 若由多家共同开发，有可能降低建设的灵活性和管理的独立性	1. 增加了二级升压所需的变配电设施。 2. 增加了升压站的管理费用

5.1.2 主变压器配置

（1）主变压器配置的可行方案。龙羊峡水光互补项目位于青海省海南州共和县恰卜恰镇西南的塔拉滩上，距县城直线距离约18km。场址西边紧邻国道214线，交通及施工条件便利，运输条件不限制主变压器选择。

结合工程建设规模（一期320MW，二期530MW）拟定了以下主变压器配置方案：

方案一：330kV升压站配6台150MVA双绕组主变压器。一期建设3台，二期建设3台。

方案二：330kV升压站配3台300MVA双绕组主变压器。一期建设2台，二期建设1台。

方案三：330kV升压站配3台320MVA双绕组主变压器。一期建设1台，二期建设2台。

方案四：330kV升压站配4台240MVA双绕组主变压器。一期建设2台，二期建设2台。

采用低压侧双分裂的分裂变压器，可限制35kV侧额定电流及短路电流容量，但当时国内制造商无设计与生产该等级参数分裂变压器的经验，且采用分裂变压器多增加一组绕组，成本会大大增加（约增加30%），因此不考虑低压双分裂绕组变压器的方案。

（2）主变压器配置方案比较。可行的主变压器配置方案比较见表5-3。

表5-3　主变压器配置方案比较

方案	优　点	缺　点
方案一	1. 35kV侧可以采用单母线接线，接线简单、可靠，单段母线额定电流2474A，可以选用SF_6气体绝缘固定柜（额定电流2500A）。 2. 主变压器冷却方式可以采用自冷方式，相比风冷方式用电负荷较小	1. 需要6台主变压器及6回主变压器进线，增加主变压器及330kV开关设备投资，增加了占地面积。 2. 由于进线回路数多，330kV高压侧接线需要改采用复杂接线（双母线或3/2断路器接线），增加设备投资
方案二	1. 主变压器台数少，主变进线回路数少，节省330kV配电装置投资。 2. 35kV侧可以采用两段电源母线的扩大单元接线，每段母线额定电流2474A，可以选用SF_6气体绝缘固定柜（额定电流2500A）	1. 需要通过增加主变压器的阻抗电压来限制35kV侧短路电流。 2. 由于一期发电容量为320MW，一期需要投入2台300MVA主变压器，前期一次性投资大
方案三	1. 主变压器台数少，主变压器进线回路数少，节省330kV配电装置投资。 2. 主变压器容量等于一期发电容量，前期一次性投资最小	1. 需要通过增加主变压器的阻抗电压来限制35kV侧短路电流。 2. 由于低压侧接入容量较大，额定电流达5543A，低压侧需要三段电源母线的扩大单元接线，接线复杂，可靠性较低
方案四	1. 35kV侧可采用两段电源母线的扩大单元接线，每段母线额定电流1979A，可以选用SF_6气体绝缘固定柜（额定电流2500A）。 2. 主变压器容量与发电容量匹配度较好，前期一次性投资较小	主变压器台数相比方案二、三稍多，进线回路数稍多

根据表5-3，方案一虽然35kV侧接线简单，但主变压器数量及330kV进线回路数最多，投资高，且高压侧需要采用复杂接线，主变压器容量与发电容量匹配度较

差，因此淘汰该方案；方案三进出线回路数较少，但由于35kV侧额定电流过大，需要多段母线组成扩大单元，母线连接过于复杂，降低了可靠性，因此不采用该方案；方案四与方案二相比，增加了一台主变压器，也增加了1回主变进线间隔，该方案在一期时与发电容量匹配较好，也不需要采用增加阻抗来限制短路电流，因此推荐方案四，即4台240MVA主变压器。

(3) 其他大型光伏电站主变压器选型。主变压器容量及数量分配应考虑主变压器的运输情况、分期建设情况，并结合技术经济比较情况进行。一般情况下，单台主变压器容量越大，主变压器数量越少，主变压器以及与其连接的330kV、35kV设备一次性投资越少。根据前节比较分析，主变压器35kV侧扩大单元接线时电源段母线不宜超过二路，而当单台主变压器容量300MVA时，额定电流正好满足这一要求，因此，单台主变压器容量通常不超过300MVA。此外，在龙羊峡水光互补项目设计时主变压器容量选择了国标中标准容量系列。但后续国内光伏电站经常以50MW的整数倍容量批建，由于光伏电站功率因数为1，与之匹配的变电容量应是50MVA的整数倍。而国标中标准容量是满足火电或水电（功率因数不为1）的变电容量需求，经常不是50MVA的整数倍，如330kV变压器容量为90MVA、120MVA、150MVA、180MVA、240MVA、360MVA等，这样将造成主变压器容量浪费。经调研，主变压器厂家生产非标准容量的200MVA、250MVA的主变压器或300MVA主变压器，在技术上没有难度，生产周期也未延长，主变压器造价也基本按容量等比增加。因此，项目应根据光伏装设容量进行技术经济分析确定主变压器容量。

5.1.3 中压汇集系统设置35kV汇集站

(1) 设置35kV汇集站的原因。龙羊峡水光互补项目建设时光伏子阵的容量普遍较小，主流的容量为1.25MW，若考虑集电线路的经济性，需要数十台箱式变压器串联，由于所串箱式变压器过多，其间的任何一个连接点故障都可能造成整条线路电能无法送出。为解决这一问题，在光伏场站现地设置35kV汇集站，若干个光伏阵列串联后接入35kV汇集站，每个35kV汇集站汇集容量28～37MW，既解决了单串回路和式变压器过多问题，也满足了汇集线路送电经济性。

(2) 设置35kV汇集站的应用。目前单个光伏阵列的容量有较大提高，最常用的容量为3.15MW。通常规模较小的光伏电站不再设置35kV汇集站，规模较大的光伏电站视其距升压站的位置关系，仍可设置35kV汇集站，但接线型式一般为二进一出。

5.1.4 330kV升压站高压侧接线

330kV升压站330kV主变压器进线4回，330kV出线1回；根据电站的接入系统方案以及电站装机容量等因素，330kV高压侧接线可选单母线接线（方案一）及五角形接线（方案二）两种接线方案。330kV升压站高压侧接线方式如图5-1所示。

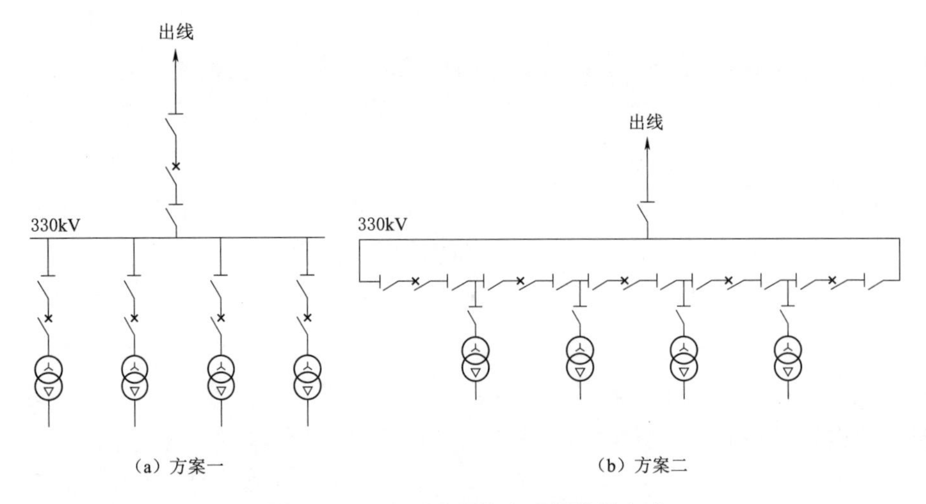

图5-1　330kV升压站高压侧接线方式

方案二相比方案一的优点是可靠性和运行灵活性高，缺点是：①保护、控制复杂；②比方案一多了5组隔离开关，设备投资高；③330kV升压站后期存在扩建的可能，方案二接线扩建困难。综合考虑升压站规模及其在系统中的地位以及业主对项目运行方式的要求，330kV侧采用单母线接线。

5.1.5　330kV升压站低压侧接线

5.1.5.1　低压侧接线型式选择

龙羊峡水光互补项目之前的光伏电站对应变压器容量较小，主变压器低压侧通常采用单母线接线或单母线分段接线。龙羊峡水光互补项目主变压器容量240MVA，对应变压器35kV侧最大工作电流达3959A；35kV开关柜设备具备型式试验报告的充气式开关柜额定电流2500A，空气绝缘的开关柜额定电流3150A，均无法满足额定电流要求。因此，需采用扩大单元接线。具体做法是设置2段母线，分别将240MW的电源进线按容量分别接入这两段母线，另外设置一段公用段母线，接无功补偿及站用变压器等公用设备，并T接TV及接地变压器和电阻。具体接线如图5-2所示。

5.1.5.2　后续项目的改进

龙羊峡水光互补项目采用扩大单元接线解决了因主变压器容量大，35kV侧设备无成型产品问题，但是由于母线分段多，母线连接到主变压器低压侧时（采用绝缘铜管母线）连接较复杂，也容易产生故障，不方便检修维护。后续项目对此进行了改进，扩大单元接线只设2段母线、不再设公用段母线、将接地变压器分别设置在2段母线上、将SVG按容量均分在2段母线上等。后续改进的35kV侧扩大单元接线如图5-3所示。

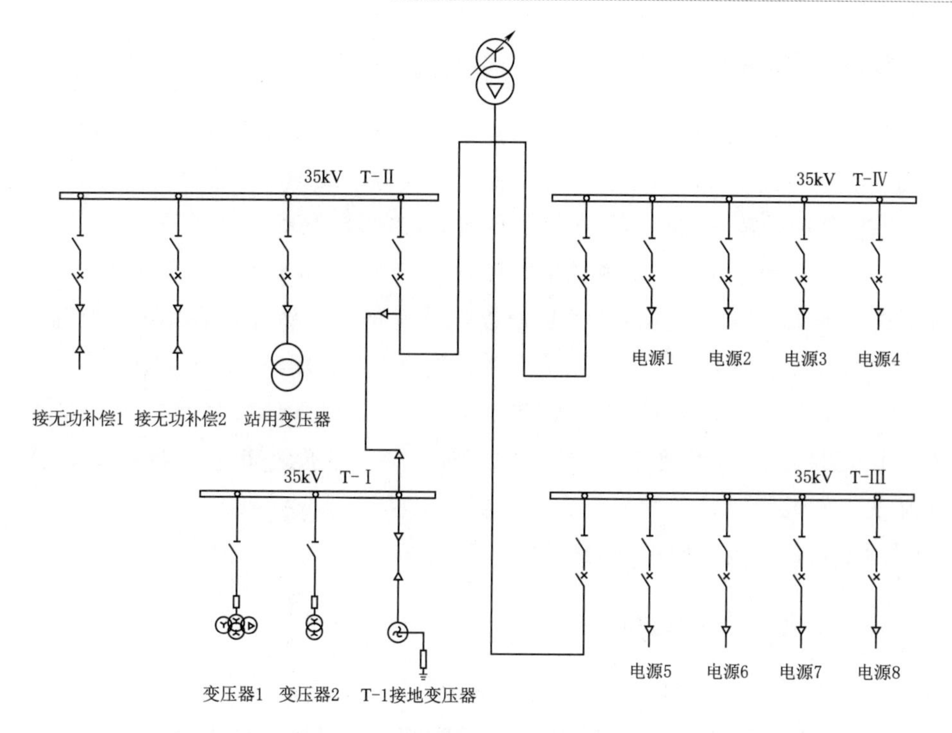

图5-2 龙羊峡水光互补项目采用的35kV侧扩大单元接线

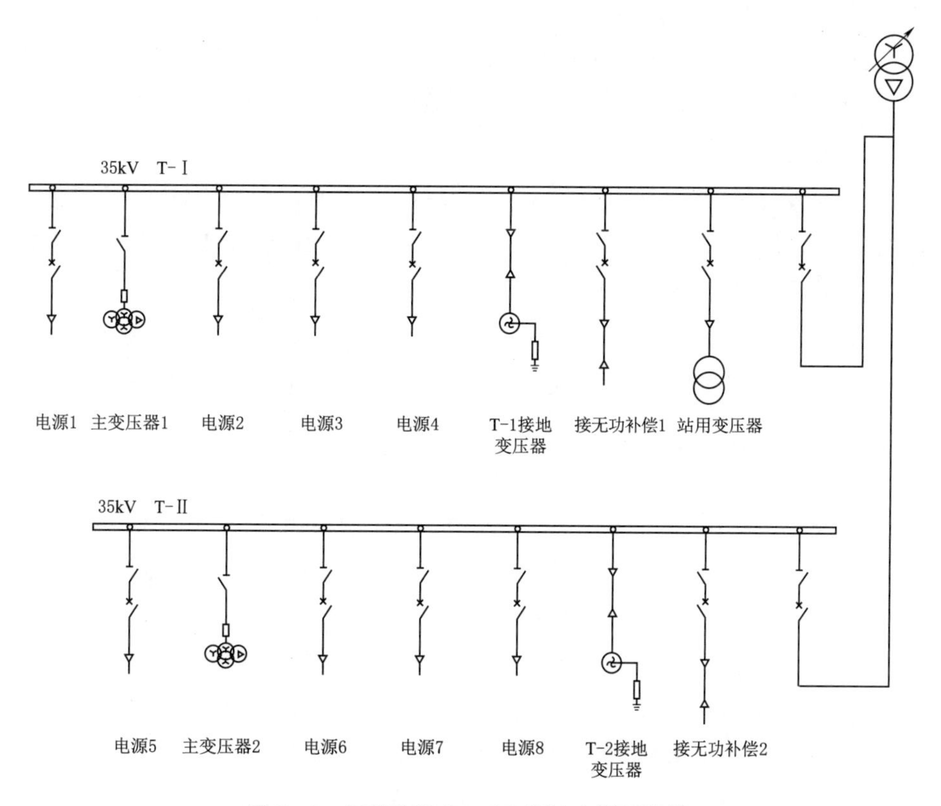

图5-3 后续改进的35kV侧扩大单元接线

5.1.6 35kV 汇集系统中性点接地方式

（1）中性点接地方式选择。早期光伏汇集线系统中性点接地方式有不接地、经消弧线圈或经小电阻的接地方式，也曾有经消弧柜的接地方式。当汇集线发生单相接地故障时，应能快速切除故障，避免事故扩大。因此，35kV 汇集系统接地方式可以满足要求的只有经小电阻接地和经消弧线圈接地2种方式。由于经小电阻接地故障电流较大，接地故障保护可准确动作；经消弧线圈接地故障电流较小，小电流选线系统准确率较低。因此，龙羊峡水光互补项目汇集线系统中性点接地方式采用经小电阻接地。

（2）35kV 汇集线系统中性点的设置。35kV 汇集线系统中性点本身不带中性点，需要专门设置接地点，接地点的设置有两种方式：①通过带平衡绕组变压器设置；②经接地变压器设置。这两种方式主要由当地电网运行习惯决定。龙羊峡水光互补项目位于青海省，根据当地电网运行习惯，采用设置接地变压器方式。

5.1.7 高压配电装置的选型

（1）比选方案。根据当时 330kV 级电压设备制造水平，330kV 配电装置可以采用敞开式配电装置、户内及户外 SF_6 气体绝缘金属封闭开关设备（简称 GIS 设备）等型式。

（2）推荐方案。GIS 设备运行安全可靠，安装工期短，维护工作量少，检修间隔周期长，运行费用少，受恶劣气候条件的影响小，虽然一次性投资费用稍高，但考虑占地面积、运行费用、事故直接损失费用、事故间接损失费用，GIS 设备明显少于敞开式设备；并且 GIS 设备在技术上有着明显的优势，同时克服了敞开式设备存在的不利因素，后期运行、检修工作量少。GIS 设备扩建方便，而敞开式设备扩建相对困难，考虑到本工程地处海拔 3000.00m 左右的高原地区，为确保运行安全可靠，330kV 高压配电装置推荐采用 GIS 设备。

由于光伏电站的场址西部分布有固定的沙丘，考虑到当地风速较大，环境条件较难满足户外 GIS 设备安装要求，因此 330kV 设备选用户内式 GIS 设备。

5.1.8 35kV 配电装置的选型

光伏电站 35kV 配电装置通常采用高压开关柜，个别电站采用 35kV 敞开式布置。

由于大型光伏电站进线回路数多，35kV 配电装置采用敞开式布置占地面积大、检修维护复杂，因此不考虑敞开式布置。

当时 35kV 高压开关柜有空气绝缘的手车柜（以下简称“空气柜”）和 SF_6 气体绝缘的固体柜（以下简称“充气柜”），其中空气柜分为运行在常规海拔区域的空气柜和运行在高海拔区域的高原型开关柜（以下简称“高原柜”）。空气柜、高原柜和充气柜的参数分析见表 5-4。

表 5-4　　空气柜、高原柜和充气柜参数分析表

参　数	空气柜	高原柜	充气柜
额定电流/A	3150	3150	2500
适用海拔/m	2000.00	2000.00～4000.00	2000.00～5000.00
断路器型式	真空/SF_6 断路器	真空/SF_6 断路器	真空断路器
绝缘方式	空气	空气	SF_6 气体
体积		相当于空气柜的 120%～170%	相当于空气柜的 20%左右
造价		约为空气柜的 135%	约为空气柜的 140%

高原柜和充气柜优缺点对比见表 5-5。

表 5-5　　高原柜和充气柜优缺点对比表

	高　原　柜	充　气　柜
优点	检修较为方便，断路器更换方便，无须放气充气过程	1. 采用 SF_6 气体绝缘，提高了绝缘的可靠性，实现了柜体的小型化，同时不受外界环境影响（如凝露、污秽、小动物及化学物质等）。 2. 在高海拔和环境恶劣地区应用较为广泛，技术成熟
缺点	1. 高海拔应用较少，运行经验较少。 2. 由于柜体尺寸过大，故对于柜体的结构和强度要求较高，生产和制造难度加大，容易产生柜体变形。 3. 柜体尺寸过大造成建筑物总面积增大、升压站面积增大。 4. 采用空气绝缘，容易产生柜内放电、PA 闪络和相间闪络、绝缘尺寸不够、柜内隔板吸潮等现象，且机械连锁复杂可靠性较差。 5. 在高海拔大电流情况下，容易产生由于过热导致的绝缘故障	更换断路器等元器件，需要气体回收和重新充气。由于 SF_6 气体是“联合国气候变化框架公约”公布的 6 种温室气体之一，因此需要控制 SF_6 气体的排放，并及时回收处理，必须配备专用工具，且检修时间较长

根据表 5-4 和表 5-5 对比分析，龙羊峡水光互补项目并网光伏电站 35kV 配电装置优选充气柜。

5.2　大型光伏电站集电线路设计

5.2.1　大型光伏电站集电线路的基本要求

《光伏发电站设计规范》（GB 50797—2012）对光伏电站集电线路设计的要求为：站内集电线路的布置应根据光伏阵列的布置、升压站（或开关站）的位置及单回集电线路的输送距离、输送容量、安全距离等确定。

光伏电站的出线走廊应根据系统规划、输电线出线方向、电压等级和回路数，按光伏发电站规划容量，全面规划，避免交叉。

集电线路设计除应满足上述规范要求外，还应符合《66kV及以下架空电力线路设计规范》（GB 50061—2010）的规定。

5.2.2 光伏电站的规模、布置方式及汇集方式

龙羊峡水光互补项目并网光伏电站总装机容量850MW，其中一期装机容量320MW，总占地面积约为9.43km²；二期装机容量530MW，总占地面积约为11.24km²，《光伏发电站设计规范》（GB 50797—2012）规定，安装容量大于30MW即为大型光伏发电系统。龙羊峡水光互补项目到目前仍为世界最大的水光互补并网光伏项目。其中：一期光电320MW共分为10个32MW区域，新建5座汇集站，每座汇集站两回出线，每回容量为32MW；二期530MW共分为9个光伏阵列区（光伏阵列区容量为4×64MW+3×72MW+1×73MW+1×13.8MW），新建9座汇集站，每座汇集站两回出线（其中容量为13.8MW的光伏阵列区采用1回电缆线路直接接入330kV汇集站）。

根据光伏阵列规划，龙羊峡水光互补项目并网光伏电站采用27回集电线路（其中6条同塔四回线路，1条同塔双回线路，1条电缆直埋线路）将光伏电站所发电能送至330kV汇集站。35kV线路布置如图5-4所示。

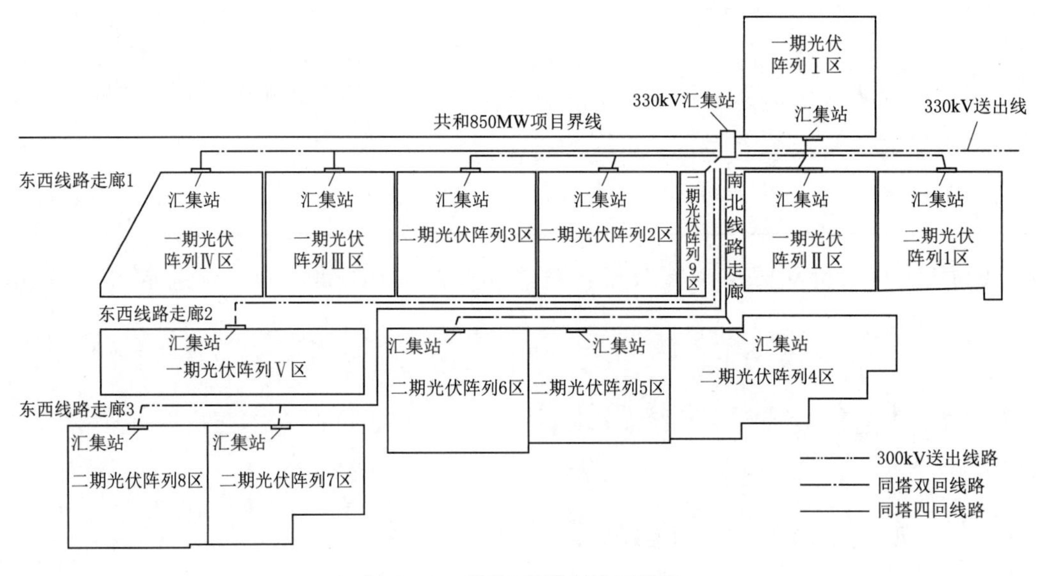

图5-4 35kV线路布置示意图

5.2.3 线路路径

因水光互补项目并网光伏电站装机容量大，集电回路数多，因此集电线路路径应

根据光伏阵列的布置情况，在园区统一规划35kV线路走廊，线路走廊的设计兼顾升压站330kV送出线路及线路杆塔阴影对光伏阵列的影响。

龙羊峡水光互补项目分为两期，故建议初期的集电线路设计必须统筹考虑终期建设规模，兼顾分期建设的需求。根据水光互补项目的光伏阵列布置方式及杆塔使用情况，通道及线路路径布置方案如下：

（1）规划三条东西方向通道，兼顾330kV送出线路路径，通道宽度根据线路回路数不同分为220m及140m。

（2）规划一条南北方向通道，通道宽度为310m。

（3）35kV线路杆塔采用同塔双回及四回考虑，线路回路间距按30m考虑。

（4）考虑阴影遮挡及实际杆塔使用呼高情况，南北方向线路中心距离光伏阵列边缘按不小于90m考虑，东西方向线路距离南侧光伏阵列边缘按不小于90m考虑。

5.2.4 设计气象条件

集电线路设计气象条件取值参考当地气象站的气象参数进行取值，对于设计风速超过35m/s，有景观或限制性要求的地区，集电线路应采用直埋电缆方式，对于重冰区段，进行经济技术比较后也可采用直埋电缆方式。

龙羊峡水光互补项目设计风速为30m/s，设计覆冰厚度为10mm，采用架空方案不受气象条件因素的限制。

5.2.5 导地线选型

集电线路的导线可采用钢芯铝绞线或铝绞线，导线的型号根据工程技术条件综合确定。

一期工程单回线路容量为32MW，35kV架空导线选用JL/G1A－24/30钢芯铝绞线。

二期工程单回线路容量最大40MW，考虑不增加线路回路数，并利用一期已用塔型（一期塔形导线使用条件最大为240mm^{2}截面积），二期工程导线采用240mm^{2}截面的耐热型铝合金芯导线。

耐热导线与普通导线相比，其机械特性与同截面钢芯铝绞线相同，其耐受温度可达160～210℃，其载流量较同截面钢芯铝绞线增加了1.6～2倍，且该导线热膨胀系数较低，弧垂和同截面普通导线弧垂相同。

耐热导线的使用，可增加单回线路的利用率，也可避免因回路容量增大而可能造成线路回路数的增加，进而增加线路通道而影响光伏电站的装机容量。

因耐热导线在运行的时候通过的电流是普通导线通过电流的1.6～2倍，电流的增大导致线路运行的温度的增加，导线的护线条、接续管以及预绞丝的温度也随之增加，因此这些金具也需要利用耐热材质。

5.2.6 项目区域的污秽等级

工程所在地区为Ⅲ级污秽区，爬电比距设计为3.2cm/kV，绝缘子的爬电距离经高海拔修正后不小于1200.00mm。

高海拔绝缘子选型除需满足爬电距离的要求外，复核绝缘子还应满足最小电弧距离的要求。

龙羊峡水光互补项目海拔高程为3000.00m，复合绝缘子最小电弧距离为700mm。

5.2.7 杆塔

为节约线路走廊占地，工程的杆塔型式开发了35kV同塔双回及同塔四回型式两种型式的钢管杆，导线采用鼓形或伞形排列。线间距离的计算为

$$D \geqslant 0.4L_k + \frac{U}{110} + 0.65\sqrt{f} \tag{5-1}$$

$$D_x \geqslant \sqrt{D_P^2 + \left(\frac{4}{3}D_z\right)^2} \tag{5-2}$$

$$h \geqslant 0.75D \tag{5-3}$$

式中 D——导线水平线间距离，m；

D_x——导线三角排列的等效水平线间距离，m；

D_p——导线间水平投影距离，m；

D_z——导线间垂直投影距离，m；

L_k——悬垂绝缘子串长度，m；

U——线路电压，kV；

f——导线最大弧垂，m；

h——导线垂直排列的垂直线间距离，m。

考虑到工程施工用电为10kV，为进一步优化线路走廊，塔形设计时在35kV横担下设计了一回10kV横担，35kV线路与10kV同杆架设的线路，不同电压等级导线间的垂直距离不小于2m。35kV同塔2回及同塔4回/10kV混压塔如图5-5所示。

5.2.8 基础

杆塔基础的型式根据线路沿线的地形、地质、材料来源、施工条件和杆塔型式等

因素综合确定，在有条件的情况下，优先采用原状土基础、高低柱基础等有利于环境保护的基础型式。

基础根据杆位或塔位的地质资料进行设计。现场浇制钢筋混凝土基础的混凝土强度等级不低于 C20。

工程场址的地层主要为第四系上更新统卵石层、圆砾层和粉细砂层，地下水埋深大，为非饱和土，场址区无砂土液化问题。地基土对混凝土及混凝土结构具有弱腐蚀性，对钢筋混凝土结构中的钢筋具弱腐蚀性，对钢结构具有中等腐蚀性；地下水位埋深大于 50m。

工程的基础型式采用钢筋混凝土台阶基础，采用 C30 等级混凝土。

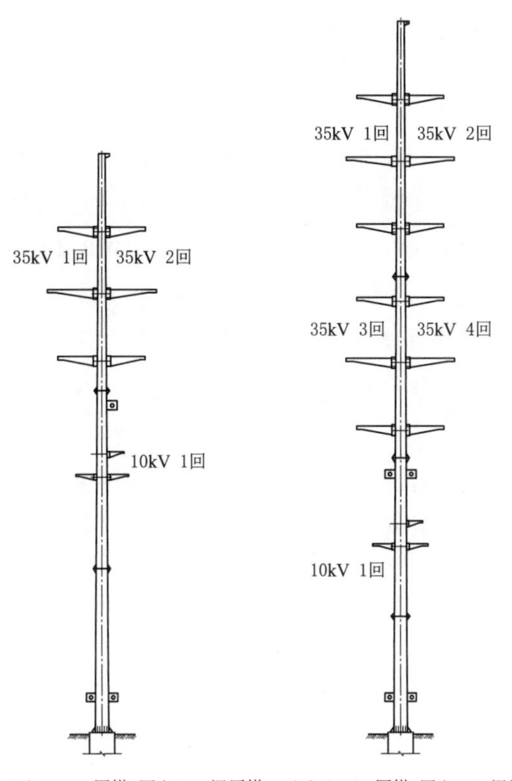

图 5-5 35kV 同塔 2 回及同塔 4 回/10kV 混压塔示意图

5.2.9 杆塔定位及距离的要求

龙羊峡水光互补项目通道内多条 35kV 同塔 2 回/4 回及 330kV 线路平行排列，基础开挖边坡对线路间距起决定性作用。

转角杆塔的位置应根据线路路径、耐张段长度、施工和运行维护条件等因素综合确定。直线杆塔的位置应根据导线对地面距离、导线对被交叉物距离或控制档距确定。导线与地面、道路及各种架空线路间的距离按以下原则确定：

(1) 应根据最高气温情况或覆冰情况求得的最大弧垂和最大风速情况或覆冰情况求得的最大风偏进行计算。

(2) 计算上述距离应计入导线架线后塑性伸长的影响和设计施工偏差，但不应计入由于电流、太阳辐射、覆冰不均匀等引起的弧垂增大。

对于多条线路平行布置时边导线间最小水平距离，要求在开阔地区为最高杆（塔）高，路径受限地区为 5m。

线路间距离除考虑边导线间距离外，还应考虑基础、基础开挖、浇筑及边坡稳定所需距离。

5.2.10 电缆及电缆通道规划

1. 电缆额定电压选择

《电力工程电缆设计标准》(GB 50217—2018) 规定，交流系统中电力电缆导体与绝缘屏蔽或金属套之间额定电压的选择，应符合下列规定：中性点直接接地或经低电阻接地的系统接地保护动作不超过1min切除故障时，不应低于100%的使用回路工作相电压。

2. 影响电缆载流量的因素

影响电缆载流量的因素主要包括环境温度、土壤热阻系数和多根电缆并行敷设的电缆数量。

(1) 环境温度的影响。电缆所处的环境温度对电缆的载流量其很大作用，载流量的校正系数计算为

$$K=\sqrt{\frac{\theta_m-\theta_2}{\theta_m-\theta_1}}$$

式中 θ_m——电缆导体最高工作温度,℃；

θ_1——对应于额定载流量的基准环境温度,℃；

θ_2——实际环境温度,℃。

(2) 土壤的热阻系数的影响。土壤的热阻系数也是影响电缆载流量的重要因素。电缆直埋时对校正系数的影响主要取决于土壤温度。正常运行时，如果直接埋入地下的电缆按导体最高温度（90℃）在连续负荷（100%负荷）下运行，经过一定时间后，电缆周围土壤的热阻系数会因土壤干燥而发生变化，导体温度可能超过最高温度。合理地选择土壤热阻系数，直接决定了电缆的截面。

(3) 多根电缆并行敷设的影响。多根电缆并行敷设时的间距也是影响电缆载流量的重要因素。当电缆敷设于空气中时，电缆载流量校正系数计算为

$$K=K_tK_1$$

式中 K_t——环境温度不同于标准敷设温度（40℃）时的校正系数；

K_1——空气中并列敷设电缆的校正系数。

直埋敷设时电缆载流量校正系数为

$$K=K_tK_3K_4$$

式中 K_t——环境温度不同于标准敷设温度（25℃）时的校正系数；

K_3——直埋敷设电缆因土壤热阻不同的校正系数；

K_4——多根并列直埋敷设时的校正系数。

根据上述要求，光伏电站的电缆额定电压选用26/35kV等级，根据回路容量不同，电缆型号选择了ZRB－YJV_{23}－26/35kV－3×400mm^2、ZRB－YJY_{63}－26/35kV－1×400mm^2及ZRB－YJY_{63}－26/35kV－1×500mm^2等不同的类型。

直埋敷设时电缆中心间距不小于300mm，直埋敷设同一个通道内不超过2回。

3. 电缆通道规划

光伏电站35kV进线一般采用电缆进线，因规模大而电缆进线回路多，因此集电线路还应考虑电缆在电缆沟/廊道内的规划。

考虑分期建设情况，电缆通道规划应结合电缆进线回路数、进线方向及接入变压器位置等综合考虑，避免电缆在廊道内交叉。

龙羊峡水光互补项目分为两期，共计28回电缆进线，其中一期10回线，二期18回线，在330kV升压站在西侧规划一条电缆廊道，南侧规划一条电缆廊道。

考虑分期建设的前提下，合理规划电缆廊道（沟）的尺寸及布局，避免了电缆的交叉，便于项目施工及后期运维。

5.3 大型光伏电站监控系统设计

光伏电站监控系统方案结合光伏电站的特点进行设计。

光伏电站的光伏发电场区直流汇流箱、逆变器、箱式变压器等设备各自有控制、保护设备，光伏电站升压站的主变压器、高压及低压配电装置等各自有控制、保护设备，而且通信协议开放，具备互联互通条件，具备构成光伏电站整体监控系统的条件。

光伏电站的光伏阵列由多个方阵构成，一般情况方阵的布置依据地形地貌展开，但每个方阵的规模基本一致、内部设备配置基本一致，可以将一个方阵作为一个模块对象进行控制。

大型光伏电站由于规模大，其对应的方阵就多，尤其是龙羊峡水光互补项目的一期工程在同期建设项目还都以10MW、50MW建设时，一次就建成320MW工程，其光伏发电场区单个方阵规模比同期项目大、方阵数量多，每个方阵内的设备多、设备布置分散，从而监控对象和数据、信息量大，但有规律。同时，方阵间的数据类型一致，方阵间的控制、监视具有可复制性。

针对光伏电站的特点，龙羊峡水光互补项目并网光伏电站提出按照分层分布的结构构建光伏发电场区和升压站一体的监控系统。光伏发电场区的1～2个方阵构成一个光伏发电控制单元，光伏发电控制单元作为监控系统的间隔层设备按照监控系统整体控制要求实现对相应方阵设备的数据采集、监视和控制，同时将本单元的信息按要求上传给监控系统场站层。按照监控设备和数据均分层分布的结构构建的监控系统具有模块化、便于扩展等特点，监控系统的场站层设备按项目终期规模一次建成，项目后期工程建设时，只需要建设相应的光伏发电控制单元即可。

龙羊峡水光互补项目并网光伏电站850MW光伏发电场区面积约20.67km^2。一期工程装机容量320MW，每1MW设备构成一个子阵，每32个子阵构成一个方阵，每2个方阵设备作为一个光伏发电控制单元的控制对象。光伏电站场区光伏阵列布置如图5-6所示，其光伏阵列与其子阵的布置示意如图5-7所示。

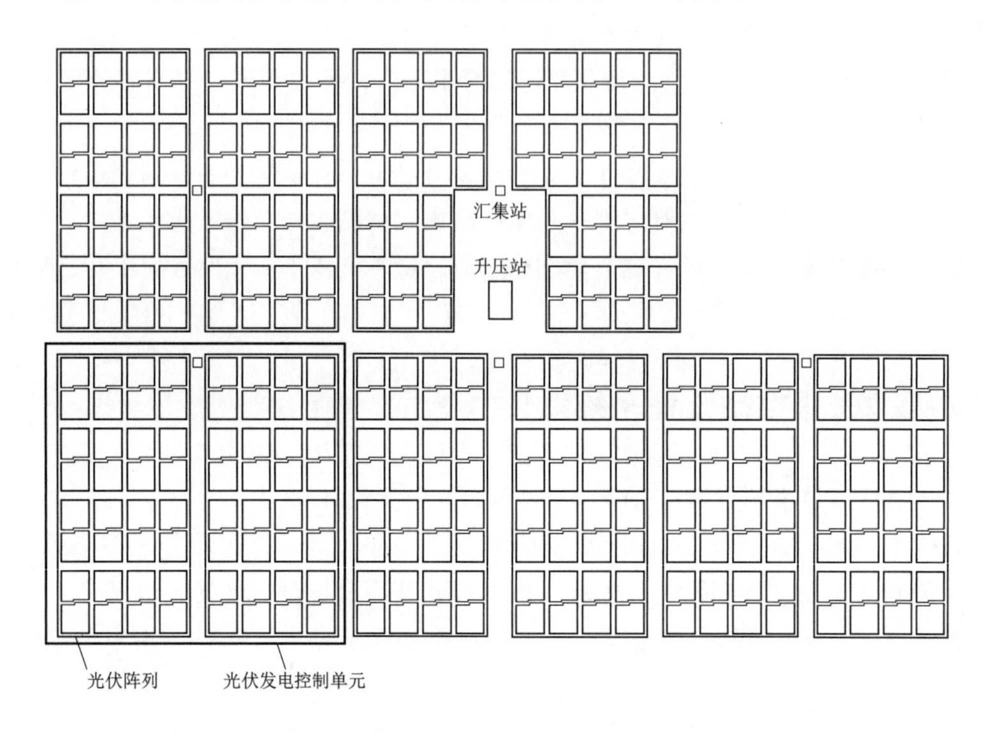

图5-6　光伏电站场区光伏阵列布置示意图

5.3.1　数据点数统计

大型光伏电站监控系统的监控对象主要由光伏发电场区和升压站内的各类电气设备组成，包括光伏发电场区内的光伏组件、直流汇流箱、直流配电柜、逆变器、交流配电柜、箱式变压器等。升压站内主要设备有高、低压配电装置、主变压器、无功补偿装置等。监控系统的设备配置及通信通道配置与其采集的监控对象的数据点数及采样周期关系很大，因此需要先对控制对象的数据点数进行统计和分析，再结合生产、控制、监视的需求确定监控系统设备配置及通信通道设置。

以龙羊峡水光互补项目一期工程为例，按其主要设备配置对监控系统采集数据点数进行统计。每1MW设备构成1个子阵，每个子阵的监控对象包括1台箱式变压器、2台逆变器、2面直流进线柜、14～16台直流汇流箱；每32个子阵构成1个方阵；每

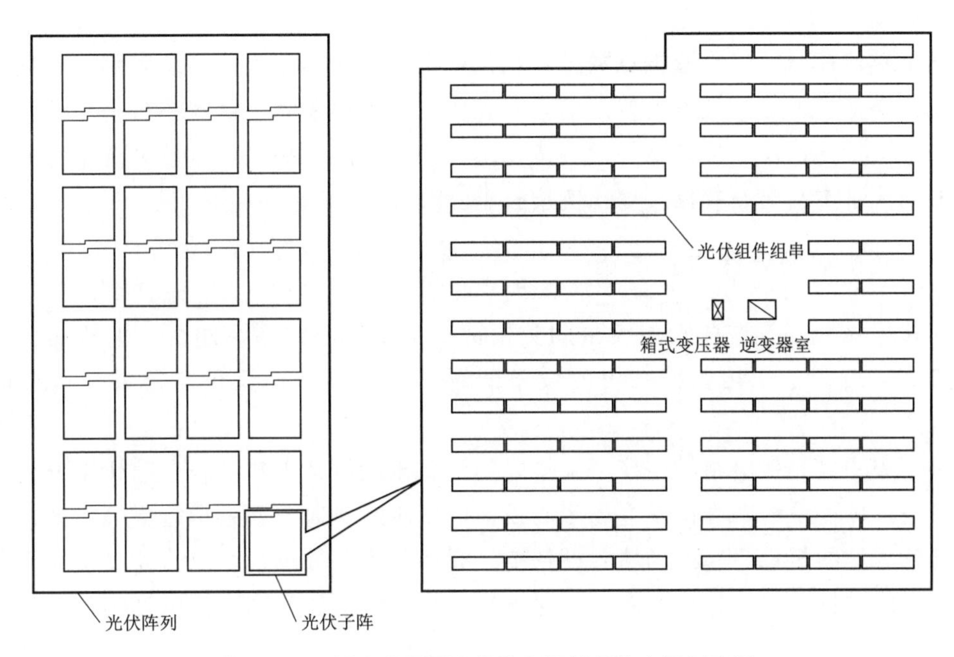

图 5-7　光伏电站场区光伏阵列与其子阵布置示意图

2 个方阵建设 1 座 35kV 汇集站，每座 35kV 汇集站内配套 10 面 35kV 开关柜及其相应的控制保护设备，以 2 个方阵及其对应的 35kV 汇集站的监控对象构成一个光伏发电控制单元，一期工程 320MW 共构成 5 个光伏发电控制单元。对每个主要监控对象需要采集的模拟量和数字量点数统计见表 5-6，其光伏发电场区监控对象需要采集的模拟量和数字量点数见表 5-7，在计算中直流汇流箱全部按 16 路的进行统计，每 1MW 子阵按 16 台直流汇流箱进行统计。

表 5-6　每个主要监控对象采集模拟量和数字量点数表

设备名称	模拟量点数	数字量点数
直流汇流箱（16 路）	3	16
直流汇流箱（12 路）	3	12
直流进线柜	1	4
逆变器	5	42
箱式升压变	4	29
开关柜	6	10

表 5-7　光伏发电场区监控对象采集模拟量和数字量点数表

监　控　对　象	模拟量点数	数字量点数
1MW 子阵	64	377
32MW 方阵	2048	12064
64MW 光伏发电控制单元	4156	24228
320MW 光伏发电场区	20780	121140
530MW 光伏发电场区	37404	218052

龙羊峡水光互补项目并网光伏电站配套建设 1 座 330kV 升压站，升压站监控对象模拟量点数按 100 点计、数字量点数按 4000 点计；二期工程 530MW 光伏发电场区按扩建 9 个光伏发电控制单元进行统计；监控系统整体控制对象模拟量点数 58284 点、

数字量点数 343192 点。

通过对监控对象采集数据点数进行统计，发现光伏电站监控系统采集的数据主要来自光伏发电场区电气设备的数据信息，光伏电站规模越大，监控系统采集的数据点数越多。基于光伏发电场区电气设备按光伏方阵可复制的特点，监控系统采集的数据点数的增多基本与电站规模呈等比例增长。

5.3.2 系统数据处理方式选择

光伏电站监控系统需要对大量的数据进行采集、处理、存储，合理地选择数据处理方案，有利于优化监控系统的设备配置，提高整个计算机监控系统运行的可靠性。

常规集中式光伏电站的监控系统多以其配套建设的升压站综合自动化系统为基础构建统一的监控系统，光伏发电场区的设备信息通过现地数据采集装置采集到监控系统，与升压站的信息一起由场站层设备统一完成分析、处理、存储。若大型光伏电站采用同样的数据采集、处理方案，以龙羊峡水光互补项目并网光伏电站为例，每个采样周期，监控系统场站层设备需对约 40 万点数据进行采集、分析、处理、存储。在考虑编码、时标等信息后，模拟量按 8 个字节、数字量按 1 个字节进行计算，龙羊峡水光互补项目并网光伏电站在每个采样周期采集的数据量约为 790kB，若匹配实时控制系统需求，数据采样周期按不超过 10s 计算，每天的数据量约为 7GB，需要监控系统主机、存储设备等具有很高的数据处理、存储能力和稳定性，需要监控系统通信网络具有很高的实时传输速率和带宽，而且一旦出现故障，将影响整个光伏电站的可靠运行。

针对大型光伏电站的特点，龙羊峡水光互补项目并网光伏电站监控系统提出全分布的数据处理模式。由于各光伏发电控制单元的监控对象基本相同，监控系统采用模块化设计，构成多个结构和功能相同、相对独立的光伏发电控制单元，按双重化原则设置光伏发电控制单元控制主机。光伏发电控制单元主机作为监控系统的间隔层设备，实现对本单元内电气设备的监控，完成本单元的数据采集、处理、分析及存储，同时将本单元内重要数据信息上送监控系统场站层设备，并接收监控系统场站层设备下达的控制、调节指令。

同时，针对大型光伏电站的生产运行特点，区分不同类型数据的采样周期，对参与实时控制的数据按秒级周期进行采样，对用于运行分析及统计的数据进行长周期采集，一方面降低光伏发电控制单元主机数据处理和存储的压力，另一方面降低数据通信对通道带宽的需求。

5.3.3 系统网络结构

由于大型光伏电站除升压站外，设备布置分散，现地采集数据信息量大，结合全分布的数据处理模式，为保证电站监控系统的实时性和可靠性，大型光伏电站监控系统将采用分层分布的体系结构，监控系统的设备以节点的形式通过网络组件形成局域网，实现数据信息共享。

监控系统按网络结构分为场站层、间隔层和现地层，如图 5-8 所示。

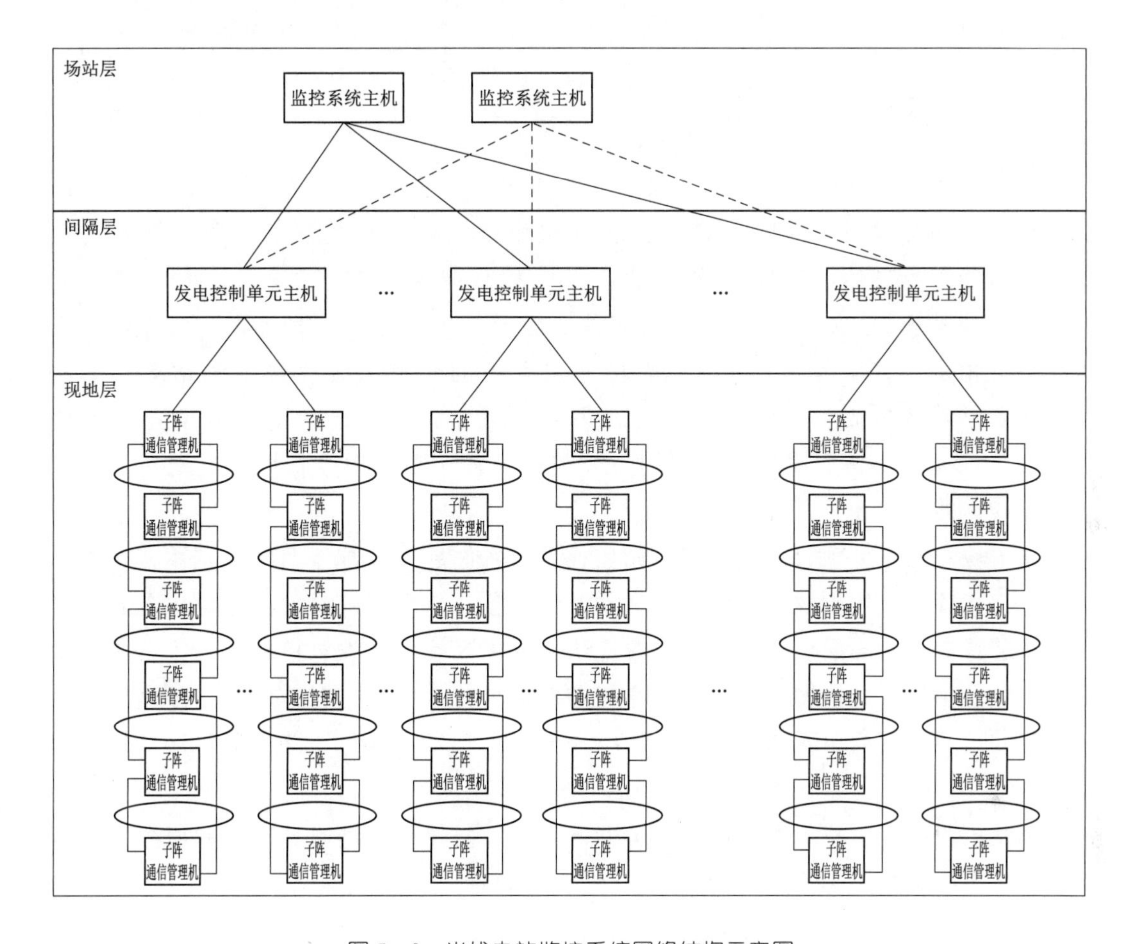

图 5-8 光伏电站监控系统网络结构示意图

工业以太网经过多年的发展和应用，已经成为工业领域尤其是电力行业主要的控制、信息技术的通信平台，它具有很好的开放性和兼容性，因此光伏电站监控系统按采用满足 IEC 61850 标准要求的交互式工业以太网的形式设计。网络传输速率可根据光伏电站的规模选择 100Mbit/s 或 1000Mbit/s。通信介质考虑光纤和双绞线结合使用的方式。

场站层设备与间隔层设备之间采用双星型以太网，实现场站层内部、场站层与间隔层之间、间隔层内部之间的数据通信，并满足与电力系统调度端连接的要求。监控系统应直接采集继电保护、交流及直流控制电源系统及其他智能设备的信息。

间隔层设备与现地层设备之间采用环形与星型相结合的网络方式接入光伏发电控制单元主机，并根据光伏发电场区方阵布置及汇集线路路径组成若干个光纤环网，各光纤环网与光伏发电控制单元主机组成星型网。光纤环网的数量、每个环网接入的节点数量根据光伏发电场区规模、子阵设备的布置位置及汇集线路路径及光伏发电控制单元主机的计算、处理能力确定。

5.3.4 监控系统主要设备配置

与常规集中式并网光伏电站的监控系统设备配置相比，大型光伏电站的监控系统同样由场站层设备、间隔层设备、现地层设备及网络设备（交换机、规约转换器、路由器等）、安全防护设备等组成，但因其监控对象数量庞大，数据处理同时率高，采用常规的监控系统主机集成多种功能于一身的配置方案，将无法保证整个监控系统稳定、可靠运行。因此，大型光伏电站的监控系统应根据电站运行的需求，配置一定数量的功能型硬件设施。另外，考虑到大型光伏电站分期建设的特点，其监控系统场站层设备应按终期规模进行配置；间隔层设备按照当期建设规模进行相应的配置。

龙羊峡水光互补项目并网光伏电站监控系统场站层设备配置监控系统主机、操作员站、工程师站、历史数据服务器、远动通信设备、公用接口设备或通信服务器、时钟同步装置等；间隔层设备配置时，对光伏发电场区按光伏发电控制单元配置光伏发电控制单元主机，光伏发电控制单元主机按双重化冗余配置，对升压站按断路器间隔配置测控单元，测控单元单套配置；网络通信设备配置交换机、路由器、通信辅助设备等。

场站层设备在主机和历史数据服务器配置时，需要根据当时计算机和服务器的算力，充分考虑电站整体对数据的采集、分析、处理和储存需求，配置相应数量的设备，主机可采用多主机共同完成功能的方式，历史数据库可以考虑配置磁盘阵列的数据库。间隔层设备配置时，同样需要根据当时计算机和服务器的算力，结合光伏发电场区的布置，合理划分相应的光伏发电控制单元，光伏发电控制单元主机按冗余化配置。光伏发电控制单元主机作为间隔层设备，主要采集、处理、分析、存储本单元对应的现地层设备的数据信息。可以作为监控系统间隔层对本单元的人机界面，实现实时显示现地设备的状态参数、图形等，完成数据分析及处理、越限信息报警，完成人机交互、报表生成，完成事件记录查询等，向场站层上送本发电单元的主要信息及报警信息，接收并执行场站层下达的控制调节指令，按场站层的查询需求提供数据信息查询服务。

监控系统设备组网如图5-9所示。

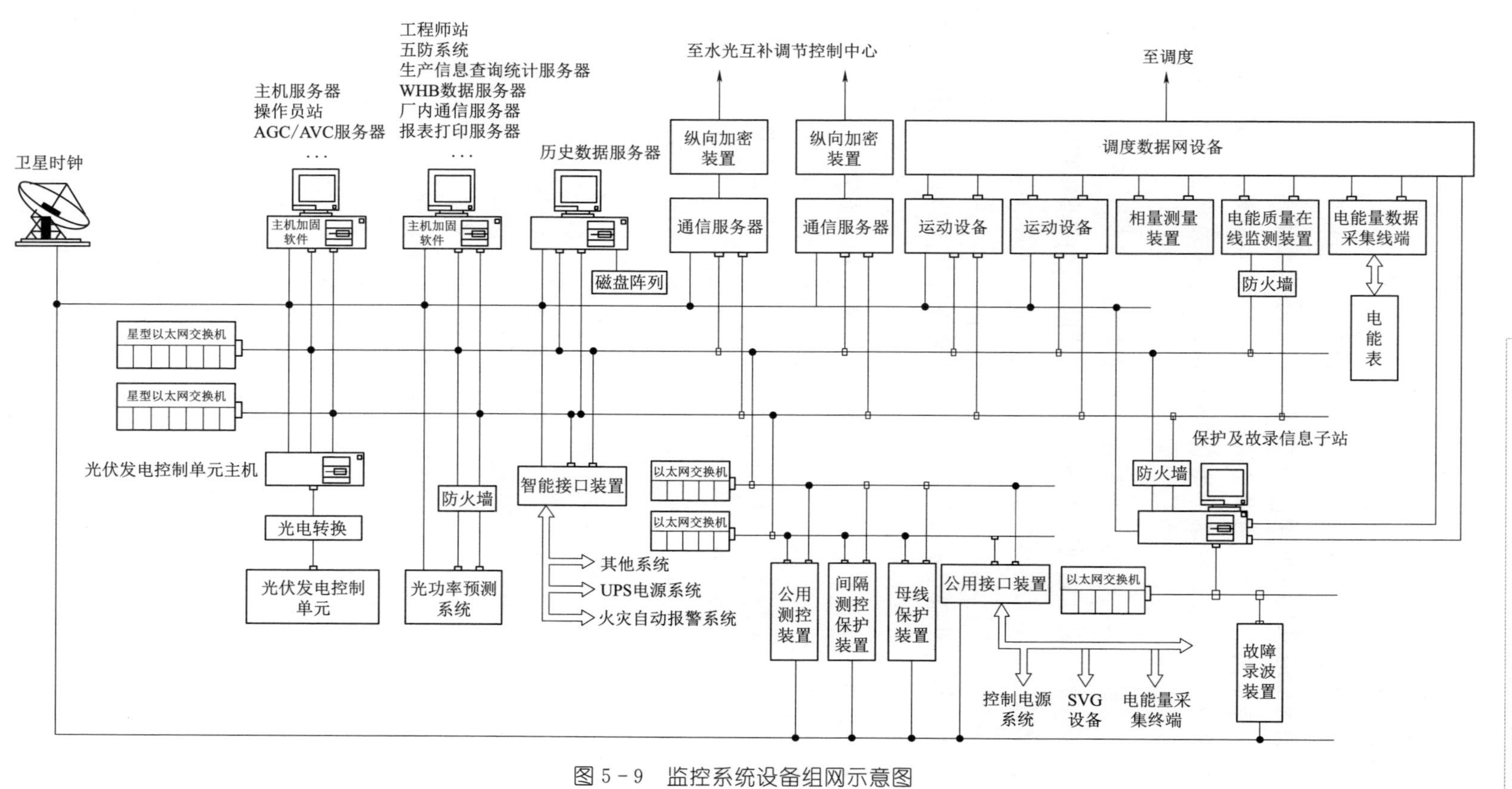

图5-9　监控系统设备组网示意图

5.3.5 系统功能

5.3.5.1 场站层主要功能

大型光伏电站监控系统场站层负责接收间隔层设备上送的所有数据，对升压站内设备数据信息进行实时采集并处理，对光伏发电控制单元主机上送的信息进行存储；对全站设备分级控制调节；为全站设备统一对时；上送电站数据至调度端，并接收上级调度部门的调节指令，进行策略运算和负荷分配，将策略结果下达至间隔层设备。

1. 数据采集和处理

监控系统进行数据采集和处理时：通过测控单元实时采集模拟量、数字量信息；通过智能设备接口接收来自其他智能装置的数据；通过网络设备接收来自光伏发电控制单元主机的数据；通过人机界面接收操作员手动输入的数据信息。

2. 数据库的建立与维护

监控系统应在场站层建立实时数据库及历史数据库。实时数据库用于存储监控系统采集的升压站内监控对象的实时数据和光伏发电控制单元上送光伏发电场区的重要数据，其数值应根据运行工况的实时变化而不断更新，记录被监控设备的当前状态。历史数据库用于重要数据的长期保存，其数据范围应涵盖整个光伏电站，包括升压站和光伏发电场区的所有监控对象，记录周期为1min～1h。历史数据应能够在线滚动存储至少1年，且无须人工干预。所有的历史数据应能够转存到大容量存储设备上作为长期存档。

3. 控制操作

控制功能包括自动调节控制和人工操作控制两种。

自动调节控制，由站内操作员工作站或远方控制中心设定其是否采用。它可以由运行人员投入/退出，而不影响手动控制功能的正常运行。在自动控制过程中，程序遇到任何软件、硬件故障均应输出报警信息，停止控制操作，并保持被控设备的状态。

人工操作控制，操作员可对需要控制的电气设备进行控制操作。监控系统具有操作监护功能，允许监护人员在不同的操作员工作站上实施监护，避免误操作。

对于大型光伏电站的监控系统，其操作控制分为四级，具体如下：

(1) 第一级控制为设备现地检修控制，具有最高优先级的控制权。当操作人员将现地设备的远方/现地切换开关放在现地位置时，会闭锁所有其他控制功能，只能进行现地操作。

(2) 第二级控制为间隔层后备控制，其与第三级控制的切换在间隔层完成。

(3) 第三级控制为场站层控制，该级控制与第四级控制的切换在场站层操作员工作站完成。

(4) 第四级控制为远方控制，优先级最低。远方控制可以实现电网调度中心控制、集团集控中心控制等。

原则上间隔层控制和现地层控制只作为后备操作或检修操作手段。为防止误操作，在任何控制方式下都采用分步操作，即选择、返校、执行，并在场站层设置操作员、监护员口令及线路代码，以确保操作的安全性和正确性。对任何操作方式，保证只有在上一次操作步骤完成后，才能进行下一步操作。同一时间只允许一种控制方式有效。

4. 报警处理

监控系统在电站发生事故、故障时，准确、清晰地发出报警。报警信息来源包括监控系统采集的各类数据，报警处理分类、分层进行，报警信息存储便于查询。报警信息输出直观、醒目，可采用声、光、色效果，但事故报警的声、光、色效果应区别于故障报警。报警信息用于规范化，便于在场站层存储和查询，便于向电网调度中心发送。报警信息能够予以确认。

5. 事件顺序记录及事故追忆

设备出现故障时，继电保护装置动作、开关跳闸，事件顺序记录功能应将事件过程中各设备动作顺序，带时标记录、存储、显示、打印，生成事件记录报告。系统保存 1 年的事件顺序记录条文。

事故追忆范围为事故前 1min 到事故后 2min 的所有相关运行数据，其中光伏发电场区相关设备的数据应从光伏发电控制单元主机直接调取。系统可生成事故追忆表，可以实现重演及显示、打印方式输出。

6. 画面生成及显示

系统具有电站拓扑识别功能，实现带电设备的颜色标识。可以存储所有静态和动态画面，并能以 .jpeg、.bmp、.gif 等图形格式输出。具有图元编辑图形制作功能，使用户能够方便直观地完成实时画面的在线编辑、修改、定义、生成、删除、调用和实时数据库连接等功能，并且对画面的生成和修改应能够通过网络广播方式给其他工作站。在主控室运行工作站显示器上显示的各种信息以报告、图形等形式提供给运行人员。

7. 在线制表

监控系统应能根据光伏电站运行、维护、管理的需求生成各种形式的生产运行报表。生产运行报表能由用户编辑、修改、定义、增加和减少。

8. 远动功能

通过远动通信装置直接实现远动信息的直采直送。远动通信装置具有远动数据处理、规约转换及通信功能，满足调度自动化的要求，并具有串口输出和网络口输出能力，能同时适应通过专线通道和调度数据网通道与各级调度端主站系统通信的要求。

9. 时钟同步

监控系统设备从站内时间同步系统获得授时（对时）信号，保证I/O数据采集单元的时间同步达到1ms精度要求。当时钟失去同步时，自动告警并记录事件。监控系统场站层设备采用SNTP对时方式，间隔层设备的对时接口选用IRIG-B对时方式，现地层设备采用网络对时方式。

10. 人机联系

人机联系是值班员与计算机对话的窗口，值班员可借助鼠标或键盘等输入设备，方便地在屏幕上与计算机对话。

11. 系统自诊断和自恢复

远方或电站负责管理系统的工程师可通过工程师工作站对整个监控系统的所有设备进行诊断、管理、维护、扩充等工作。系统具有可维护性，容错能力及远方登录服务功能。

12. 运行管理

监控系统根据运行需求，实现运行操作指导、事故分析检索、操作票管理、模拟操作、其他日常管理等。

13. 有功功率自动调节控制

光伏电站的有功功率自动调节控制功能通过专用服务器实现。其主要功能包括：使光伏电站的系统频率保持或接近额定值，其偏差不超过±0.1Hz；维持光伏电站联络线的输送功率及交换电能量保持或接近规定值；根据上级调度自动化系统要求的发电功率或下达的负荷曲线，按安全、可靠、经济的原则确定最佳运行的逆变器台数、逆变器的组合方式和逆变器间最佳有功功率分配，进行光伏电站逆变器出力的闭环调节，并且将逆变器的实时状态和测值，以及控制系统的控制策略等反馈转发给调度；根据各个逆变器自身的调节特性做策略控制，以满足光伏电站不同规格型号逆变器的调节需求。

14. 电压无功自动调节控制

光伏电站的电压无功自动调节控制功能通过专用服务器实现。其主要功能包括：根据设定的母线电压值或由调度给定的各站无功功率或电压曲线及安全运行约束条件，并考虑逆变器的限制，合理分配逆变器或是无功补偿装置间的无功功率，维持母线电压在给定的变化范围；母线电压给定值与电压测量值进行比较，根据该偏差，通过PI调节计算得出电站无功功率目标值；无功功率目标值将在参加联合调节的逆变器或是无功补偿装置间进行分配，进行无功出力的闭环调节；将逆变器和无功补偿装置的实时状态和测值，以及控制系统的控制策略等反馈转发给调度。

15. 微机五防系统

光伏电站的防误操作闭锁功能通过专用五防工作站实现。能对变电站的所有一次设备进行闭锁，可对操作进行预演；可自动生成操作票、检验操作票和打印操作票；同时也可作为模拟仿真系统对操作人员进行培训。

16. 光功率预测系统

光功率预测以数值天气预报（NWP）数据、实时气象数据、实时电气测量数据、历史气象资料、历史电气测量资料等作为输入数据，通过预测算法对光伏电站的发电功率做出预测。

5.3.5.2 间隔层主要功能

间隔层设备包括升压站的测控装置和光伏发电场区的光伏发电控制单元主机，升压站的测控装置功能与常规变电站基本相同，光伏发电控制单元主机按照分层分布式结构特点设置。

（1）数据采集与处理。光伏发电控制单元主机自动采集本单元内现地设备实时数据；自动接收来自场站层的指令信息；接收由操作员手动登录的数据信息；对采集的数据进行数字滤波、有效性检查，工程值转换、信号接点抖动消除、刻度计算等加工，从而提供可应用的电流、电压、有功功率、无功功率，功率因数等各种实时数据，并更新实时数据库；对模拟量越限、断路器等开关设备变位、继电保护及安全自动装置动作及报警、逆变器工作状态等形成各类报警记录并向场站层发送报警信息。

（2）实时数据库的建立与维护。光伏发电控制单元主机建立所有监控对象的实时数据库，用于存储相应监控对象的实时数据，其数值根据运行工况的实时变化而不断更新，记录被监控设备的实时状态。

（3）控制与调节。光伏发电控制单元主机实现自动调节控制。该功能由场站层设定，可通过操作员手动操作投入/退出。在自动控制过程中，程序遇到任何软件、硬件故障能输出报警信息，停止控制操作，并保持被控设备的状态。在人工操作控制过程中，操作员可在光伏发电控制单元主机上对监控对象进行控制操作。光伏发电控制单元主机设置“光伏发电控制单元/场站控制”软开关，人工操作控制前将软开关设定在光伏发电控制单元控制、闭锁场站层控制。主要实现逆变器启停、功率调节、功率因数调节；箱式变压器低压侧断路器合、分操作；汇集线路各侧断路器合、分操作等。

（4）画面显示。光伏发电控制单元主机的人机界面上应能显示接线模拟画面、模拟量测量值、设备的运行状态和参数、事故故障状态信息，当运行人员进行操作登录后，可通过人机接口设备进行操作。

（5）报警。光伏发电控制单元主机可通过信号警示灯或屏幕信息闪动反映被控对象的事故、故障、越限等异常状况，同时将相关信息上送至场站层，并在场站层人接界面显示。

（6）通信功能。光伏发电控制单元主机通过间隔层网络与现地层设备通信，获取现地设备的相关数据信息，并对数据进行处理及分析，将判别后的重要信息及时准确地传送到场站层，同时接收场站层发来的控制和调节命令，并将执行结果回送场站层。

另外，光伏发电控制单元主机应能接收场站层的同步时钟信号，以保持与场站层时钟同步。

5.3.5.3 现地层主要功能

现地层的功能主要是采集光伏发电场内直流汇流箱、直流柜、逆变器、箱式变压器、开关柜等现地设备的运行数据，通过以太网上送至光伏发电控制单元主机，并接收光伏发电控制单元主机的控制调节指令，实现对现地设备的监视和控制。

5.3.6 系统硬件、软件要求

考虑到当今计算机及其网络技术发展迅速，计算机软件、硬件更新换代周期快的状况，光伏电站监控系统软硬件应能满足以下基本要求。

5.3.6.1 硬件要求

系统的硬件结构，应满足技术成熟、先进可靠、便于维护、可扩展性强的需要。整个系统应尽量地采用相同类型的硬件平台。监控系统设备应符合工业应用标准，即具有较宽的电源范围，较高的电磁兼容性，较强的环境适应能力，同时能符合光伏电站运行环境要求。

大型光伏电站监控系统的网络是多层、拓扑结构较复杂的以太网，网络分布广、网络节点多，网络交换机是整个监控网络的核心设备。因此合理选择交换机对监控网络的可靠性、有效性以及经济性有直接影响。网络核心交换机应符合 IEC61850 的要求，主干网交换机均应选用同一品牌的，高性能模块化 100M/1000M 自适应工业级以太网交换机。

5.3.6.2 软件要求

监控系统应采用先进的、标准版本的工业软件，有软件许可证，软件配置满足开放式系统要求，由实时多任务操作系统软件、支持软件及监控应用软件组成，采用模块化结构，具有实时性、可靠性、适应性、可扩充性及可维护性。场站层主机操作系统应采用安全性高的操作系统。

数据库的规模能满足监控系统基本功能所需的全部数据，并适合所需的各种数据类型，数据库的各种性能指标应能满足系统功能和性能指标的要求。数据库应用软件具有实时性，能对数据库进行快速访问，对数据库的访问时间小于 0.5ms；同时具有可维护性及可恢复性。设置对数据库修改的操作权限，并记录用户名、修改时间、修改前的内容等详细信息。

采用系统组态软件用于画面编程，数据生成。满足系统各项功能的要求，提供交互式的、面向对象的、方便灵活的、易于掌握的、多样化的组态工具，提供编程手段和实用函数，以便扩展组态软件的功能。

应用软件采用模块化结构，具有良好的实时响应速度和可扩充性，具有出错检测能力。当某个应用软件出错时，除有错误信息提示外，不影响其他软件的正常运行。应用程序和数据在结构上互相独立。

网络系统采用成熟可靠的网管软件，管理网络设备相互之间的数据通信，保证有效传送、不丢失。自动监测网络总线和各个接点的工作状态，自动选择、协调各接点的工作和网络通信。

5.3.7 水光互补项目并网光伏电站监控系统

龙羊峡水光互补项目并网光伏电站作为龙羊峡水电站新增的一台“虚拟水电”机组，光伏电站监控系统作为水光互补协调运行控制系统的一套机组 LCU，可独立完成光伏电站所有设备运行状态的采集、分析计算及控制，同时将光伏电站数据信息上传水光互补协调运行控制系统。通过水光互补协调运行控制系统接受电力系统的调度，参与水光互补项目的协调运行。

(1) 调度方式。从接入系统的角度看水光互补项目并网光伏电站属于水光互补项目的一部分，整个水光互补项目作为一个电源点统一接受电力系统调度。考虑到光伏电站分期建设，水光互补项目的试验性以及调度端对光伏电站的接入系统的要求等，光伏电站的监控系统宜按两种调度方式设计，其中：一种为光伏电站信息接入水光互补协调运行控制系统，与龙羊峡水电站的信息共同构成水光互补项目发电信息，通过水光互补协调运行控制系统设备上送电力系统。由水光互补协调运行控制系统接收电力系统的调度指令，并结合光功率预测系统的数据和水库联合调度的要求，经功能模块计算后将发电指令下达给龙羊峡水电站水电机组和光伏电站；另一种为光伏电站监控系统作为独立系统，将光伏电站信息通过光伏电站监控系统远动设备直接上送电力系统，并直接接收电力系统调度指令。

(2) 控制调节方式。龙羊峡水光互补项目并网光伏电站的监控系统在光伏电站监控系统控制调节方式的基础上增加水光互补协调运行控制方式，水光互补协调运行控制方式作为远方运行方式的一种。

(3) 系统结构及设备配置、软件及硬件功能。龙羊峡水光互补项目并网光伏电站的监控系统采用分层分布的结构型式，设备配置、软件及硬件功能基本与前述光伏电站监控系统相同。水光互补项目并网光伏电站有功功率自动调节控制系统、无功电压自动调节控制系统，能够与水光互补协调运行控制系统的自动发电控制、自动电压控制系统配合，有效响应水光互补协调运行控制系统的调节指令。根据水光互补协调运行控制的需要，对站内主变压器、无功补偿装置、330kV 开关设备及 35kV 开关设备，场区内的箱式变压器、逆变器等设备统一调度管理。

5.4 本章小结

(1) 大型光伏电站汇集方式及设备选型，应综合考虑国内设备生产及制造能力、设备造价、工程项目管理经验等因素，做到经济合理、技术可行。对于高压汇集方案，当大型光伏电站地块比较集中时推荐采用一级升压方案，当地块布置较为分散时，应通过经济技术比较确定汇集方案；对于主变压器容量，应根据光伏电站的装机容量进行经济技术分析后确定主变压器容量；35kV汇集站应根据光伏电站的规模确定是否设置；330kV高压侧接线应做经济技术比选后确定；330kV低压侧接线应做到接线简单、运行可靠、方便检修；35kV汇集系统中性点接地方式应根据当地电网运行习惯确定；高低压配电装置选型应根据设计使用环境等因素经技术经济比选后确定。

(2) 大型光伏电站集电线路的设计应统一规划线路路径，一方面考虑节约路径用地；另一方面还应考虑线路杆塔对光伏阵列的遮挡，合理选择同塔/同杆多回的设计方案。应结合光伏电站的发电特性，合理选择集电线路汇集容量和导线参数。

(3) 大型光伏电站由于规模大，对应的光伏发电单元数量多，每个光伏方阵内的设备多、设备布置分散，监控对象和数据信息量大，但有规律；光伏方阵间的数据类型一致，方阵间的控制、监视具有可复制性。因此，大型光伏电站的监控系统采用模块化的设计方案，采用分层分布的结构，以光伏发电场区的光伏方阵构成一个光伏发电控制单元，光伏发电控制单元作为监控系统的间隔层设备按照监控系统整体控制要求实现对相应光伏方阵设备的数据采集、监视和控制，同时将本单元的信息按要求上传给监控系统场站层。

(4) 大型光伏电站监控系统按网络结构分为场站层、间隔层及现地层。场站层设备与间隔层设备之间采用双星型以太网，间隔层设备与现地层设备之间采用环形与星型相结合的网络方式。

(5) 水光互补项目并网光伏电站的监控系统可独立完成光伏电站所有设备运行状态的采集、分析计算及控制，同时将光伏电站数据信息上传水光互补协调运行控制系统，能与整个水光互补项目协调运行，通过水光互补协调运行控制系统接受电力系统的调度，参与水光互补项目的协调运行。

第6章

水光互补协调运行控制方案

6.1 水光互补运行方式

对于龙羊峡水光互补项目，其光伏电站的电量是通过330kV线路送入龙羊峡水电站，利用龙羊峡水电站5回330kV线路接入电力系统，因此从接入电力系统的角度看龙羊峡水电站和光伏电站是一个电源点，其中光伏电站作为龙羊峡水电站扩建的5号机组。该机组原则上不具备调节能力，即按自然资源发电不参与有功功率调节，且 $\cos\varphi=1$；有发电量的同时不具备下泄流量；且发电具有波动性，表现在白天有电量，晚上无电量。

水光互补协调运行是在综合天气变化、气温、季节等因素的基础上，根据光功率预测系统预测的光伏电站的发电曲线，与龙羊峡水电站水调确定的发电曲线叠加后上报给电网调度，电网调度审批后下达给龙羊峡水光互补项目的发电出力曲线。水光互补运行时，根据电网调度下达的发电出力曲线，当光伏电站发电出力增加或减小时，水电站会减小或增加发电出力，使水电站与光伏电站发电出力之和满足电网下达的发电出力曲线要求。

6.2 水光互补协调运行控制方式

6.2.1 控制关系

光伏电站接入龙羊峡水电站成为水光互补发电项目的一个电源点接入电力系统，希望能够最大限度地利用已建水电站送出线路的富裕容量，同时以水电站水电机组的稳定性和快速调节性补偿光伏电站发电的间歇性、波动性和随机性。由此，水光互补项目需要构建一套协调运行控制系统以达到“以光补电，以水调光”的目的，该系统包含了光伏电站监控和龙羊峡水电站监控两部分以及两者的协调统一。

根据调度运行方式的要求，可行的控制关系有两种：方式一是光伏电站监控作为龙羊峡水电站监控的一套机组 LCU（现地控制单元），水光互补协调运行控制系统由龙羊峡水电站监控系统完成；方式二是新建一套计算机监控系统将两者作为子系统统一控制管理，实现水光互补协调运行控制。

方式一：水光互补协调运行控制系统构成以龙羊峡水电站监控系统为基础，对其自动发电控制及自动电压控制等功能进行完善，水光互补协调运行控制系统以达到水光互补协调运行控制的目的。由水光互补协调运行控制系统接受电网调度部门的调度指令，并结合光功率预测系统的资料和水库联合调度的要求，经功能模块计算后将发电指令下达给龙羊峡水电站的水电机组和光伏电站。

方式二：光伏电站监控系统、龙羊峡水电站监控系统作为两个相对独立的子系统，分别向水光互补协调运行控制系统上送信息，水光互补协调运行控制系统向电网调度部门上送信息，同时接受电网调度部门下达的指令，并结合光功率预测系统的资料和水库联合调度的要求，经功能模块计算后将发电指令分别下达给光伏电站监控系统及龙羊峡水电站监控系统。

从这两种方式可以看出：方式二的构成简单，界限清晰，水光互补协调运行控制系统的研究及建设不受光伏电站监控系统及龙羊峡水电站监控系统的制约，只是信息互联；方式一的水光互补协调运行控制系统研究及建设受龙羊峡水电站计算机监控系统的制约，而当时龙羊峡计算机监控系统正在进行改造，可以在监控系统改造的同时完成水光互补协调运行控制系统的构建；方式一较方式二在电站端与电网调度端之间少了一个环节，其调度指令响应速度更快。

因此，最终采用方式一构建水光互补协调运行控制系统。光伏电站和龙羊峡水电站作为一个整体接受电网调度部门的调度，参加电网自动发电控制。即光伏电站作为龙羊峡水电站的5号机组与龙羊峡水电站的其他4台水电机组共同接受电网调度部门的调度管理命令，光伏电站的远动信息通过龙羊峡水电站与龙羊峡水电站的远动信息共同直送电网调度中心和企业集控中心。

龙羊峡水电站改造后的计算机监控系统采用双星型以太网结构，分为厂站控制级设备及现地控制级设备。为实现水光互补协调运行控制功能，改造后的计算机监控系统需增加通信服务器等硬件设备以满足光伏电站信息的接入、完善相应软件功能以满足水光互补协调运行控制的功能。

从水光互补协调运行的调节方式看，光伏电站与龙羊峡水电站是作为一个电源点接受电力系统调度；从电量的角度看，光伏电站可以看作是龙羊峡水电站扩建的5号机组。

6.2.2 调度方式

水光互补协调运行控制系统应将远动信息直送电网调度中心，接受调度管理命令，并参与自动发电及自动电压控制。同时，水光互补协调运行控制系统满足向企业集控中心传送龙羊峡水电站和光伏电站的相关信息及数据的能力和通信通道，并具备接收企业集控中心的集中控制、调节指令的功能。

6.2.3 控制方式

水光互补协调运行控制值班室设置在龙羊峡水电站，值班人员在龙羊峡水电站中控室完成对龙羊峡水电站和光伏电站的控制、调节。

水光互补协调运行控制系统控制调节方式分为控制方式和调节方式两类。其中：控制方式包括现地控制方式、厂站控制方式、集控控制方式和网省调控制方式；调节方式包括现地调节方式、厂站调节方式、集控调节方式和网省调调节方式；控制调节方式的优先级依次为现地层、厂站层和调度层。

水电站的每台水电机组单元、开关站和光伏电站分别作为现地控制单元（LCU），各现地控制单元设有“现地/远方”切换开关。当切换开关处于“现地”位置时，监控系统控制方式及调节方式均工作在“现地”方式下，现地控制单元只接受通过现地层人机界面、现地操作开关、按钮等发布的控制及调节命令，厂站层及调度层只能采集、监视来自现地控制单元的运行信息和数据，而不能直接对该现地控制单元的控制对象进行远方控制与调节。

厂站层设有“电站控制/企业集控中心控制/电网调度部门”软切换开关和“电站调节/企业集控中心调节/电网调度部门调节”软切换开关。当有现地控制单元“现地/远方”切换开关处于“远方”位置，运行人员可通过软切换开关对“电站控制/企业集控中心控制/电网调度部门控制”方式及“电站调节/企业集控中心调节/电网调度部门调节”方式进行切换。

当厂站层控制方式处于“电站控制”时，厂站层可对控制/调节方式切换开关处于“远方”位置的现地控制单元控制范围内的电站主辅设备发布控制命令，调度层则只能用于监视；当厂站层控制方式处于“企业集控中心控制”时，企业集控中心可对控制/调节方式切换开关处于“远方”位置的现地控制单元控制范围内的电站主辅设备发布控制命令，水光互补协调运行控制系统及电网调度部门则只能用于监视；当厂站层控制方式处于“电网调度部门控制”时，电网调度部门可对控制/调节方式切换开关处于“远方”位置的现地控制单元控制范围内的电站主设备发布控制命令，水光互补协调运行控制系统及企业集控中心则只能用于监视。

水光互补协调运行控制系统为了保证控制和调节的正确、可靠，操作步骤按“选择—确认—执行”的方式进行，并且每一步骤都应有严格的软件校核、检错和安全闭锁逻辑功能，硬件方面也应有防误措施。无论在哪种控制调节方式下，水光互补协调运行控制系统均应将实时数据和运行参数等按各级的要求上传到各级调控层，用于上级部门的监视。

6.3 水光互补协调运行控制系统结构

6.3.1 系统构成

水光互补协调运行控制系统的构成以龙羊峡水电站计算机监控系统为基础，按“无人值班”（少人值守）的原则设计，并按照无人值班的原则预留接口和平台；采用开放的分层全分布式系统结构，即采用功能分布方式和分布式数据库系统，系统的各设备以节点的形式通过网络组件形成局域网，实现数据信息共享。水光互补协调运行控制系统的全站数据库分布在厂站主控级设备的不同计算机中，光伏电站的信息作为一个机组发电单元接入。系统结构采用双星型以太网结构，系统数据服务器、通信服务器等均冗余配置。水光互补协调运行控制系统结构示意如图6-1所示。

6.3.2 网络结构及特性

水光互补协调运行控制系统按网络结构分为厂站层和现地层两层；按设备布置分为厂站控制级设备、现地控制级设备两级。

1. *厂站层*

厂站层网络主要包括控制网、信息网、信息发布网。

（1）厂站层控制网主要采用双星型以太网结构，在厂内控制室和远方中控室分别设置冗余的星形以太网交换机（分别布置两台星型以太网交换机），两个控制室内的星形以太网交换机之间采用千兆光纤环网进行连接。厂站控制层网络传输速率为100Mbit/s/1000Mbit/s自适应式，通信协议采用TCP/IP协议，遵循IEEE 802.3标准，整个网络发生链路故障时能自动切换到备用链路。

（2）厂站层信息网采用双星型以太网结构，在远方中控室内设置冗余的星形以太网交换机（分别布置2台星型以太网交换机），信息网传输速率为100Mbit/s/1000Mbit/s自适应式，通信协议采用TCP/IP协议，遵循IEEE 802.3标准。厂站层信息网与控制网之间采用隔离装置。信息网络发生链路故障时能自动切换到备用链路。

（3）厂站层信息发布网采用单星型以太网结构，在远方中控室内设置1台星型以太网交换机，信息网传输速率为100Mbit/s/1000Mbit/s自适应式，通信协议采用TCP/IP协议，遵循IEEE 802.3标准。信息发布网与信息网之间通过横向隔离装置进行连接。

厂内控制室设置在龙羊峡水电站厂房内，远方中控室设置在龙羊峡水电站营地办公区。

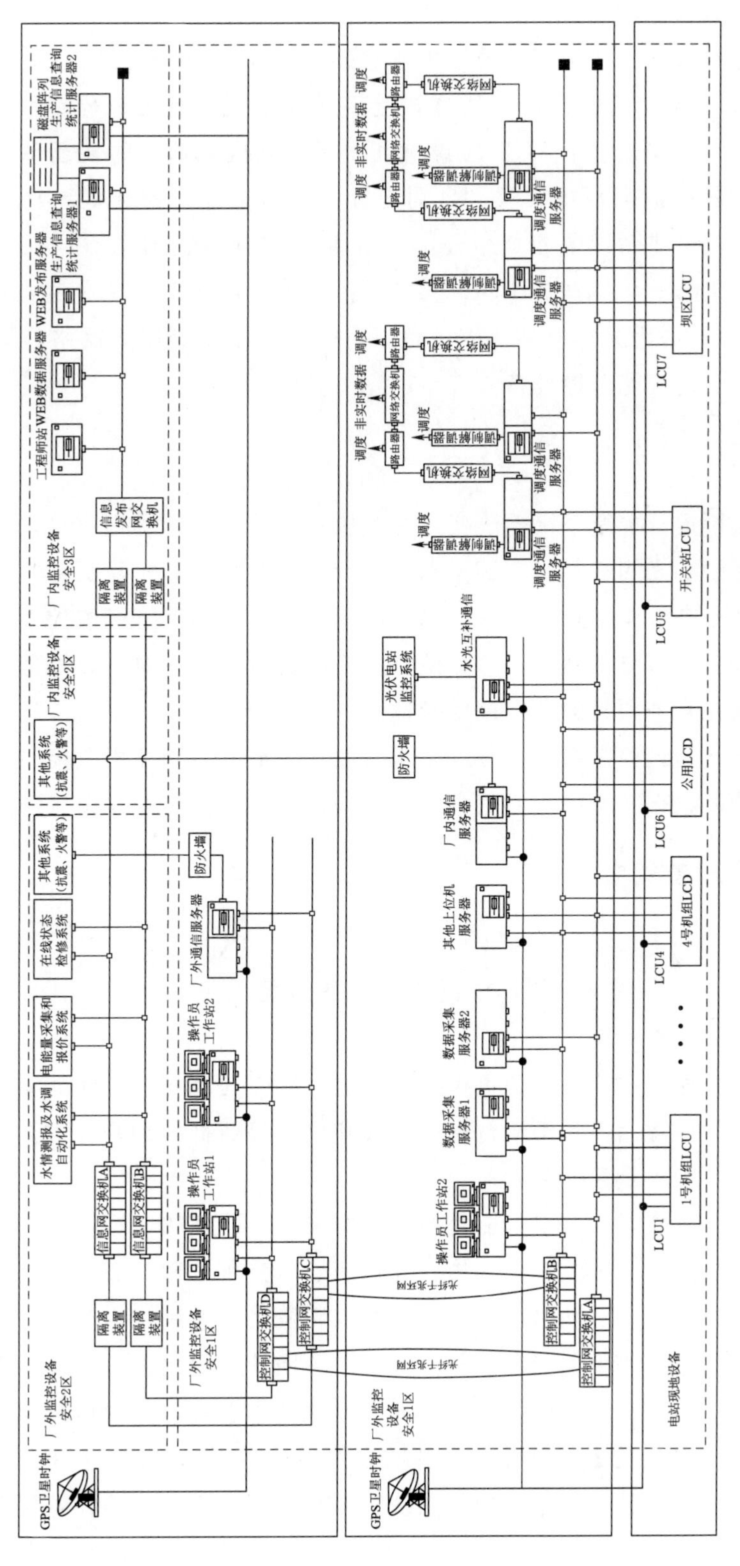

图 6-1　水光互补协调运行控制系统结构示意图

2. 现地层

水光互补协调运行控制系统现地层由水电站各现地 LCU 和光伏电站 LCU 构成。水电站各现地 LCU 对下采用现场总线方式连接远程 I/O 及各现地智能监测设备，现场总线为单环结构型式，每个 LCU 应设单环型标准和国际通用的现场总线。相应现地生产过程里的各种继电保护装置、自动装置、自动化设备和装置、监测仪表和装置、监测系统、机组辅助设备和全站公用设备由 PLC 组成的控制系统，采用现场总线和 I/O 相结合的方式分别与各 LCU 连接。总线介质为光纤和双绞线结合使用的方式。光伏电站 LCU 即为光伏电站监控系统，对下采用双星型以太网络连接光伏电站及其升压站内的现地智能监控设备。

6.3.3 对外通信

水光互补协调运行控制系统不改变原龙羊峡水电站的调度管理要求，与电网调度部门及企业集控中心之间通过原有数据专网和专线联结实现对外调度通信。

因此，水光互补协调运行控制系统仍由原龙羊峡水电站计算机监控系统厂站层设备（主要设备包括通信服务器、通信交换机及路由器等）统一对外收发信息，完成电网调度部门对水光互补项目的统一调度管理。

水光互补协调运行控制系统也继续使用原龙羊峡水电站计算机监控系统与电网调度部门之间的调度数据网络进行通信。网络设备、通信设备接入方式不变。

6.3.4 各节点设备构成

1. 厂站层

（1）数据采集服务器。主要功能是厂站层的数据采集、处理、归档及时钟管理等。设备配置为冗余热备份。

（2）历史数据库服务器。主要负责系统历史数据库的生成、转储，参数越复限记录，测点定义及限值存储，各类运行报表生成和储存等数据处理和管理。设备配置为冗余热备份，配置大容量存储装置。

（3）应用程序工作站。主要功能是系统数据采集、计算和处理，经济运行及优化调度，综合计算，运行档案管理，事故、故障信号的分析处理及其他应用程序运行等任务。其自动发电控制、自动电压控制功能及控制策略，应满足水光互补协调运行控制需求，指标满足电网调度部门运行管理的要求。硬件设备配置为双机热备份。

（4）操作员工作站。主要作为操作员人机接口工作平台，负责运行监视、控制及调节命令发出，设定或变更工作方式、各图表曲线的生成、打印、人机界面（MMI）等功能。通常，水光互补协调运行控制系统所涉及的所有设备的运行监控都在操作员工作站上进行。

（5）工程师/培训工作站。主要负责本系统的维护管理，功能及应用开发，程序下载和开发、定值修改、增加和修改数据库、运行人员的培训和仿真操作等工作，该工作站须具有操作员工作站的所有功能，可以作为操作员工作站的备用。该工作站的硬件配置应与操作员工作站相同。

（6）web 数据工作站。建立分布式信息数据库，能够保存网络中其他工作站和服务器共享的文件，包括各种应用程序和数据库，使用户能够在 web 发布服务器上方便地浏览、查询和检索数据库的内容。

（7）生产信息查询统计服务器。主要功能是水电站及光伏电站生产管理、状态检修等方面的数据采集、处理、归档、历史数据库的生成、转储等，并为 MIS 系统、web 数据工作站等提供数据支持和接口，负责主要设备运行状况数据的统计和处理。设备配置为双机热备份，配置大容量存储装置。

（8）web 发布服务器。在保证计算机监控系统安全的前提下，web 发布服务器负责提供水光互补协调运行控制系统的 web 网页生成与发布服务，通过与 web 数据工作站数据交换获得水光互补项目相关的信息，使其用户通过浏览器获得所需的信息。

（9）ON－CALL 及报表外设服务器。主要系统的语音报警、电话查询、事故自动寻呼（ON－CALL）等功能，并负责系统报表的生成及打印机等外设接入的任务。

（10）远程维护和诊断拨号服务器。主要功能是通过电话拨号方式远程登录，实现系统的在线诊断和远程维护功能。

（11）通信服务器。主要功能是处理系统与外部调度部门中心、集控中心等计算机系统间的通信联系。各通信服务器有足够的通道以便于系统扩充，并具备一发多收的功能。

（12）时钟同步装置。作为水光互补协调运行控制系统以及其他系统的基准时钟。同步时钟装置除提供标准时间外，还需具有多种串口通信及脉冲对时和 IRIG－B 对时信号，以满足继电保护装置、安全自动装置、故障录波装置、电能量采集装置、励磁装置、调速器等设备的对时需要。

2. 现地层

（1）水电站现地 LCU。水电站各现地 LCU 具有冗余配置的 CPU 模件、电源模件、现场总线模件、网络模件、机架等。冗余模件的工作方式须为在线热备份，无扰动切换；各 LCU 与电站现地生产过程中相应自动化系统之间主要通过现场总线接口和 I/O 方式进行信号采集和数据传输。

（2）光伏电站监控系统。光伏电站监控系统作为水光互补协调运行控制系统的现地层设备，通过光伏电站 330kV 送出线路配套的 OPGW 光缆接入水光互补协调运行控制系统站控层网络。其构成以配套升压站的计算机监控系统为基础，各光伏发电单元采用模块化结构，通过环形网络接入升压站计算机监控系统，构成光伏电站整体监控系统。

6.4 水光互补协调运行控制系统的功能

水光互补协调运行控制系统以龙羊峡水电站计算机监控系统为基础构成，由水光互补协调运行控制系统接收电网的调度指令，并结合光功率预测系统的资料和水库联合调度的要求，经自动发电控制及自动电压控制等功能模块计算后，将发电指令下达给龙羊峡水电站的水电机组和光伏电站，达到水光互补协调运行的目的。

水光互补协调运行控制系统的主要功能仍为龙羊峡水电站计算机监控系统的功能，但自动发电控制及自动电压控制功能、发电计划功能、监视画面、数据库等功能需要进一步开发完善。

在水光互补协调运行控制系统设置“水光互补协调运行”选择开关：当投入“水光互补协调运行”时，可选择参与水光互补协调运行成组控制的机组，选中的水电机组与光伏电站按照水光互补协调运行控制策略运行；当不投入“水光互补协调运行”时，水电站和光伏电站按照各自的监控系统控制策略运行。

光伏电站监控系统设置“现地/远方”软开关，当其处于“现地”控制方式时，光伏电站只接受通过光伏电站监控系统、现地操作开关、按钮等发布的控制及调节命令，水光互补协调运行控制系统的厂站层及调度层只能采集、监视来自光伏电站监控系统的运行信息和数据，而不能直接对光伏电站的控制对象进行远方控制与调节；当其处于“远方”控制方式时，光伏电站接受水光互补协调运行控制系统的控制及调节。

6.4.1 常规功能

(1) 数据采集。数据采集主要是自动采集水电站各现地控制单元、光伏电站监控系统等的各类实时数据，接收来自调度中心及操作员向计算机监控系统手动登录的数据信息。

(2) 数据处理。数据处理能对所有设备和各种数据类型定义数据处理能力，用以支持系统完成控制、监视和记录能力，数据处理应满足实时性、准确性要求。

(3) 安全运行监视。安全运行监视主要监视水电站进水口和枢纽泄洪金属结构的运行状态、参数和运行操作情况；水电站控制流域内水文、水情测预报数据信息及水库实时数据信息；水电站及光伏电站主要设备、辅助设备、公用设备的运行状态和参数、运行操作的实时监视；水电机组开机、停机过程和同期点分/合闸以及闸门自动启/闭等其他各种自动过程的监视；监控系统设备及通信设备的运行状态、运行方式及系统状况的监视。监视的手段、方式多样，例如：操作员工作站屏幕显示数据、文字、图形、曲线和表格等；事故或故障的音响、语音、电话报警；大屏幕显示、打印输出等。

(4) 趋势记录。趋势记录功能用于显示一些变量的变化。趋势记录程序应能在趋势显示画面上以曲线的形式显示趋势数据，能同时显示至少多条趋势曲线。对水电站的水电机组轴承温度、轴承温度变化率、推力轴瓦间温差、油槽油温、发电机有功功率及主变压器温度等主要参数实时数据进行记录，采样周期可调，采样点可选。记录满足以图形显示及列表显示等显示方式的需要，并具备最大、最小值，平均值等常用数值分析功能。

(5) 事故和报警。事故和报警要求厂站层能接收水电站及光伏电站的各种越限报警信号，当发生故障或事故时，立即发出中文语音报警并显示信息。事件和报警应按时间顺序列表的形式出现。

(6) 事故追忆。事故追忆主要是对事故前后水光互补协调运行方式及主要参数记录保存。系统能存储事故发生前 10 个采样点和事故发生后 30 个采样点的主要参数及数据采样值，事故前后的采样周期可调。发生事故时，自动打印并显示与事故有关的参数的历史值和事故期间的采样值。

(7) 运行调度。运行调度接收上级调度部门下达的水光互补的总有功功率给定、总有功功率限值给定、总无功功率给定、电站 330kV 母线电压或电站 330kV 母线电压限值给定等指令，根据水光互补的主要机电设备和枢纽设备运行状况，对电站进行运行调度，并上报龙羊峡水电站及光伏电站主要设备的运行信息。

(8) 控制操作。控制操作主要包括运行人员主要设备的控制操作，以及自动发电控制和自动电压控制等功能。

(9) 人机联系及操作要求。人机联系及操作要求包括运行操作人员、维护人员和系统管理工程师可通过操作员工作站、工程师工作站及培训工作站等的人机接口设备（如显示器、通用键盘、鼠标以及汉字打印机等）实现监视、控制及管理功能。

(10) 统计和制表打印。通过统计和制表打印能方便地生成和修改表格，能方便地查询、维护数据库，可自由生成过去任一时段的报表。打印包括定时打印和召唤打印，召唤打印包括实时打印和历史打印，发生事故、故障时自动打印。

(11) 信号系统。水电站及光伏电站的所有事故信号、故障信号、报警信号等能在厂站层计算机监控系统中自动打印、显示、记录，并及时向上一级调度部门发送。

(12) 系统自诊断和自恢复。系统具备完整的硬件和软件自诊断能力，包括在线诊断、离线诊断和请求诊断。在线运行时应对系统内的硬件及软件进行自诊断，并指出故障部位的模件。

(13) 远程诊断和维护。利用系统中已有的计算机节点实现该功能，具体应用上，设置远程维护和诊断服务器以进行远程诊断与维护，此节点应充分考虑软件、硬件的安全防护隔离措施。

(14) 直接拨号告警。系统通过 ON－CALL 工作站与综合信息及告警系统连接，ON－CALL 工作站把告警信号（包括电站各主要设备的事故或故障、厂房安全情况等告警信号）按其严重或危险程度分级，并向全厂综合信息及告警系统发送。当告警信号出现时，该系统立即按照告警的等级自动向程控交换机发出拨号信号，并将告警信号变为语音，通过程控交换机向有关人员的电话分机振铃（若遇到危险级告警时，系统便会使所有指定的电话分机同时振铃）。当电话振铃时，有关人员起机收听，即可从电话里收听到语音告警内容，告知故障或事故的发生时间、地点和故障或事故情况，使有关人员能及时赶赴现场。

(15) 仿真培训。具有各种控制操作、维护、软件开发和系统管理等方面的培训。在进行各种控制操作培训时，初始信息来自水光互补协调运行控制系统，启动相应的培训程序，对运行和操作过程进行仿真模拟，提供指导，受训人员可以模拟监控整个电站，但控制命令不输出到对象，不能影响正常的生产过程。

6.4.2 控制功能

为实现水光互补协调运行控制功能，在龙羊峡水电站计算机监控系统软硬件的基础上，增加应用服务器等硬件设备及负荷计划曲线自动生成系统软件、有功功率、无功电压协调运行等功能软件，用以辅助上报发电计划，执行调度部门最终下达的发电任务。

6.4.2.1 发电计划曲线自动生成

发电计划曲线自动生成功能在于协调水电站和光伏电站的发电出力，当太阳光照强时，光伏电站发电，水电站停用或者少发；当天气变化导致光伏电站发电减少甚至夜晚无光照的时候，通过电网调度系统自动调节水电站机组增加发电量，以减少天气变化对光伏电站发电的影响，提高光伏电站发电的质量，获得稳定可靠的电源，同时可以确保光伏电站不弃光、不弃水。

(1) 发电计划曲线生成原则。光伏电站按照最大能力发电，即光伏电站为基荷，水电站进行发电出力补偿调节，原来由水电承担的调峰任务继续由水电承担，光电和水电总发电出力曲线在原水电出力曲线基础上平行上移。

(2) 计算方法。水电站对光伏电站的补偿调节主要是以日内补偿为主，不改变龙羊峡水电站的日出库总水量，不改变龙羊峡水库年、月的出库水量，不影响龙羊峡水库与刘家峡水库两库的联合补偿运行调度为原则。根据水电站上游来水等水情信息及水电机组状态信息，结合光功率预测发电计划曲线，制定水电站发电计划。水电站经济运行首先保证发电设备安全、电能质量优良的情况下，在给定水电站日出库流量情况下，以日发电量最大为目标，以期获得最大经济效益，建立的数学模型为

$$\max P=\sum_{i=1}^{N}P_i(Q_i)\Delta T \tag{6-1}$$

式中 P——所有水电机组发电量总和；

P_i——第 i 台水电机组有功功率；

i——水电机组编号；

Q_i——第 i 台水电机组发电流；

N——水电机组台数。

水电机组出力约束为

$$P_{i\min}<P_i<P_{i\max} \tag{6-2}$$

式中 $P_{i\min}$——第 i 台水电机组在当前水头下可发最小有功功率；

$P_{i\max}$——第 i 台水电机组在当前水头下可发最大有功功率。

水电机组禁运区（振动区和气蚀区）约束为

$$P_i\notin[V_{i,k\min},V_{i,k\max}] \tag{6-3}$$

式中 $V_{i,k\min}$——第 i 台水电机组第 k 个禁运区下限；

$V_{i,k\max}$——第 i 台水电机组第 k 个禁运区上限。

日用水量约束为

$$Q=\sum_{i=1}^{N}Q_i\Delta T \tag{6-4}$$

即日用水量符合预定日出库流量要求。

通过动态规划法，计算出一天的计划曲线，光伏电站有功功率预测曲线叠加该计算的计划曲线，再考虑一定的旋转备用，作出未来一天的发电计划和机组启停计划。

6.4.2.2 AGC 控制

AGC 功能是水光互补协调运行控制的核心，水光互补协调运行控制系统对龙羊峡水电站的有功功率控制功能不变，同时为满足光伏电站接入龙羊峡水电站后的协调运行控制，有功功率控制功能模块应做相应优化，即当光照变强时，光伏电站发出的有功功率增大，参与水光互补协调运行控制的水电机组应减小发电出力；当光照变弱或者受云层影响时，光伏电站发出的有功功率减少，此时水电机组应增大发电出力，通过水电机组有功功率的逆向调节，减小水光互补项目并网点有功功率的变化。

(1) AGC 的控制原则。AGC 的控制功能应具有调节有功功率、调频及低频启动等功能。根据电网调度部门要求的发电任务或下达的有功功率曲线，按安全、可靠、最优、经济的原则运行，最大限度地避免弃光、弃水。

首先保证光伏电站按其实时光资源情况发电，以下达的发电任务实时总有功功率减去光伏电站的实时发电有功功率，剩余有功功率参与水光互补协调运行 AGC 成组

控制的水电机组之间分配。AGC工作模式如图6-2所示。

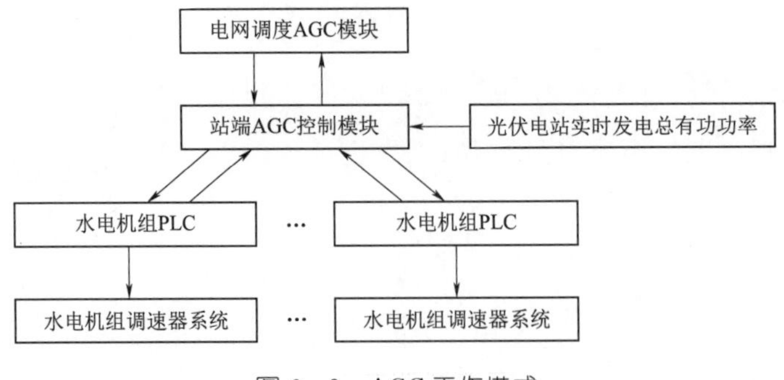

图6-2 AGC工作模式

水电机组的有功功率分配时应考虑实时工况、水头、水电机组状况、气蚀区、振动区、效率曲线、有功功率限制、水电机组 P—Q 关系等约束条件，确定最佳运行的机组台数、最佳的组合方式和水电机组间最佳有功功率分配，进行水电站水电机组发电出力的闭环自动调节，并可自动开、停水电机组完成有功功率控制，也可以只在水光互补协调运行控制系统的人机界面上显示出操作建议作为开环运行指导，提示运行值班人员手动发出开停机及有功功率调节指令。未参与水光互补协调运行有功功率控制的水电机组可直接接受操作员的控制。

(2) AGC的工作方式。根据电网调度下达的发电任务或有功功率曲线在厂站层直接进行AGC运算，AGC运算结果执行方式有闭环运行和开环运行两种：闭环运行方式时，厂站层有功功率运算的结果直接下达给现地层设备执行，不需运行人员人工干预；开环运行方式时，厂站层有功功率运算的结果需经运行人员确认后方可下达给现地层设备执行。

(3) 有功功率给定值方式，有功功率给定值方式包括给定总有功功率方式和给定有功功率曲线方式。给定总有功功率方式时，调度给定总有功功率，有功功率控制功能软件读取给定总有功功率，减去光伏电站发电实时总有功功率，剩余有功功率在参与水光互补协调运行成组控制的水电机组间分配。当光伏电站实时有功功率发生变化，且变化值超出预设值时，将调节参与水光互补协调运行成组控制的水电机组，以保证并网点总有功功率不变；给定有功功率曲线方式时，调度给定总有功功率发电计划曲线，有功功率控制功能软件读取对应时段总有功功率，减去光伏电站发电实时有功功率，剩余有功功率在参与水光互补协调运行成组控制的水电机组间分配。当光伏电站实时发电有功功率法发生变化，且变化值超出预设值时，将调节参与水光互补协调运行成组控制的水电机组，以保证并网点总有功功率曲线与有功功率发电计划曲线一致。

(4) 水光互补协调运行AGC与一次调频的关系：一次调频是电网频率偏离出目

标频率范围时，参与电网一次调频的水电机组通过调速系统自动控制机组有功功率的增减，当系统频率下降时增加发电出力，当系统频率升高时减少发电出力，以使电网频率快速回到目标值范围。如果机组由于响应电网一次调频需求调整发电出力，同时AGC仍然按照有功功率对应的发电计划目标下达有功功率调节指令给机组，而一次调频响应的有功功率调节有可能与AGC的有功功率调节方向不一致，就会发生机组反向拉锯调节有功功率的现象。解决AGC与一次调频的关系的问题有以下方案：

方案一：AGC与一次调频并行工作。一些电站在进行一次调频试验时发现一次调频响应的有功功率调节幅值都不大，基本不会与AGC的有功功率控制调节发生矛盾。因此，可以将AGC的有功功率控制调节与一次调频的响应各自独立，并行工作。

这种方案在一次调频响应有功功率调节幅值不大的情况采用更合适，但同时存在着发生机组有功功率拉锯调节的可能。

方案二：响应一次调频时闭锁AGC调节。当机组响应一次调频的有功功率调节时闭锁AGC调节，AGC功能模块不对机组进行有功功率分配，机组一次调频响应复归后，AGC功能模块恢复对机组的有功功率控制。

这种方案能够有效防止机组有功功率拉锯调节，但是如果一次调频响应过于频繁会导致AGC调节功能长期失效。

方案三：响应一次调频时AGC调节短时暂停。AGC有功功率调节在机组响应一次调频的有功功率调节时暂停一定时间，该时间为变量可整定。AGC有功功率调节暂停前下发的指令机组将继续执行，AGC暂时不下发新的调节指令，暂停时间后无论一次调频响应是否复归，AGC有功功率调节都将按照有功功率发电计划目标值对机组进行有功率分配。

方案四：响应一次调频时修正AGC调节值。与方案一相同，AGC的有功功率控制调节与一次调频的响应并行工作，但在机组响应一次调频的有功功率调节时对AGC的调节目标值进行修正，即

$$P_{AGC}=P_{SET}+NK_{G}\Delta f-\overline{P}_{AGC}$$

式中　P_{SET}——发电计划总有功功率目标值；

$\overline{P}_{AGC}$——厂内其他未参与AGC运行机组的实时发电总有功功率；

Δf——频率偏差值；

K_{G}——机组的单位调节功率，即频率下降或上升1Hz时，机组增发有功功率或减发有功功率的值；

N——参与一次调频的机组台数。

修正公式中考虑了机组响应一次调频的有功功率调节值，通过修正AGC的调节目标值，可以有效的防止机组一次调频响应的有功功率调节与AGC的有功功率调节方向不一致的现象。

综合方案一～方案四的特点，结合拉西瓦等水电站在机组一次调频试验时一次调频响应的调节幅值都不大的实际情况，龙羊峡水光互补运行项目在开始实施时先按方案一执行。同时，在AGC功能软件中预留了方案二和方案三的功能。

（5）调节幅值限值及调节相应时间步长。有功功率调节的幅值限值越小，对光伏电站发电波动性的补偿效果越好，但同时可能在某段时间内发生水电机组的频繁调节。为了快速补偿光伏电站发电变化，同时防止水电机组过于频繁调节，有功功率控制功能软件可以设置光伏电站发电调节幅值限值和调节响应时间步长。龙羊峡水光互补运行项目在调度目标不变的情况下，当光伏电站有功功率变化超过调节幅值限值时，有功功率控制功能软件将重新计算，调节水电机组有功功率以补偿光伏电站发电出力变化导致的总有功功率差值。调度目标变化时，无论光伏电站有功功率是否变化，有功功率控制功能软件都要重新计算，调节水电机组有功功率达到调度目标值。调节幅值限值和调节响应时间步长设置为变量，项目运行过程中，可根据实际统计资料，对调节幅值限值进行修正、完善，既要保证对光伏电站发电波动性的补偿，又要保证水电机组的安全稳定运行。

同样，有功功率的调节响应时间步长设定也有上述关系，龙羊峡水光互补运行项目开始的调节响应时间步长为8s，后续运行中可根据实际情况进行修正、完善。

6.4.2.3 AVC控制

因为电力系统对新能源建设的无功—电压控制有相应的要求，新能源电站可以通过调节无功补偿设备、调整升压变压器变比等方式进行无功—电压调节，同时水电机组也具有一定的无功—电压调节能力，因此，AVC控制策略暂按水电机组和光伏电站接入母线电压为目标进行调节。

（1）AVC工作原则。在电网电压出现波动时需要协调控制光伏电站无功功率补偿设备等AVC控制调节设备，保证光伏电站并网点的电压在合理的范围内。水电站AVC控制策略可根据电压偏差计算需要调节的无功功率值，并在参与调节的水电机组间分配无功功率，调节母线电压到在偏差范围之内。AVC工作原理如图6-3所示。

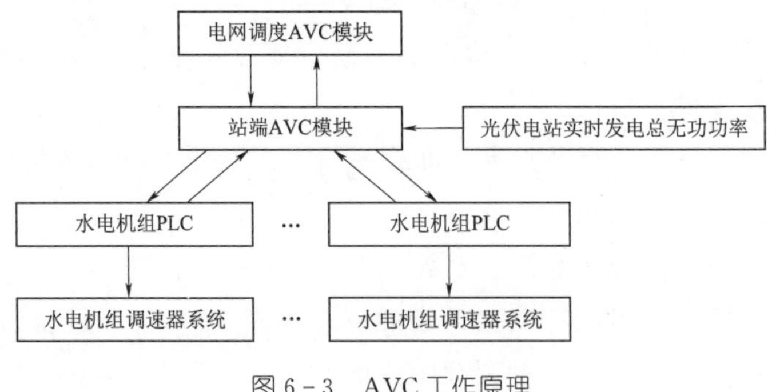

图6-3　AVC工作原理

AVC控制应根据电网调度要求及光伏电站发电状态、光伏电站无功功率调节设备状况、水电机组机端电压限制、水电机组进相深度限制、转子发热限制、水电机组最大无功功率限制、水电机组 $P—Q$ 关系等安全运行约束条件，合理分配光伏电站与水电机组间的无功功率，通过调节光伏电站无功功率调节设备及调节水电机组励磁调节器，维持龙羊峡水电站330kV母线电压在电网调度给定的变化范围内。

(2) AVC工作方式。根据电网调度部门下达的母线电压或电压曲线在厂站层直接进行自动电压控制运算，运算结果执行方式有闭环和开环两种方式。闭环运行方式时，厂站层无功功率运算的结果直接下达给现地层设备执行，不需运行人员人工干预；开环运行方式时，厂站层无功功率运算的结果需经运行人员确认后方可下达给现地层设备执行。

(3) 电压给定值方式，包括给定母线电压方式和电压曲线方式。给定母线电压方式时，调度给定母线电压值，水光互补协调运行AVC软件根据给定值与母线电压偏差计算需要调节的无功功率值，在参与水光互补协调运行AVC的水电机组间分配无功功率，调节母线电压到预定范围内。电压曲线方式时，调度给定母线电压计划曲线，水光互补协调运行AVC软件读取当前时段给定母线电压值，计算需要调节的无功功率值，在参与水光互补协调运行AVC的水电机组间分配无功功率，调节母线电压到预定范围内。

6.5 本章小结

(1) 龙羊峡水光互补运行项目的光伏电站所发电量是通过水电站接入电力系统，因此从接入系统的角度看水电站和光伏电站可以视为1个电源点，即在日内调度部门可对水光互补项目下达整体发电量指标，由水光互补协调运行控制系统对水电站及光伏电站进行AGC及AVC，实现其调度目标。

(2) 水光互补协调控制系统以水电站的监控系统为基础构建，将光伏电站虚拟为水电站的一台新建机组进行控制。水光互补协调运行控制系统设置"水光互补协调运行"选择开关，当投入水光互补协调运行时，可选择参与水光互补运行的水电机组，选中的水电机组与光伏电站按照水光互补协调控制策略运行；当不投入水光互补协调运行时，水电站和光伏电站按照各自的监控系统控制策略独立运行。

(3) 光伏电站监控系统设置"现地/远方"软开关，当其处于"远方"控制方式时，接受水光互补协调控制系统的控制及调节。

(4) 水光互补协调控制系统功能在水电站监控系统功能的基础上完善AGC及AVC功能、发电计划功能、监视画面、数据库等功能实现水光互补协调控制。

第7章

水光互补协调运行试验

2013年12月龙羊峡水光互补项目一期工程320MW光伏电站投运，光伏电站建成接入龙羊峡水电站并网发电，黄河上游水电开发有限责任公司联合各方开展了水光互补协调运行试验。在水电站设备实验完成的基础上，水光互补协调运行试验主要包括AGC控制试验、AVC控制试验及水量平衡试验，在试验过程中根据龙羊峡水电站水电机组特性调整完善调节参数，验证前期各项理论研究结论，实践水光互补协调运行控制策略，为水光互补协调运行数据奠定了试验基础。

试验时，龙羊峡水电站G3处于A级检修状态，其他水电机组（G1、G2和G4）和电气设备均运行良好，按试验需求参与试验；330kV送出线路运行正常；单台水电机组调节范围0～320MW，当前水头下水电机组振动区设置为130～190MW区间；水光互补协调运行控制系统软件、硬件运行正常。

试验以“水光互补协调运行方案”为基础，根据试验时水电站的实际情况进行调整后上报电网调度部门批准，并按下达的当日试验方案开展。

在本章展示的所有曲线图中：①——水光互补协调运行实际发电总有功功率曲线；②——光伏电站实时有功功率出力曲线；③——G1实时有功功率出力曲线；④——G4实时有功功率出力曲线；⑤——G2实时有功功率出力曲线；⑥——调度下达的总有功功率发电任务曲线；⑦——水电机组实时有功功率出力曲线；⑧——给定330kV母线电压；⑨——330kV母线实际电压。

7.1 AGC控制试验

7.1.1 有功功率给定开环试验

试验时，分别对应龙羊峡水电站的4台水电机组（图2-13）以固定幅值增加有功功率，将参与试验的水电机组有功功率增至最大有功功率；以固定幅值减有功功率，将参与试验的水电机组有功功率减至最小有功功率，记录水光互补协调运行控制系统有功功率分配及自动发电控制响应情况。其试验结果见表 4－4。

水光互补协调运行系统投入，在开环条件下人工模拟小雨天气光伏电站实时发电曲线，设定全站总有功功率，记录光伏电站发电出力变化时不同调节参数下，龙羊峡水电站水电机组单机或成组参与水光互补协调运行的调节情况。试验时，龙羊峡水电站 G2 发电出力 320MW 满发运行、G4 发电出力 240MW 运行参与开环试验，以 G4 参与单机调节、以 G2 和 G4 参与多机成组控制调节。试验设定 50MW 作为有功功率调节幅值限值、30s 设定为调节响应时间步长，试验发现有功功率调节速度较慢，调节目标偏差较大。将有功功率调节幅值限值和调节响应时间步长分别设定为 10MW 和 8s 后，无论是单机调节还是多机成组控制调节的调节效果明显改善，并且水电机组不会频繁参与调节，调节目标偏差满足要求。

开环试验结果说明，水光互补协调运行控制系统能够跟踪光伏电站实时发电出力变化，并按控制策略分配调节指令发送至水电机组，水电机组能够响应调节指令。并且验证了有功功率调节幅值限值越小、调节响应时间步长越短对光伏电站实时发电出力的平滑效果越好。通过开环试验确定后续试验选择有功功率调节幅值限值和调节响应时间步长分别为 10MW 和 8s，按照此调节参数进行水光互补协调运行，单机参与水光互补协调运行控制或成组参与水光互补协调运行调节响应均满足调节目标偏差要求。

7.1.2 有功功率给定闭环试验

试验在闭环条件下投入水光互补协调控制的运行模式，分别选择龙羊峡水电站 3 台水电机组中的 1 台、2 台或 3 台机组参与水光互补协调运行控制，按照水光互补协调运行控制策略制定水电站及光伏电站的总有功功率发电计划，跟踪光伏电站实时发电出力变化、人为进行小扰动及大扰动变化，记录水光互补协调运行控制系统有功功率调节及自动发电控制响应情况。

7.1.2.1 发电计划制定及发电任务下达

水电站保持日内出库水量，按照水电机组前三日正常运行的情况生成日发电出力曲线，光伏电站按照光功率预测系统的预测结果生成日发电出力曲线，将两者叠加生成水光互补项目总有功功率发电计划，上报电网调度部门审批。电网调度部门在下达发电任务时对上报的发电计划进行了调整，电网调度部门对上报的总有功功率发电计划曲线中增加大阶跃变化试验，在 11:30—12:00 先减有功功率 200MW 后再增有功功率 250MW；电网调度部门对光伏电站有功功率给定曲线增加了连续阶跃调整试验，从 12:50 开始依次减有功功率 20MW、减有功功率 30MW、减有功功率 50MW、增有功功率 100MW，从 14:30 开始依次减有功功率 200MW、增有功功率 150MW、增有功功率 40MW。试验按下达的发电任务实施，晴转多云天气有功功率闭环试验实时出力曲线如图 7－1 所示。

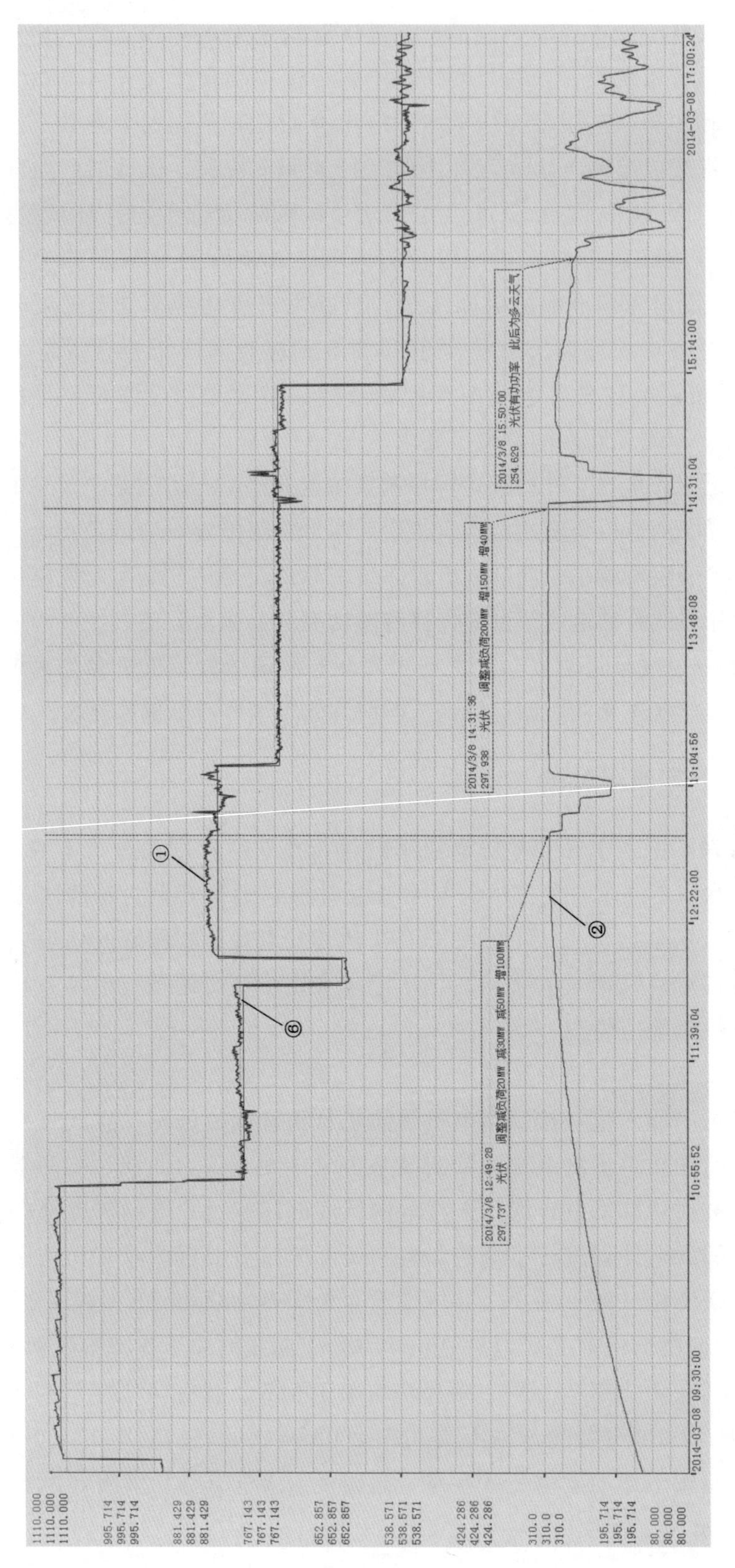

图 7-1　晴转多云天气有功功率闭环试验实时发电出力曲线(2014-03-08)

7.1.2.2 有功功率固定值闭环试验

1. 水电机组跟踪光伏电站实时发电出力

当天前半天为晴天天气，光伏电站按照资源情况发电，如图 7-1 所示。为达到总有功功率发电目标，参与水光互补协调运行的水电机组按照水光互补协调运行控制系统分配的有功功率跟踪光伏电站发电出力的爬升而调节运行，水电机组跟踪光伏电站实时发电出力调节曲线如图 7-2 所示。可以看出，在给定的发电任务有功功率曲线增有功功率或减有功功率阶跃时，水电机组都能及时做出响应并能保证水光互补项目实时发电总有功功率与调度下达的发电任务曲线一致。

当天下午 15:50 开始出现多云天气，光伏电站实时发电出力开始频繁变化，这时从图 7-1 和图 7-2 中可以看出水电机组全过程跟踪光伏电站实时发电出力变化，按照水光互补协调运行控制系统下达的调节指令调节出力，做出准确的有功功率调整，保证水光互补项目实时发电总有功功率与调度下达的发电任务一致。

2. 人工扰动光伏电站实时出力

当天 12:50—15:50 开始人为干预光伏电站的出力变化，从 12:50 开始依次减有功功率 20MW、减有功功率 30MW、减有功功率 50MW、增有功功率 100MW，从 14:30 开始大扰动减有功功率 200MW、增有功功率 150MW、增有功功率 40MW（图 7-1 和图 7-2）。水光互补协调运行控制系统按照控制策略调整水电机组发电出力，水电机组快速做出响应，保证实时总有功功率与调度下达的发电任务一致。

对光伏电站大扰动，即减有功功率 200MW、再增有功功率 150MW，并对这一过程进行分析。光伏电站大扰动过程调节出力曲线如图 7-3 所示。其中，14:33:08 光伏电站开始减有功功率 200MW，14:35:04 光伏电站发电出力调节到位；14:41:43 光伏电站开始增有功功率 150MW，14:43:24 光伏电站发电出力调节到位。这个过程中，水电机组同步进行调节，与光伏电站同时调节到位，水光互补协调运行控制策略在短时间大扰动情况下能够及时调整水电机组发电出力对光伏电站的实时发电出力变化做出补偿调节，水电机组能够快速响应调节指令、及时调整到位，同时水电机组运行稳定。

3. 调节偏差分析

当天的试验过程中，发生 3 次实时发电总有功功率与电网调度下达的发电任务存在较大偏差的现象，分别是：在 12:50 后人工干预光伏电站连续减有功功率过程中，12:56:24 的实时总有功功率为 870.168MW、调节偏差 40.168MW、超调率 4.8%；在 14:33:08 光伏电站大扰动减有功功率 200MW 的过程中，14:33:36 的实时总有功功率为 677.86MW、调节偏差 −52.14MW、超调率 7.1%；在大扰动减有功功率后，14:41:43 光伏电站开始增有功功率 150MW，14:42:00 实时总有功功率为 775.546MW、调节偏差 45.546MW、超调率 6.2%。

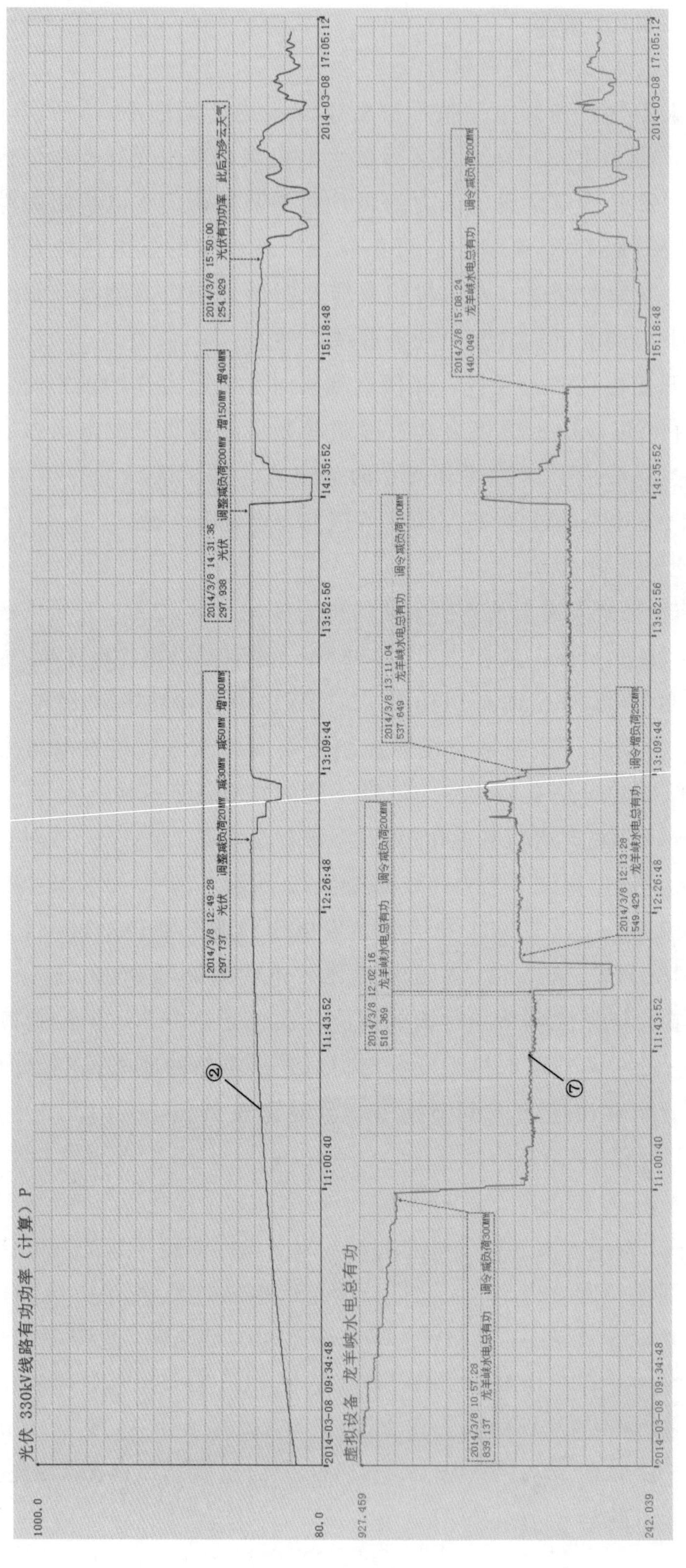

图 7-2 水电机组跟踪光伏电站实时发电出力调节曲线(2014-03-08)

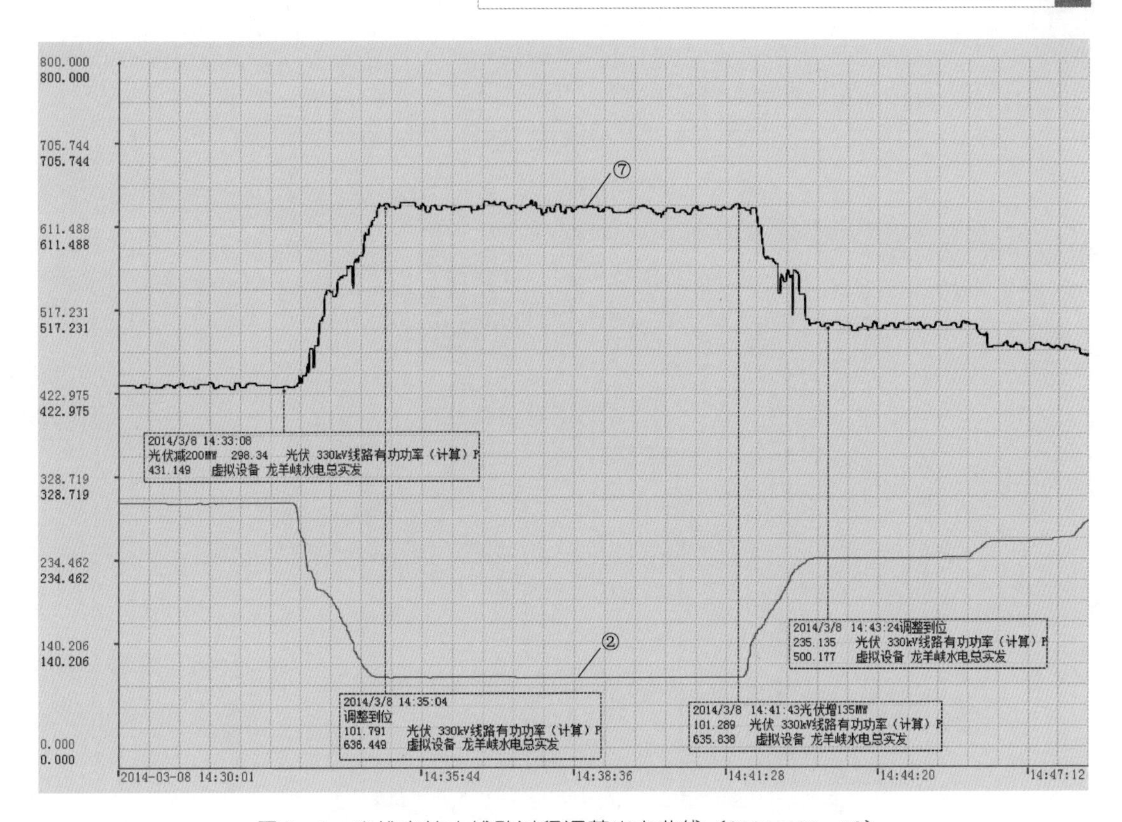

图 7-3 光伏电站大扰动过程调节出力曲线（2014-03-08）

上述过程中，参与水光互补协调运行控制的各台水电机组的调节响应过程，水光互补协调运行控制调节偏差 1 如图 7-4 所示，在水电机组跟踪光伏电站发电出力变化过程中投入了躲避振动区运行策略，可以看出，在对大扰动调节响应时水电机组会穿越振动区，但多台机组成组控制可以使水电机组避免长期运行在振动区。

在 12:56:24 跟踪光伏电站连续减有功功率过程中，为避免水电机组运行在振动区，G4 向上跨越振动区由 129.169MW 增至 175.419MW，G1 有功功率由 219.38MW 增至 229.66MW、G2 有功功率由 209.779MW 减至 214.479MW，避开振动区运行共同实现水电机组增有功功率 50MW，对光伏电站有功功率减 50MW 进行补偿调节，以达到水光互补协调运行总有功功率不变的目标。

在 14:33:36 跟踪光伏电站减有功功率 200MW 过程中，为避免水电机组运行在振动区，G1 有功功率由 126.97MW 增至 210.58MW，G2 有功功率由 125.069MW 增至 215.479MW 向上跨越振动区，G4 有功功率由 193.399MW 增至 204.789MW，共同实现水电机组增有功功率 200MW，对光伏电站有功功率减 200MW 进行补偿调节，以达到水光互补协调运行总有功功率不变的目标。同样，在跟踪光伏电站增有功功率 150MW 变化过程中也是多台机组成组控制躲避在振动区运行。

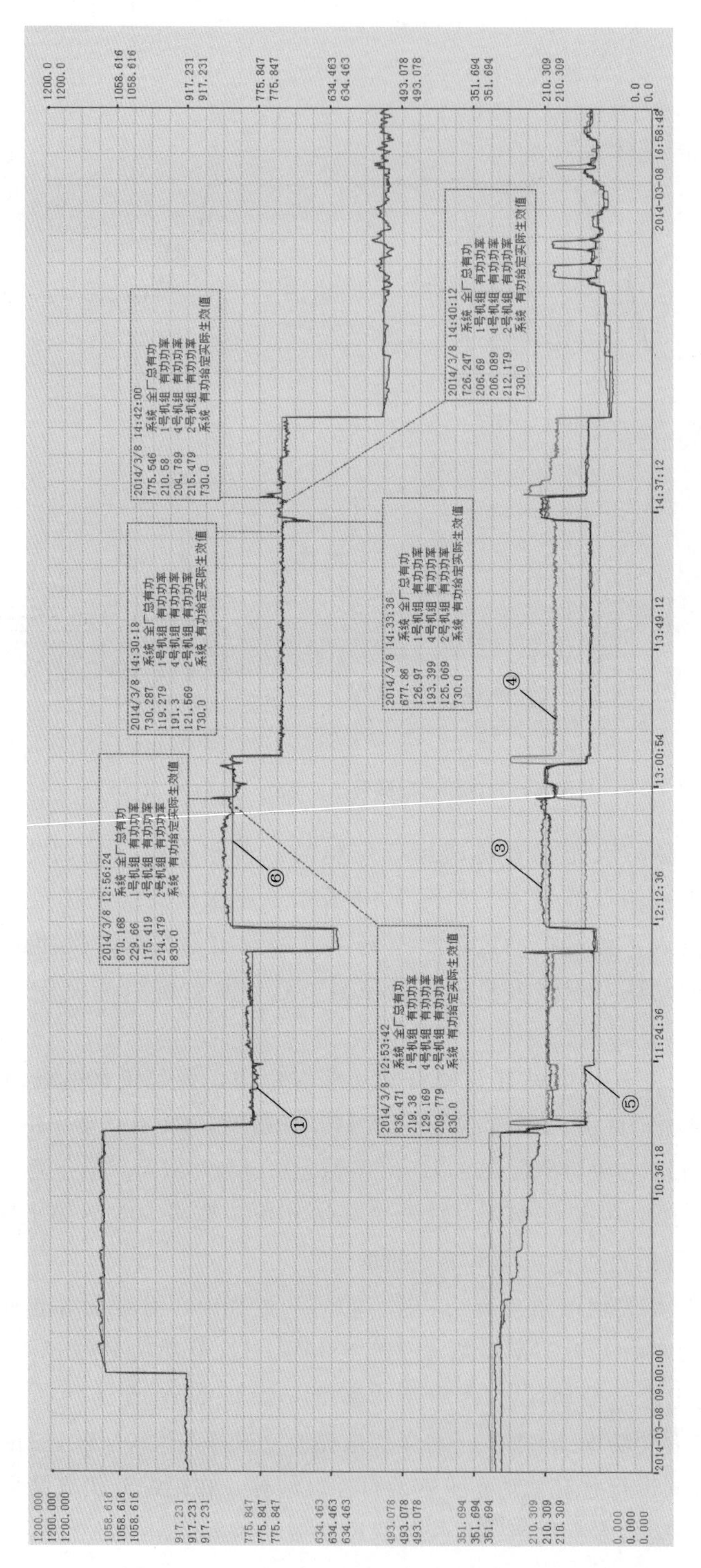

图7-4 水光互补协调运行控制调节偏差1(2014-03-08)

后续对水光互补协调运行控制系统退出躲避水电机组振动区运行策略进行跟踪有功功率曲线试验，水光互补协调运行控制调节偏差 2 如图 7-5 所示。当天，光伏电站按照太阳能资源情况发电，13:00 开始人工扰动依次减有功功率 50MW、减有功功率 100MW 后，再增有功功率 150MW。从实时运行曲线可以看出，不论光伏电站是由于天气变化还是人工扰动发生实时发电出力变化，水光互补协调运行控制系统都能够跟踪光伏电站的发电出力变化对水电机组下达调节指令，保证总有功功率输出与调度部门下达的发电任务一致。由于未投入躲避水电机组振动区运行策略，水电机组调节过程中会在振动区中运行，但调节后的总发电出力结果与投入躲避水电机组振动区运行策略一样都能够满足调度发电任务的需求。试验结果证实，实时发电的总有功功率与电网调度下达的发电任务存在短时较大偏差与机组躲避振动区策略无关。

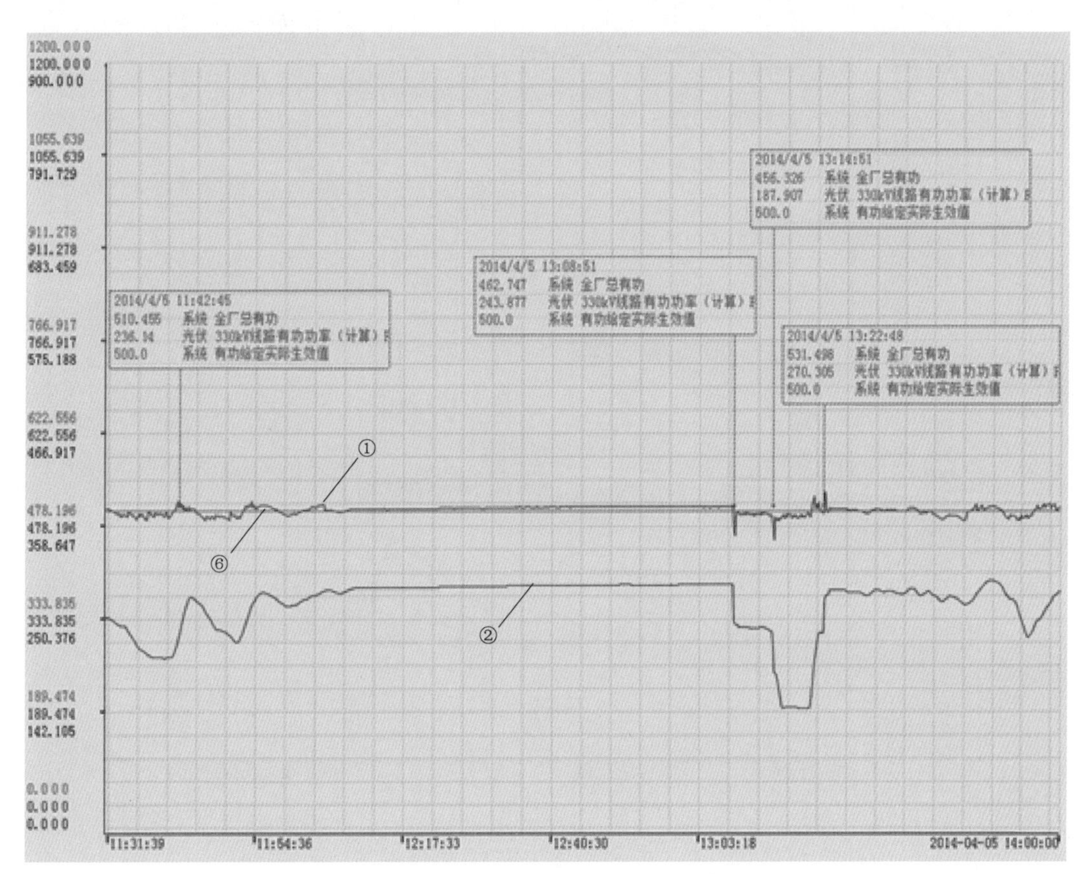

图 7-5 水光互补协调运行控制调节偏差 2（2014-04-05）

从图 7-1 还可以看出，12:02:16 调度下达指令减有功功率 200MW，水电机组即按照调令减有功功率，并没有调节偏差的尖峰，而光伏电站在短时间内发生大功率变化水电机组对其进行调节时，调节响应都有一个尖峰形调节偏差，这是由于水光互补协调运行控制系统调节参数设置为调节幅值限值 10MW、调节响应时间步长 8s，在 8s 内出现大功率的变化即便超过 10MW 也将不被调节。

7.1.2.3 光伏电站人工甩负荷试验

试验当天为多云天气，光伏电站实时发电出力波动频繁，参与水光互补协调运行的水电机组都能按照控制策略响应调节指令，保证水电站和光伏电站的总发电出力与调度下达的发电任务一致，多云天气光伏电站甩负荷试验曲线如图 7-6 所示。

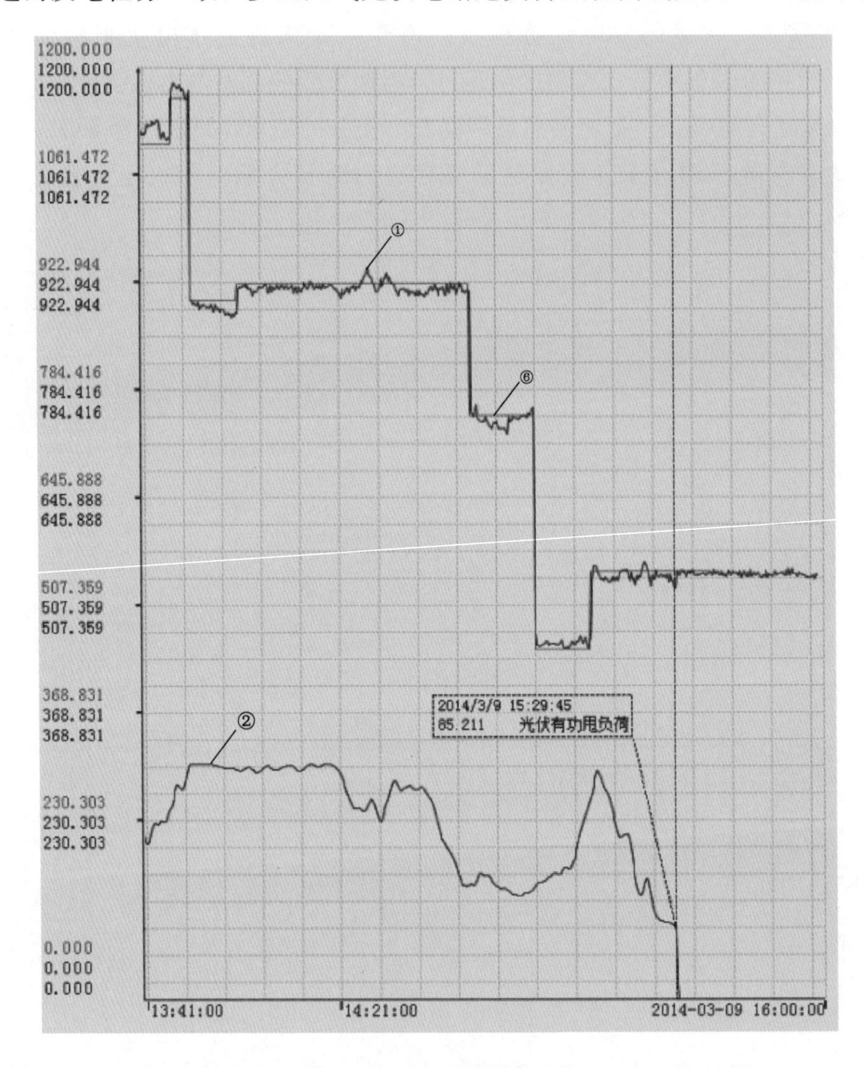

图 7-6 多云天气光伏电站甩负荷试验曲线（2014-03-09）

当天 15:29:42，光伏电站实时发电出力 95MW，开始人工切负荷，15:30:06 光伏电站实时发电出力变为 0MW。在此过程中，水电站的水电机组进行反向调节，15:30:16 时水电机组发电出力调整到位，保证总发电出力 550MW 不变。水电机组响应光伏电站甩负荷过程曲线如图 7-7 所示。

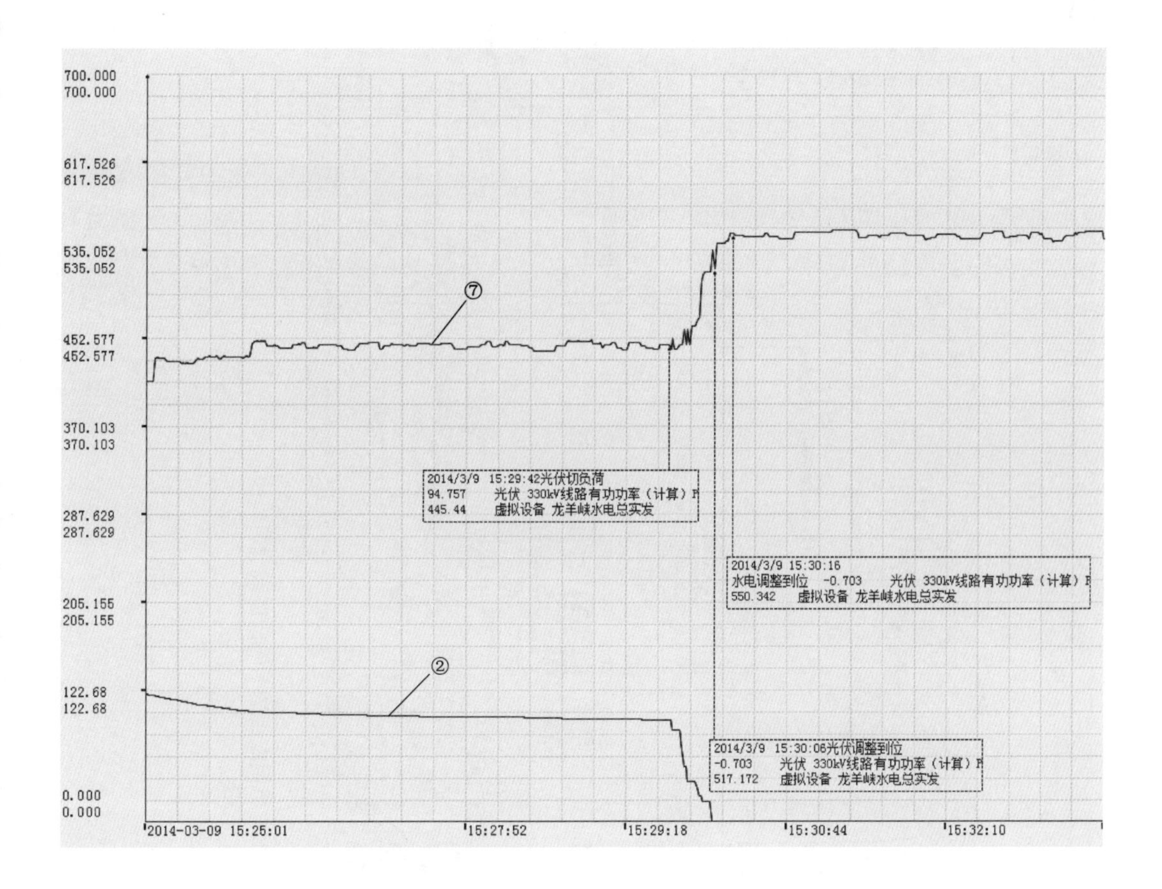

图 7－7 水电机组响应光伏电站甩负荷过程曲线（2014－03－09）

在光伏电站甩负荷过程中，水光互补协调运行控制系统按照控制策略跟踪光伏电站的出力变化，光伏电站在甩负荷前由于天气原因实时发电出力连续减小，恰逢调度给定发电任务增加有功功率阶跃，按照控制指令，G1 和 G2 依次跨越振动区增加有功功率、G4 减少有功功率完成成组控制，满足光伏电站有功功率减少但调度给定发电任务总有功功率增加的调节响应。随后，光伏电站开始甩负荷，G4 跨振动区增加有功功率，同时 G1 和 G2 小幅增加有功功率共同完成对光伏电站甩负荷的反向调整。整个过程，水电机组及时响应控制指令，在连续反向调节的过程中运行平稳，按照水光互补协调运行控制策略执行的调节结果能够满足调度部门下达的发电任务要求。有功功率给定闭环试验水电机组成组调节响应曲线如图 7－8 所示。

7.1.2.4 负荷曲线闭环试验

负荷曲线闭环试验与有功功率闭环试验不同的是调度部门下达的发电任务不是在某一段时间内的固定值，而是随时间变化的实时曲线。调度下达的总有功功率负荷曲

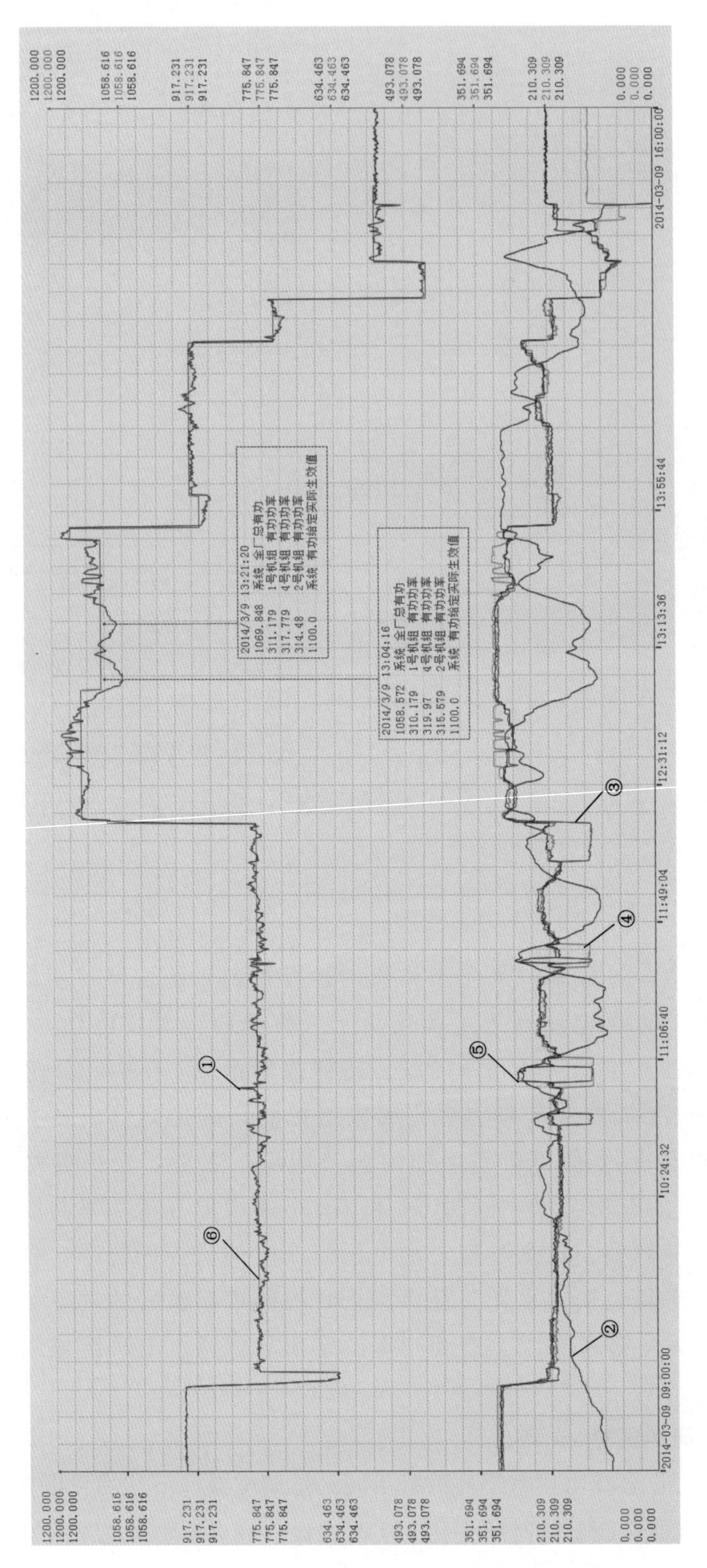

图7-8 有功功率给定闭环试验水电机组成组调节响应曲线(2014-03-09)

线如图 7-9 所示。试验当天为多云天气，光伏电站最小出力 70MW、最大出力 240MW、平均出力 196MW，实时出力随天气变化而变化但变幅不大。龙羊峡水电站 G1、G2 和 G4 按照成组控制原则参与水光互补协调运行，通过水电站水电机组对光伏电站实时出力变化的调节，实时总有功功率能够按照调度部门下达的负荷曲线运行，实现以水电机组的调节平滑光伏电站发电曲线变化、为电网提供更为友好电源的目标。全过程，水电机组按照控制策略安全、平稳运行。

后续，选择晴转多云、多云等天气条件多次进行负荷曲线闭环试验，分别如图 7-10 和图 7-11 所示。参与水光互补协调运行控制的水电机组都能够及时响应控制指令，安全、平稳地补偿光伏电站实时出力的变化，全站实时发电总有功功率按照调度部门下达的负荷曲线运行。

7.1.3 网调联调试验

网调联调试验是将对光伏电站和水电机组的控制权交给电网调度，由电网调度在远方调度端实现对光伏电站和水电机组的调节。试验前，水光互补协调运行控制系统与调度端测试四遥信号正常。试验时，水光互补协调运行控制系统投入水光互补协调运行控制模式、龙羊峡水电站的 AGC 模块投入远方控制模式、水电机组投入远方控制模式、龙羊峡水电站的 G1、G2 及 G4 参与水光互补协调运行，光伏电站投入远方控制模式，由电网调度人员设定水电站及光伏电站总有功功率。

试验当天为晴天天气，9:00—15:00 电网调度部门给定光伏电站按光资源情况实时发电，光伏电站实时发电出力平稳增长；10:00—11:00 电网调度部门反复、多次大功率调整给定水光互补电站总有功功率，测试水电机组在跟踪光伏电站实时发电出力变化的同时对电网调度指令快速频繁变化的响应情况；15:00—15:30 电网调度部门给定光伏电站依次减有功功率 50MW、减有功功率 50MW 后增有功功率 100MW，测试光伏电站对电网调度指令的响应情况及水光互补协调运行控制系统的响应情况；15:02 电网调度部门连续两次给定负荷曲线 280MW 的大扰动，测试水电机组调节响应速度和调节能力（图 7-12）。从试验结果分析：水光互补协调运行控制系统能够按照电网调度部门下达的指令调节光伏电站实时发电出力，调节响应满足电网调度对响应速度和误差要求；试验过程中不论是大负荷频繁变化还是系统扰动，水光互补协调运行控制系统和水电站的水电机组都能及时响应调度指令，同时跟踪调节光伏电站的发电出力变化，调节响应满足电网调度的要求；整个调节过程，水电机组均能安全、平稳运行。

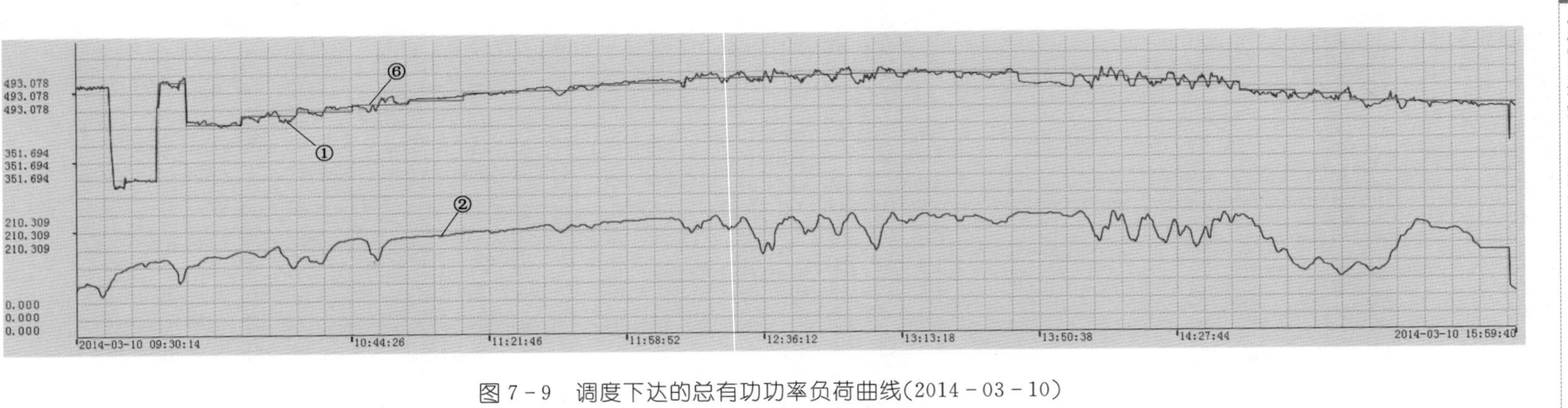

图7－9　调度下达的总有功功率负荷曲线(2014－03－10)

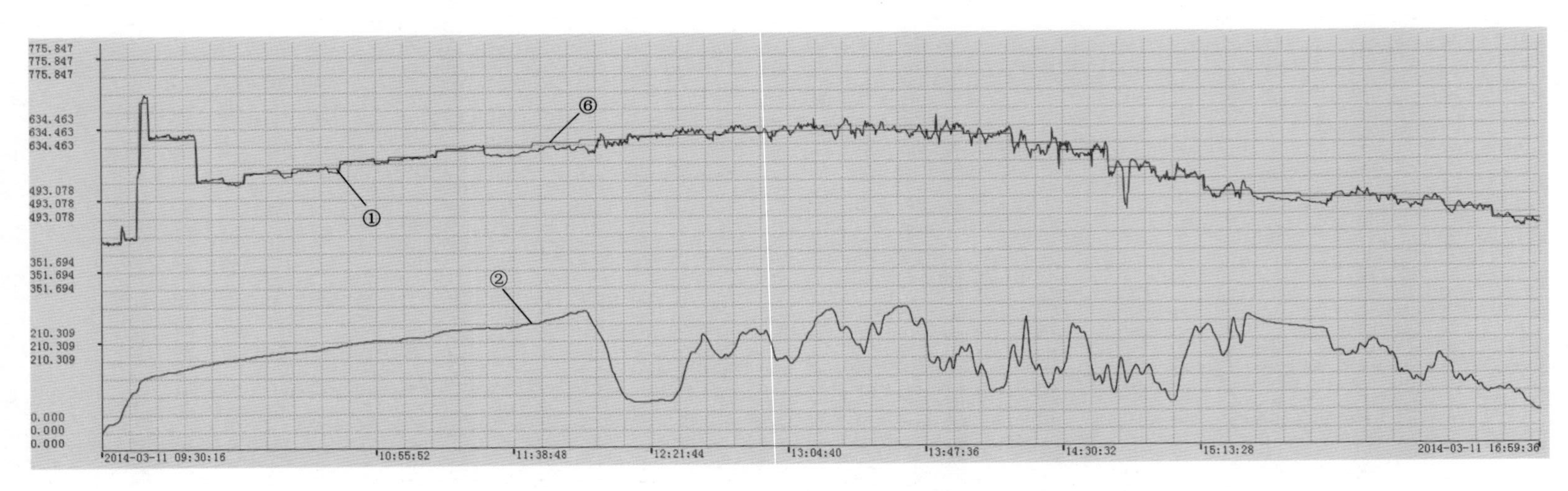

图7－10　晴转多云天气条件下负荷曲线闭环试验曲线(2014－03－11)

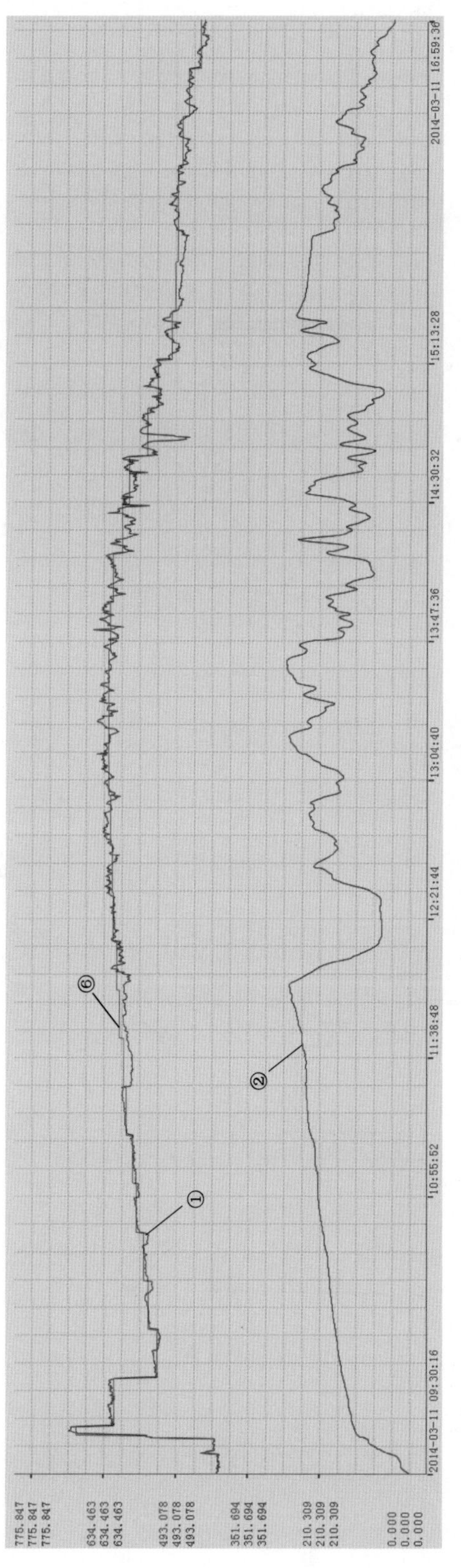

图 7-11　多云天气条件下负荷曲线闭环试验曲线(2014-03-11)

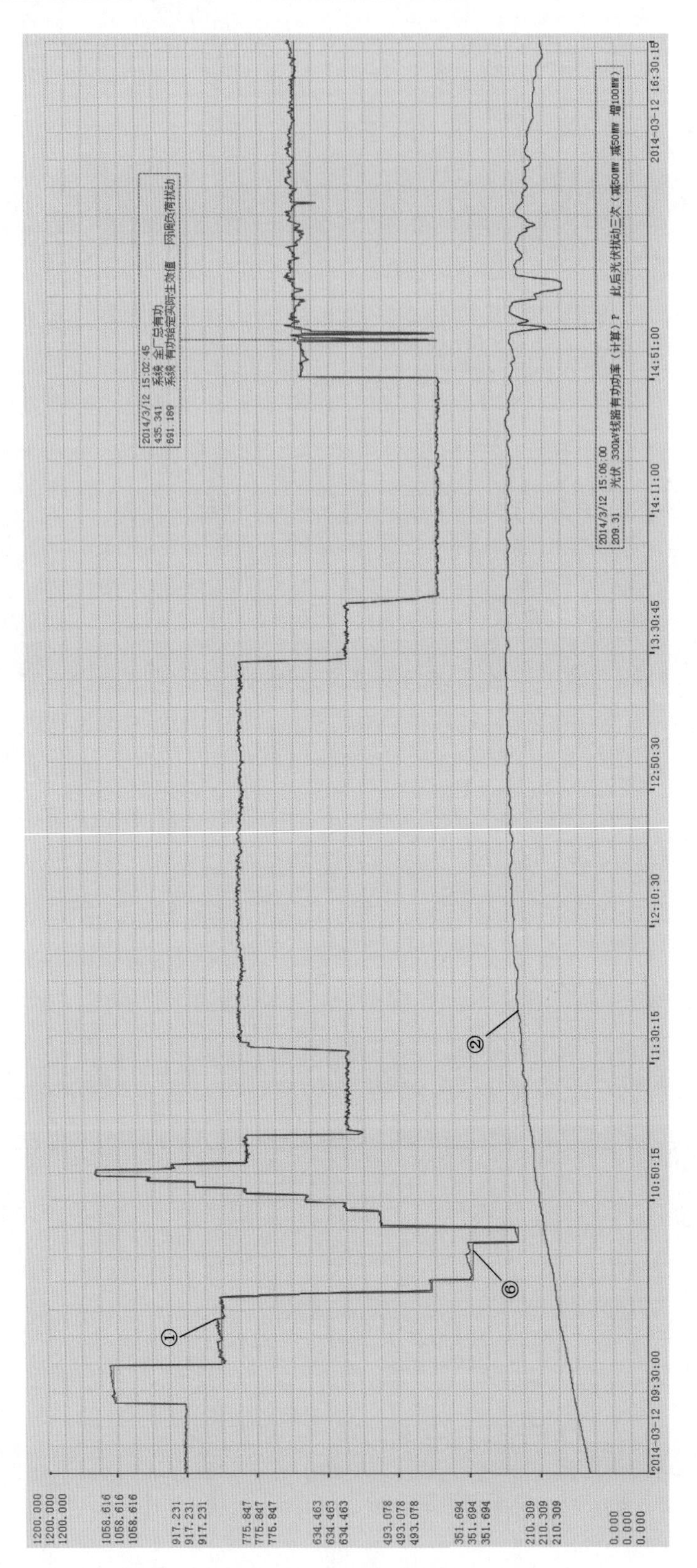

图 7-12 网调联调试验曲线(2014-03-12)

7.2 AVC控制试验

试验在水光互补协调运行AVC功能模式下进行，光伏电站动态无功补偿装置在无功补偿范围内参与调节。试验前，给定龙羊峡水电站330kV母线电压范围曲线；试验时，水光互补协调运行AVC控制系统自动读取龙羊峡水电站330kV母线电压实际值，当实际电压偏离给定电压范围达到设定值时，自动调整参与调节的水电机组无功功率。动态无功补偿试验等效系统结构如图7-13所示。

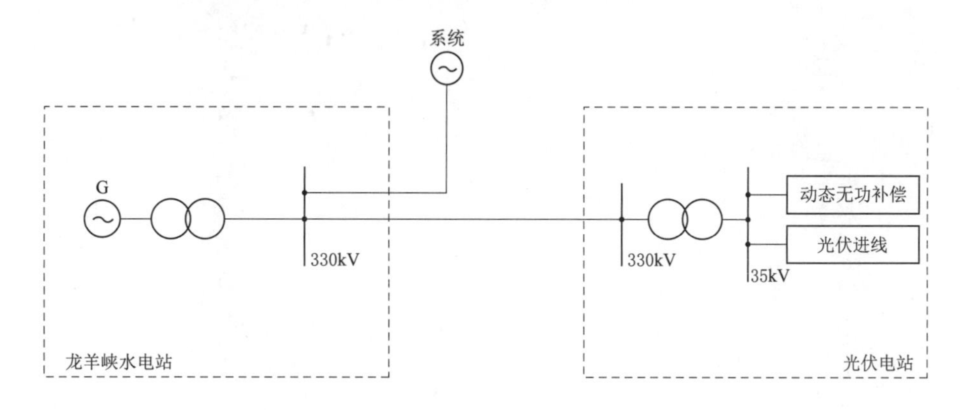

图7-13　动态无功补偿试验等效系统结构图

试验过程中，光伏电站投入无功补偿装置，先小幅度增加无功功率出力，观察记录光伏电站主变压器高、低压侧电压变化和龙羊峡水电站330kV母线电压变化，自动调节水电站无功功率，稳定330kV母线电压在电力系统允许范围内，记录调节无功功率数值（图7-14）。之后逐步减少光伏电站无功功率，观察记录光伏电站主变压器高、低压侧电压变化和龙羊峡水电站330kV母线电压变化，手动调节水电站无功功率，稳定330kV母线电压在电力系统允许范围内，记录调节无功功率值（图7-15）。

通过试验记录发现，光伏电站的动态无功补偿装置能够按照无功功率调节指令对光伏电站的无功功率进行调节，调节响应速度和误差满足要求。龙羊峡水电站G2和G4无功功率调节响应偏差较大，实际运行中进行无功功率调节时不适宜优先调节。无论是光伏电站无功功率调整还是水电机组无功功率调整对龙羊峡水电站330kV母线的电压影响都不大，主要是因为水光互补电站330kV母线与电网紧密连接，不会由于一个站点的无功功率调节影响电网电压。光伏电站35kV和330kV母线电压变化基本不影响龙羊峡水电站330kV母线电压。

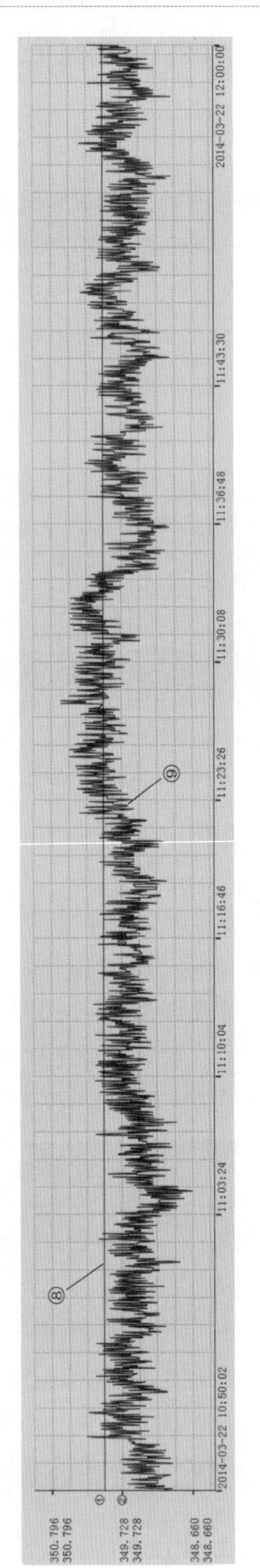

图7-14　水光互补自动电压控制曲线(2014-03-22)

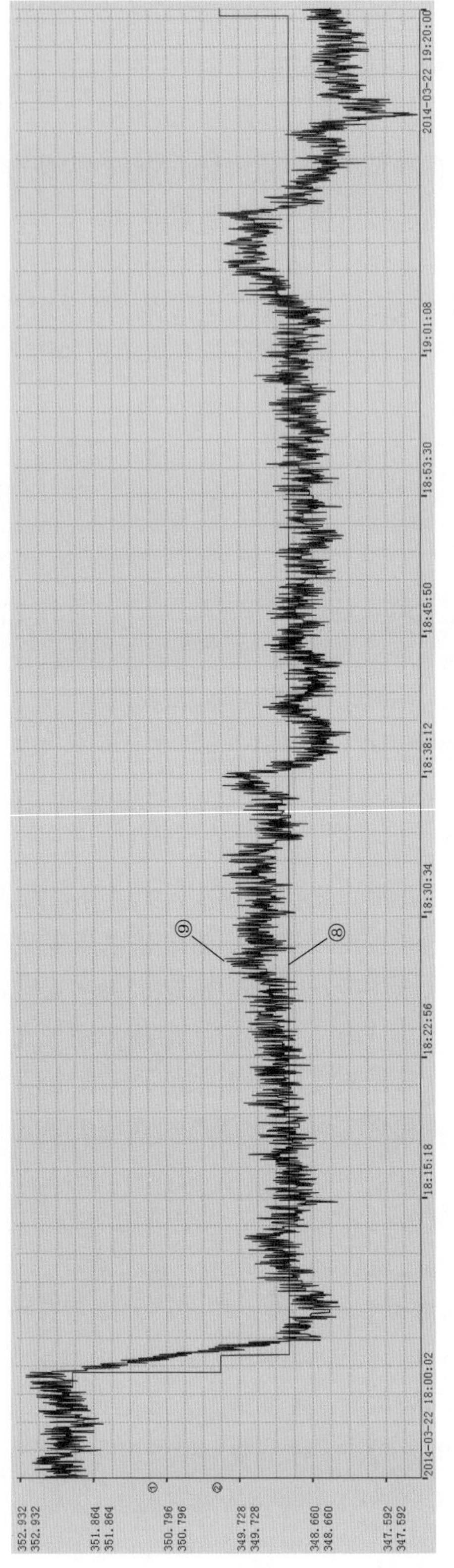

图7-15　水光互补自动电压控制曲线(2014-03-22)

7.3 水量平衡试验

7.3.1 龙羊峡水光互补协调运行水量平衡分析

7.3.1.1 水光互补协调运行水量平衡原则

水光互补协调运行水量平衡原则为保证光伏电站按照资源情况以最大能力发电，即光伏电站在水光互补协调运行方式中承担基荷角色，龙羊峡水电站对光伏电站的实时发电出力变化进行补偿调节，同时水电站仍然承担原有的电网调峰任务，在原水电站发电出力曲线基础上叠加光伏电站发电出力曲线构成总发电出力曲线。龙羊峡水电站的日发电量不变，日出库水量不变，出库流量过程随水电站发电出力曲线的改变而改变。拉西瓦水库作为水量调度的反调节水库预留一定的反调节库容，其日发电过程和出库流量过程基本不变，下游梯级水电站维持原运行方式不变。

7.3.1.2 冬季水光互补协调运行方式分析

1. 龙羊峡水电站典型发电出力曲线选择

对龙羊峡水电站2013年每日96点实际发电出力曲线按旬进行平均计算，并绘制图形，选取具有明显调峰规律的2013年2月中旬平均96点发电出力曲线，并按照龙羊峡水电站出库流量550m^3/s进行等比例修正，作为水电站冬季典型日发电出力曲线。龙羊峡水电站冬季典型日发电出力曲线如图7-16所示。

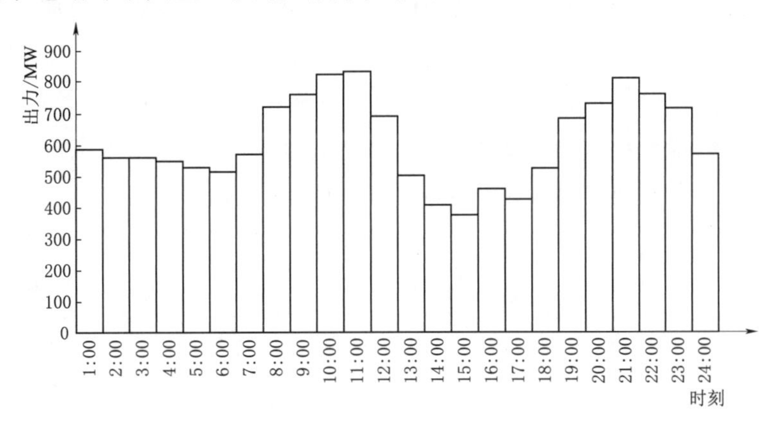

图7-16 龙羊峡水电站冬季典型日发电出力曲线

2. 光伏电站典型发电出力曲线选择

为了充分分析龙羊峡水电站对于光伏电站发电出力的补偿调节能力，光伏电站日发电出力曲线采用冬季电量最大日发电出力曲线，如图7-17所示。

3. 水光互补协调运行发电出力调节计算

根据水光互补协调运行原则，针对龙羊峡水电站冬季典型出力曲线和光伏电站冬

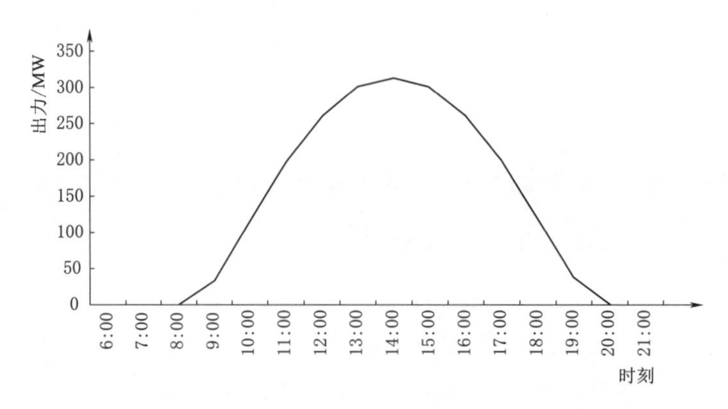

图 7-17 光伏电站冬季电量最大日发电出力曲线

季典型发电出力曲线进行水光互补协调运行调节计算，拟定水光互补协调运行后龙羊峡水电站的发电出力曲线。按光伏电站日发电量计算光伏电站日平均发电出力为 89MW。制定水光互补协调运行总出力曲线时，将光伏电站日平均发电出力作为水光互补协调运行出力的基荷，在原水电站发电出力的基础上增加基荷出力 89MW，将水电站发电出力曲线向上平移 89MW，得到水光互补协调运行冬季典型发电出力曲线。其中，水光互补协调运行日最大发电出力 925MW、最小发电出力 464MW，峰谷差不变。

按照水光互补协调运行原则，以拟定的水光互补总发电出力曲线为发电目标，水电机组对光伏电站发电的间歇性进行调节后，龙羊峡水电站发电出力曲线发生较大变化，夜间时段出力曲线增高、午间时段出力曲线降低，日最大出力 899MW，较原水电站发电出力曲线中的最大出力增加 63MW，日最小发电出力 152MW，较原水电站发电出力曲线中的最小出力减小 223MW，水电站日发电量 1462 万 kW·h 保持不变。水光互补协调运行冬季典型日发电出力曲线如图 7-18 所示。

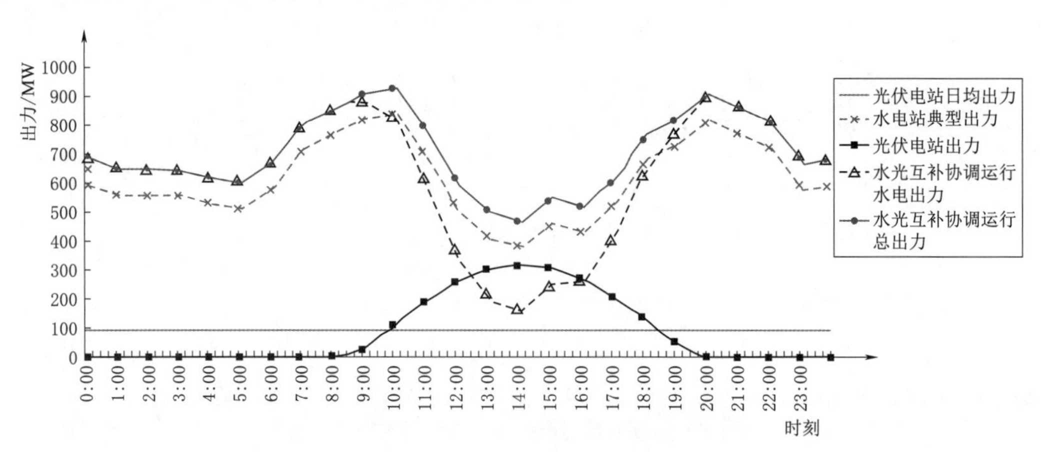

图 7-18 水光互补协调运行冬季典型日发电出力曲线

4. 水量平衡影响计算

水光互补协调运行后龙羊峡水电站日发电量不变，仅发电出力过程发生改变，因此，龙羊峡水库日出库水量不变，出库流量过程发生改变，对黄河上游水量调度不会产生影响。

龙羊峡水库出库流量过程发生改变，对下游的拉西瓦水电站日内水库水位变化会有一定影响，应结合水光互补协调运行前后龙羊峡水库出库流量过程和拉西瓦水电站典型发电出力曲线进行联合演算后评估龙羊峡水光互补协调运行对拉西瓦水库的影响。

选取具有明显调峰规律的2013年1月上旬平均96点发电出力曲线，并按照出库流量550m^3/s进行等比例修正，拉西瓦水电站冬季典型日发电出力曲线如图7-19所示。

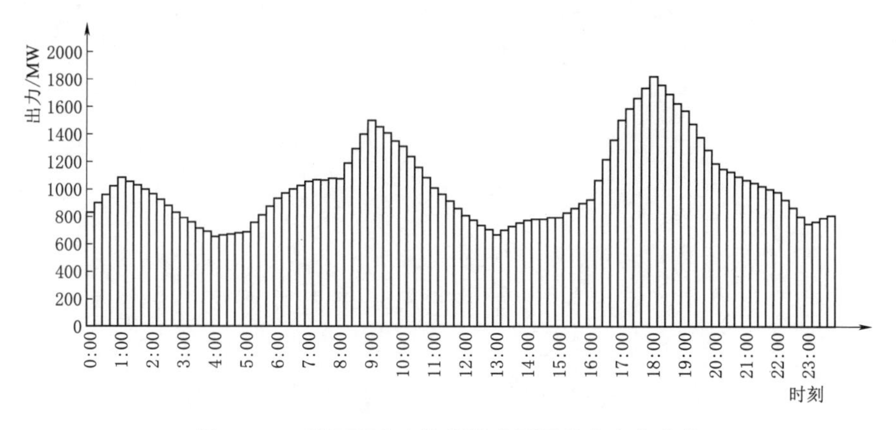

图7-19 拉西瓦水电站冬季典型日发电出力曲线

根据拉西瓦水电站冬季典型发电出力曲线计算拉西瓦水电站典型出库流量过程，结合龙羊峡水光互补协调运行前后发电出力曲线计算龙羊峡水电站出库流量过程。考虑到龙羊峡水电站出库至拉西瓦水电站入库流量传播时间约4h，不考虑流量坦化变形，将龙羊峡水电站出库流量进行流量平移得到拉西瓦水电站入库流量过程。拉西瓦水库冬季入出库流量曲线如图7-20所示。

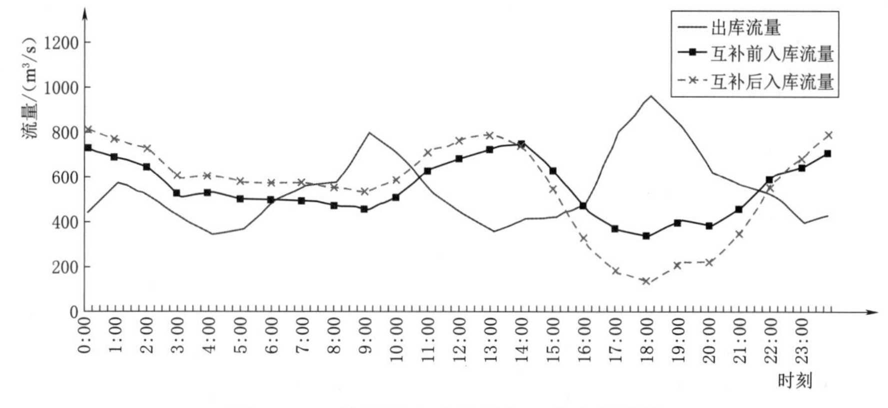

图7-20 拉西瓦水库冬季入出库流量曲线

从图7-20中可以看出，当12:00—16:00光伏电站大发时，龙羊峡水电站发电出力降低，出库流量随之减小。当龙羊峡水库的出库水流经4h到达拉西瓦水库时，恰逢青海省晚高峰需要拉西瓦水电站加大发电出力调峰时段，由于入库流量减小、发电出力的增加又增大了出库流量，使得拉西瓦水库的水位快速下降，日水位变幅增大。龙羊峡水光互补协调运行前后的拉西瓦水库冬季水位对比如图7-21所示。

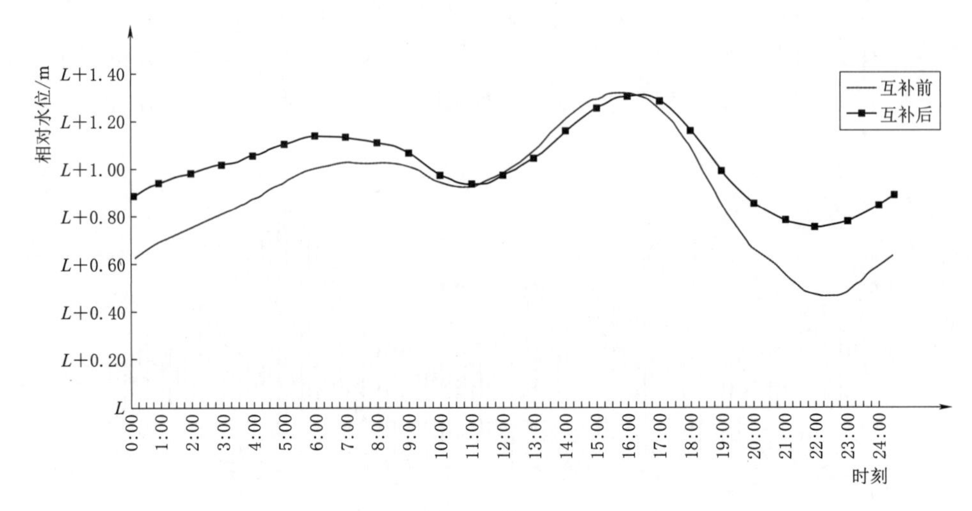

图7-21　水光互补运行前后的拉西瓦水库冬季水位对比

按照冬季典型发电出力曲线计算，龙羊峡水光互补协调运行前，拉西瓦水库水位日变幅0.56m；水光互补协调运行后，拉西瓦水库水位日变幅为0.86m，变幅增加0.3m，导致拉西瓦水库运行水位最大降低0.15m；龙羊峡水光互补协调运行后，拉西瓦水库水位在晚高峰期间，平均每小时下降0.142m，水库水位变幅及变化率满足拉西瓦水库果卜错落体稳定的库水位运行要求。对拉西瓦水电站正常运行基本无影响。

7.3.1.3　夏季水光互补协调运行方式分析

1. *龙羊峡水电站典型发电出力曲线选择*

对龙羊峡水电站2013年每日96点实际发电出力曲线按旬进行平均计算，并绘制图形，选取具有明显调峰规律的2013年7月上旬96点发电出力曲线作为夏季典型发电出力曲线（出库流量850m^3/s）。龙羊峡水电站夏季典型发电出力曲线如图7-22所示。

2. *光伏电站典型发电出力曲线选择*

为了充分分析龙羊峡水电对于光伏电站发电出力补偿调节能力，光伏电站典型发电出力曲线采用夏季典型发电出力曲线，如图7-23所示。

图 7-22　龙羊峡水电站夏季典型发电出力曲线

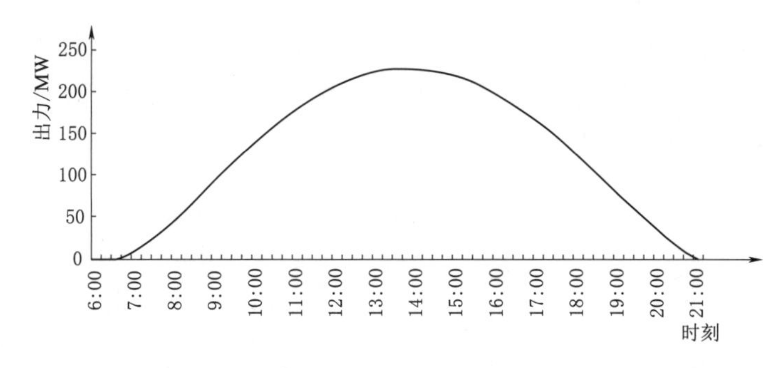

图 7-23　光伏电站夏季典型发电出力曲线

3. 水光互补协调运行发电出力调节计算

根据水光互补协调运行原则，针对龙羊峡水电站夏季典型发电出力曲线和光伏电站夏季典型发电出力曲线进行水光互补协调运行调节计算，拟定水光互补协调运行后龙羊峡水电站发电出力曲线。按光伏电站日电量计算光伏电站日平均发电出力为82MW，制定水光互补协调运行总出力曲线时，将光伏电站日平均发电出力作为水光互补协调运行发电出力的基荷，在原水电站发电出力的基础上增加基荷出力 82MW，将水电站发电出力曲线向上平移 82MW，得到水光互补协调运行的夏季典型发电出力曲线。其中，水光互补协调运行日最大发电出力 1161MW、最小发电出力 802MW，峰谷差不变。

按照水光互补协调运行原则，以拟定的水光互补协调运行总发电出力曲线为发电目标，水电机组对光伏电站发电的间歇性进行调节后，龙羊峡水电站发电出力曲线发生较大变化，夜间时段发电出力曲线增高、午间时段发电出力曲线降低，日最大发电出力 1151MW，较原水电站发电出力曲线的最大出力增加 72MW，日最小发电出力572MW，较原水电站发电出力曲线的最小出力减小 149MW，水电站日发电量 2215万 kW·h 保持不变。水光互补协调运行夏季典型发电出力曲线如图 7-24 所示。

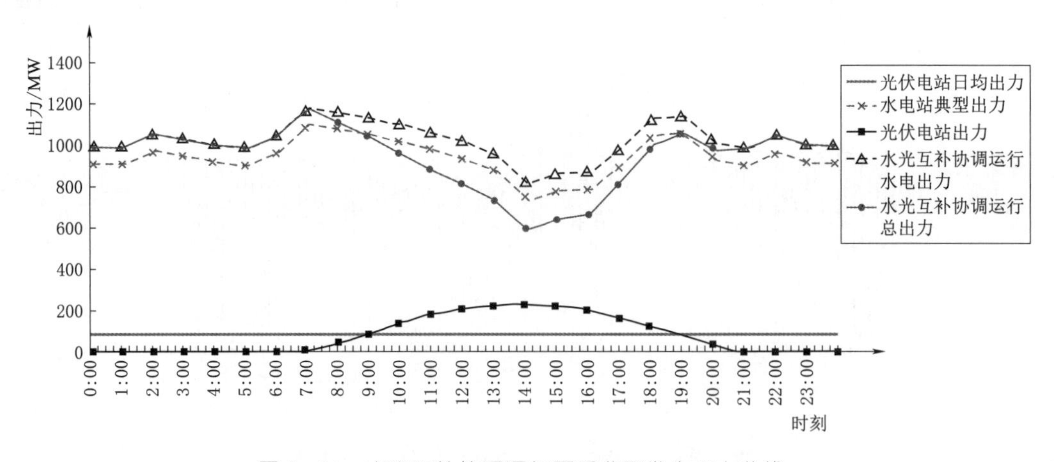

图7-24　水光互补协调运行夏季典型发电出力曲线

4. 水量平衡影响计算

选取具有明显调峰规律的2013年8月上旬平均96点发电出力曲线，作为拉西瓦水电站夏季典型发电出力曲线，如图7-25所示。

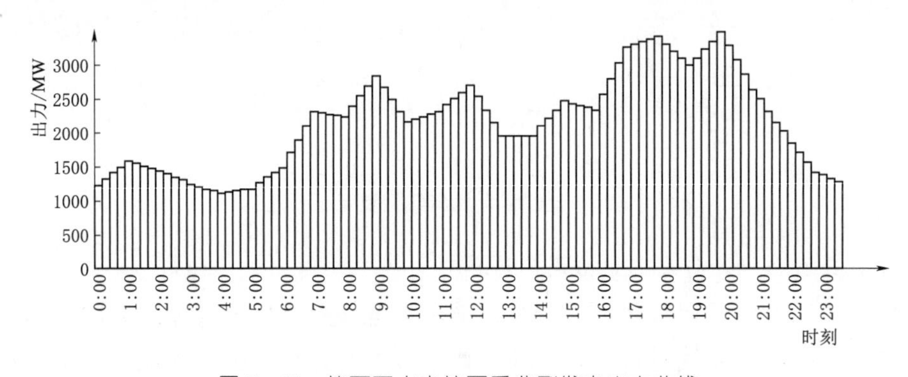

图7-25　拉西瓦水电站夏季典型发电出力曲线

根据拉西瓦水电站夏季典型发电出力曲线计算拉西瓦水电站典型出库流量过程，结合龙羊峡水光互补协调运行前后发电出力曲线计算龙羊峡水电站的出库流量过程，考虑到龙羊峡水电站出库至拉西瓦水电站入库流量传播时间约4h，不考虑流量坦化变形，将龙羊峡水电站出库流量进行流量平移得到拉西瓦水电站入库流量过程，拉西瓦水库入出库流量曲线如图7-26所示。

与冬季运行相似，拉西瓦水库夏季日水位变幅增大。龙羊峡水光互补协调运行前后的拉西瓦水库夏季水位对比如图7-27所示：

按照夏季典型发电出力曲线计算，龙羊峡水光互补协调运行前，拉西瓦水库水位日变幅0.80m；龙羊峡水光互补协调运行后，拉西瓦水库水位日变幅为1.02m，变幅增加0.22m，导致拉西瓦水库运行水位最大降低0.11m；龙羊峡水光互补协调运行后，拉西瓦水库水位在晚高峰期间，平均每小时下降0.17m，水库水位变幅及变化率满足

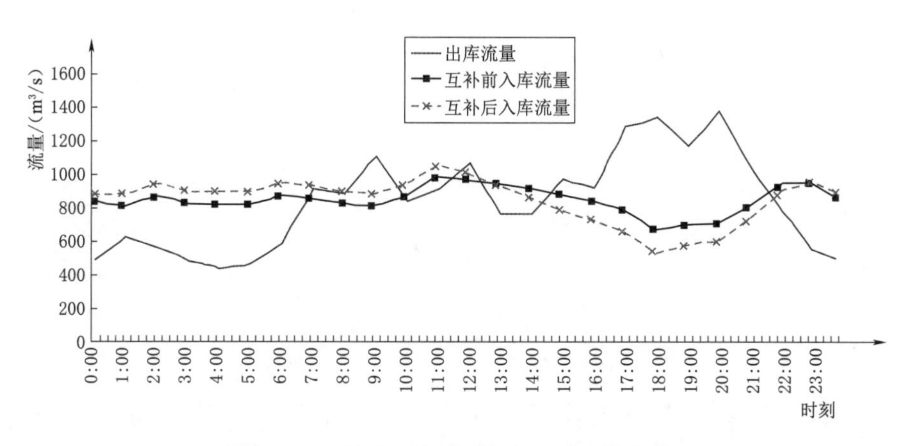

图 7-26　拉西瓦水库夏季入出库流量曲线

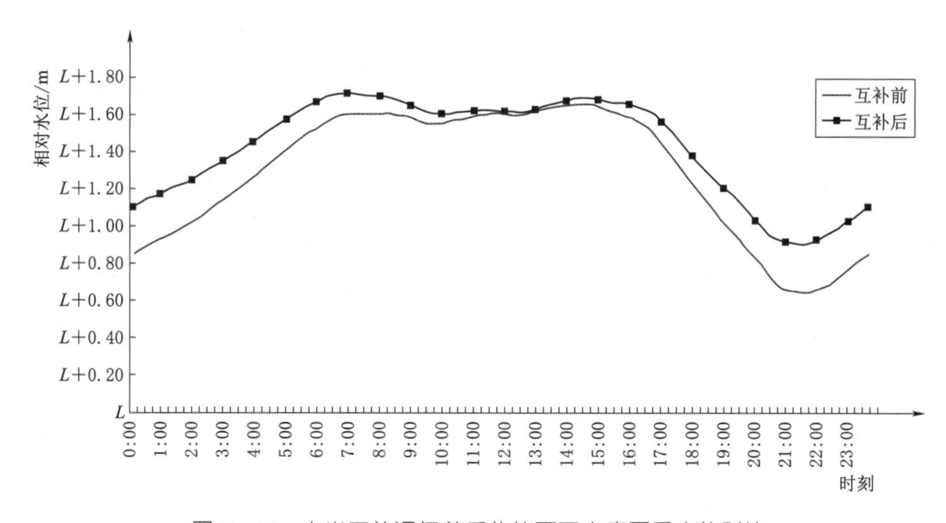

图 7-27　水光互补运行前后的拉西瓦水库夏季水位对比

拉西瓦水库果卜错落体稳定的库水位运行要求。对拉西瓦水电站正常运行基本无影响。

7.3.2　龙羊峡水光互补协调运行水量平衡试验

7.3.2.1　冬季水光互补协调运行水量平衡试验

根据试验时期水调、电调的要求，龙羊峡水电站日发电量 1450 万 kW·h，对应水库流量 580m³/s；光伏电站 24h 光功率预测日发电量 158.7 万 kW·h；光伏电站日发电出力过程按照光功率预测结果制定，水光互补协调运行总发电出力过程按照冬季典型发电出力过程制定，水光互补发电出力计划曲线如图 7-28 所示。冬季水光互补协调运行水量平衡试验实时出力曲线如图 7-29 所示，即水光互补协调运行总发电出力过程严格按照制定的计划发电出力曲线运行。实际运行的日发电量 1594.4 万 kW·h 比计划电量 1608.7 万 kW·h 少 14.3 万 kW·h，电量误差 0.89%。

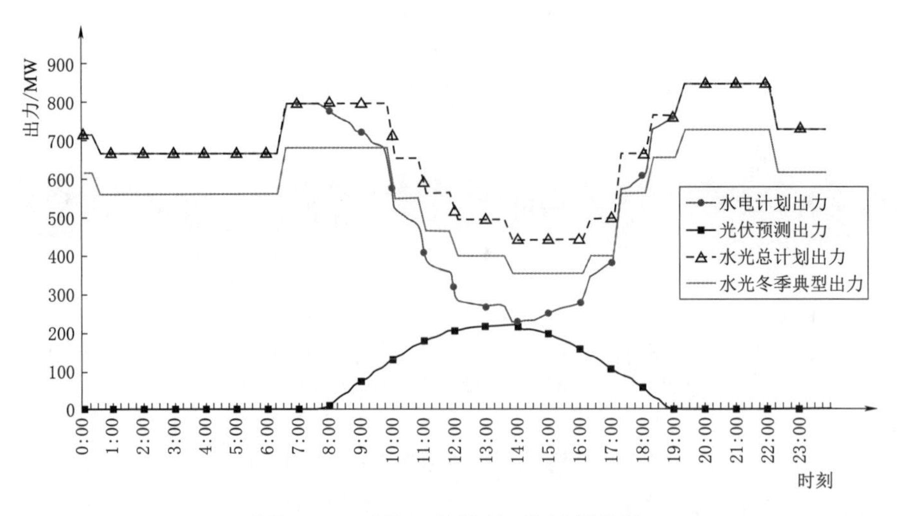

图7-28　水光互补发电出力计划曲线

对电量偏差进行分析可见，光伏电站实际发电出力曲线与光功率预测曲线存在较大偏差，实际最大发电出力 295MW，比预测最大发电出力 223MW 增加 72MW，实际日发电量 220.4 万 kW·h 比预测发电量增加 61.7 万 kW·h，误差 39%（图 7-30）。

光伏电站实际发电出力较预测发电出力的增大导致水电站相应发电出力降低，水电站日最小发电出力 154MW、日发电量 1374 万 kW·h，比计划发电量 1450 万 kW·h 少 76 万 kW·h。全天平均出库流量 550m^3/s，比计划少 30m^3/s，出库水量偏差 5.2%，龙羊峡水电站实际发电出力曲线与计划发电出力曲线对比如图 7-31 所示。

拉西瓦水电站当日发电量 1874 万 kW·h，当日平均出库流量 436m^3/s，水库水位变幅 0.62m，如图 7-32 所示。

7.3.2.2　夏季水光互补协调运行水量平衡试验

根据试验时期水调、电调的要求，龙羊峡水电站日发电量 1550 万 kW·h，对应水库流量 610m^3/s；光伏电站 24h 光功率预测日发电量 220.4 万 kW·h；光伏电站日发电出力过程按照光功率预测结果制定，水光互补协调运行总发电出力过程按照夏季典型发电出力过程制定，如图 7-33 所示。电网调度部门根据当时电网运行特点，对上报的水光互补协调运行计划发电出力曲线进行了修改，下达的发电任务曲线与上报的计划发电出力曲线相比，前夜发电出力增大，后夜发电出力降低，水光互补协调运行发电任务总发电量为 1683.5 万 kW·h，光伏电站发电任务发电量与预测值 220.4 万 kW·h 一致，水电站发电任务发电量 1463.1 万 kW·h，对应水库流量 575m^3/s，电网调度部门下达的水光互补协调运行发电任务曲线如图 7-34 所示。

夏季水光互补协调运行水量平衡试验实时出力曲线如图 7-35 所示，水光互补协调运行总发电出力过程严格按照下达的发电任务出力曲线运行。实际运行的日发电量 1680.9 万 kW·h 比发电任务电量 1683.5 万 kW·h 少 2.6 万 kW·h，电量误差 0.15%。

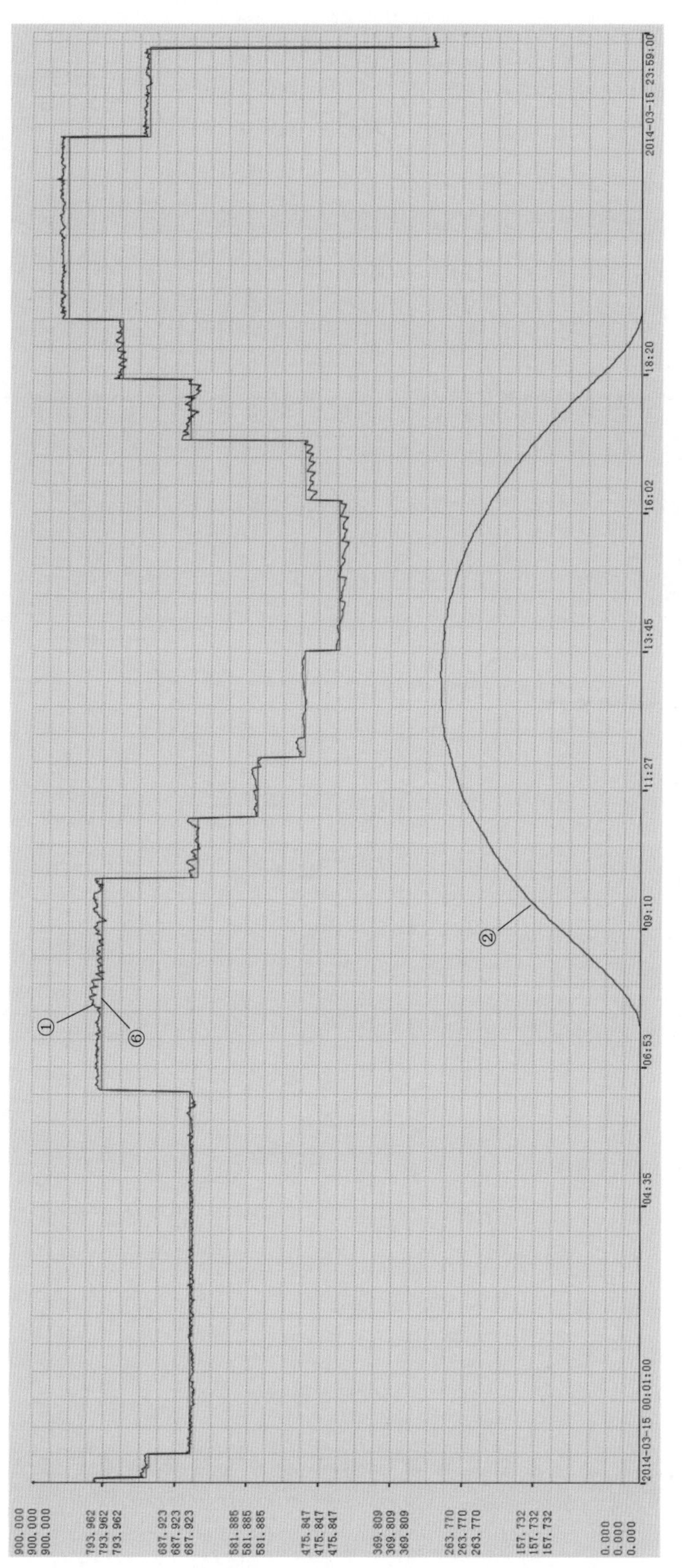

图 7-29　冬季水光互补协调运行水量平衡试验实时出力曲线(2014-03-15)

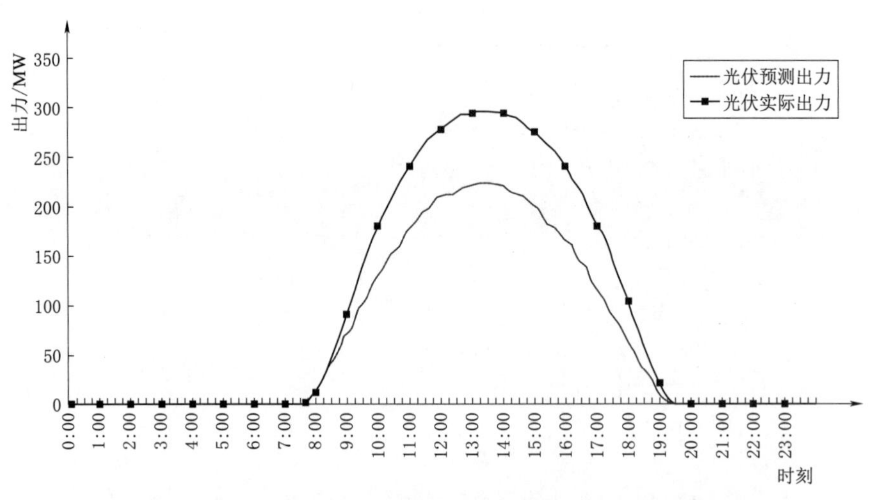

图 7－30　光伏电站实际发电出力曲线与预测发电出力曲线对比

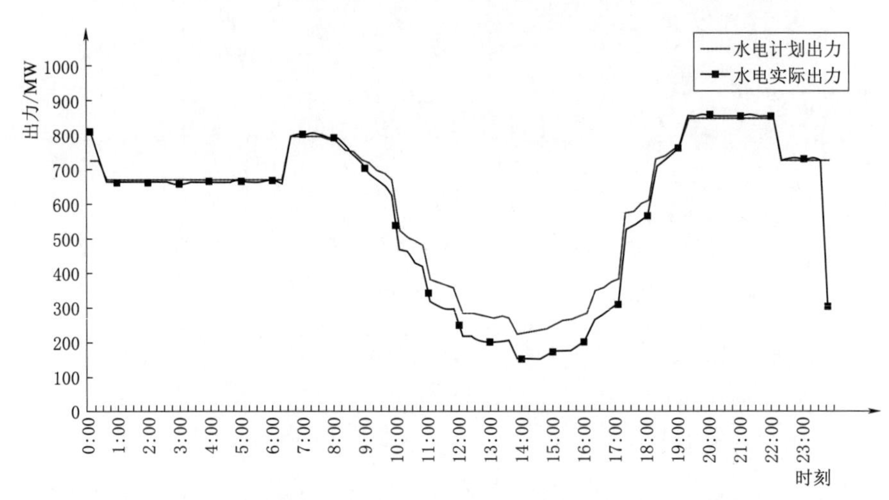

图 7－31　龙羊峡水电站实际发电出力曲线与计划发电出力曲线对比

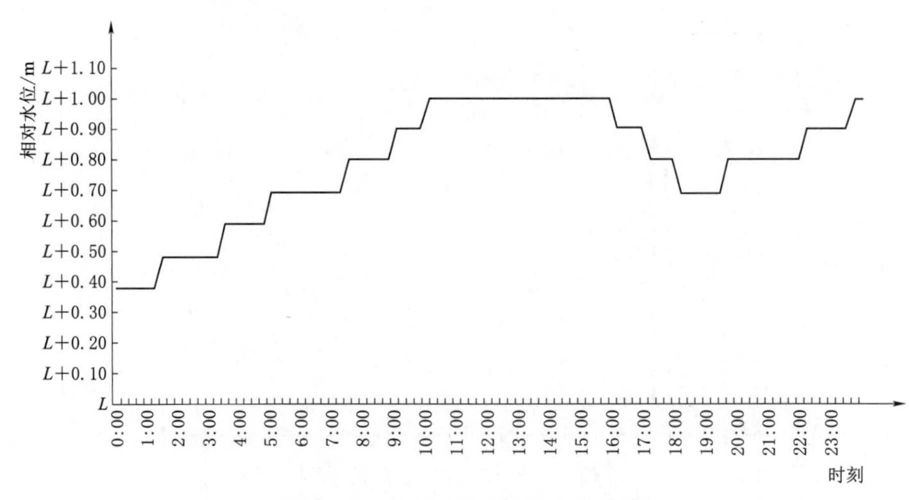

图 7－32　拉西瓦水库水位变化曲线

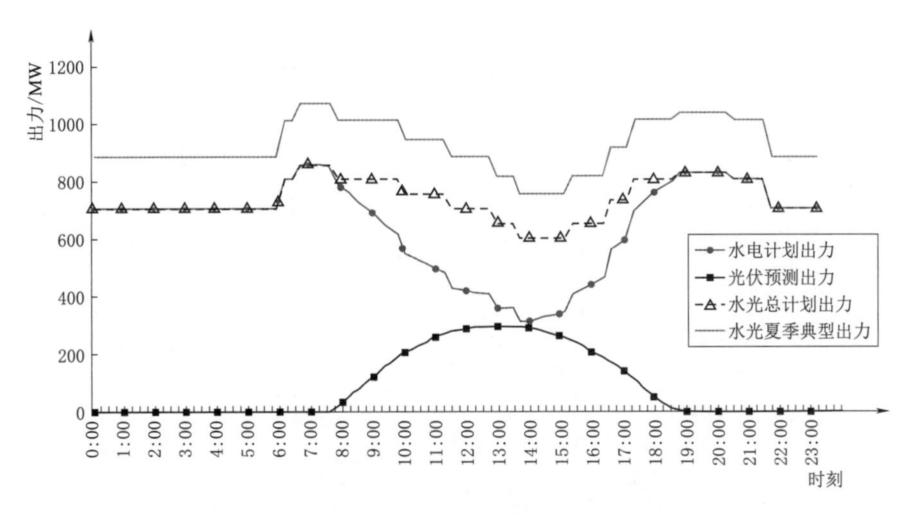

图 7-33　水光互补协调运行的计划发电出力曲线

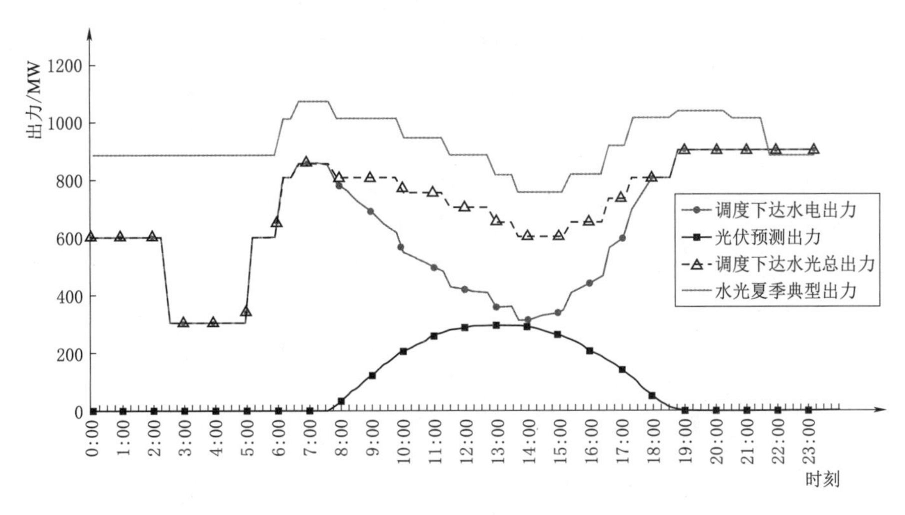

图 7-34　调度下达的水光互补协调运行发电任务曲线

对电量偏差进行分析可见，光伏电站实际发电出力与光功率预测曲线存在一定偏差，实际最大发电出力 294MW，与预测最大发电出力 295MW 基本一致，实际日发电量 196.3 万 kW·h，比预测发电量减少 24.1 万 kW·h，误差 11%（图 7-36）。

光伏电站实际发电量比预测发电量降低导致水电站日发电量 1484.6 万 kW·h 比发电任务电量 1463.1 万 kW·h 多 21.5 万 kW·h。全天平均出库流量 $587m^3/s$，比计划流量多 $12m^3/s$，出库水量偏差 2.1%（图 7-37）。

拉西瓦水电站当日发电量 2487 万 kW·h，当日平均出库流量 $556m^3/s$，水库水位变幅 0.27m（图 7-38）。

7.3.2.3　网调干预水光互补协调运行水量平衡试验

由于 3 月 20 日进行夏季水光互补协调运行水量平衡试验时龙羊峡水库实际出库

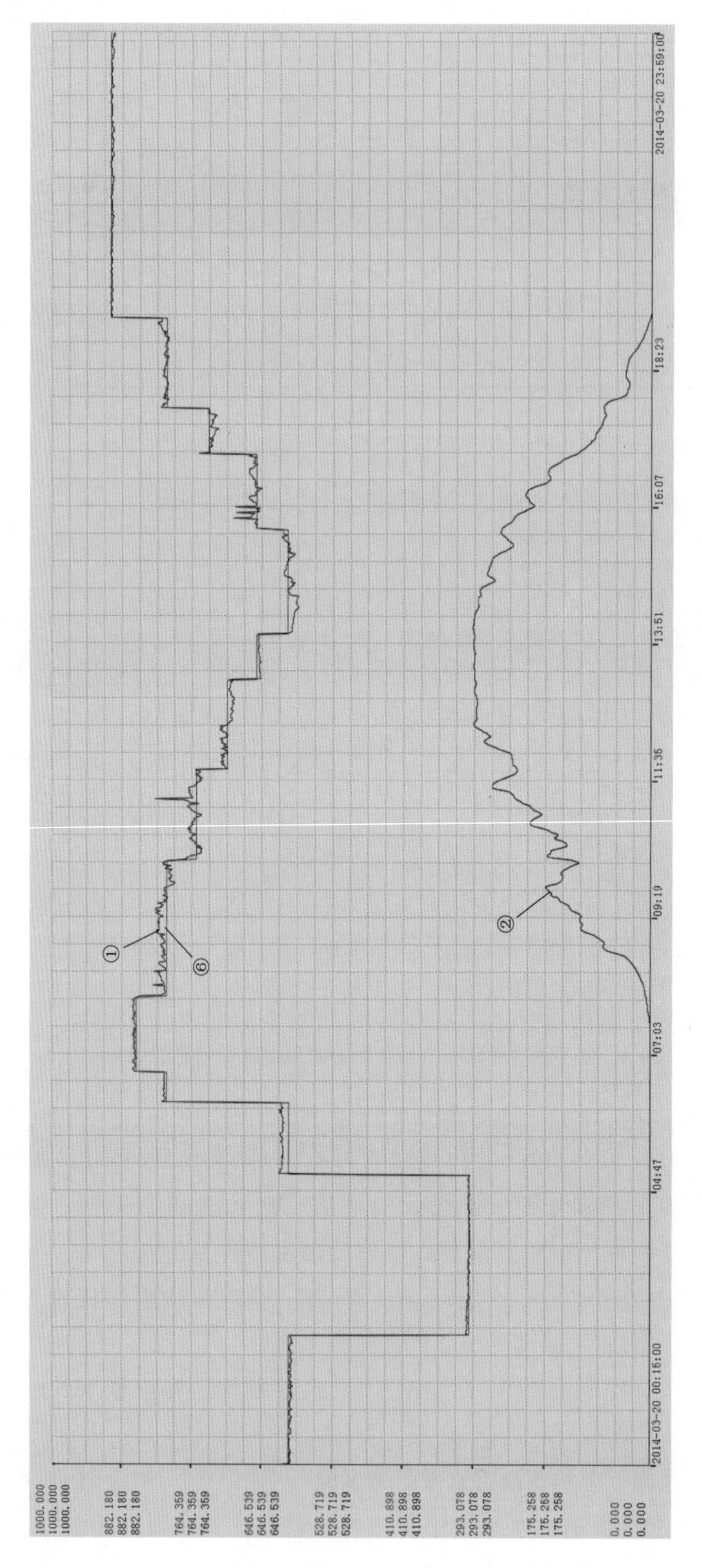

图7-35　夏季水光互补协调运行水量平衡试验实时发电出力曲线(2014-03-20)

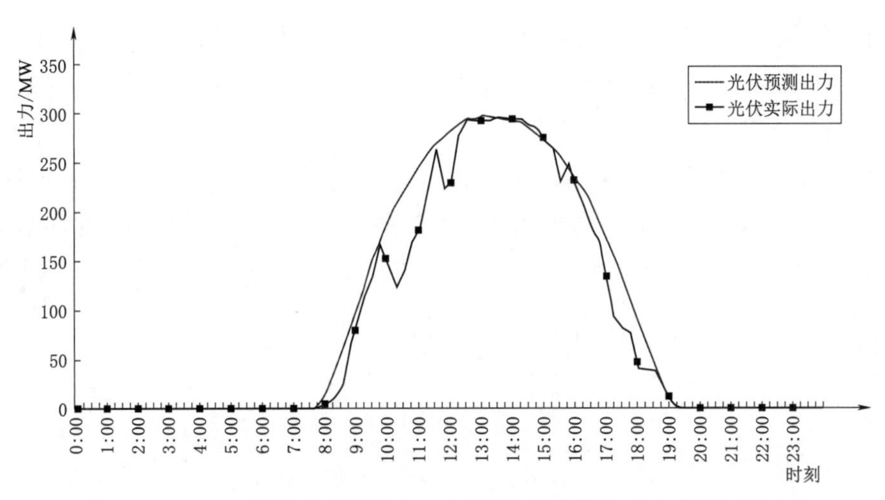

图 7-36　光伏电站实际发电出力曲线与预测发电出力曲线对比

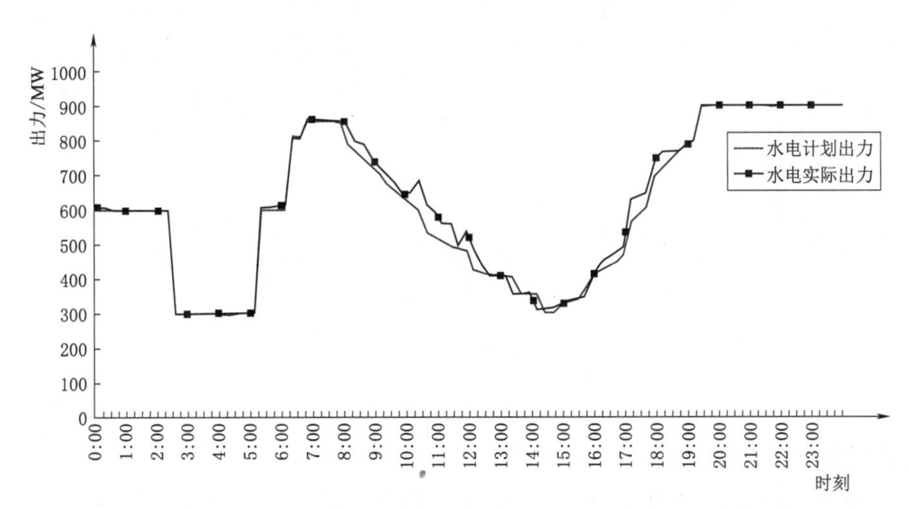

图 7-37　龙羊峡水电站实际发电出力曲线与计划发电出力曲线对比

图 7-38　拉西瓦水库水位变化曲线

流量比计划流量增加 12m³/s，3 月 22 日网调干预降低龙羊峡水库出库流量，将原计划按 450m³/s 控制日出库流量改为按 438m³/s 控制日出库流量，相应龙羊峡水电站日发电量 1108 万 kW·h。光伏电站 24h 光功率预测日发电量 170.3 万 kW·h；光伏电站日发电出力过程按照光功率预测结果制定，水光互补协调运行预测总发电量 1278.3 万 kW·h，水光互补协调运行总发电出力过程按照冬季典型发电出力过程制定（图 7-39）。电网调度部门按上报的水光互补协调运行计划的发电出力曲线下达发电任务曲线。

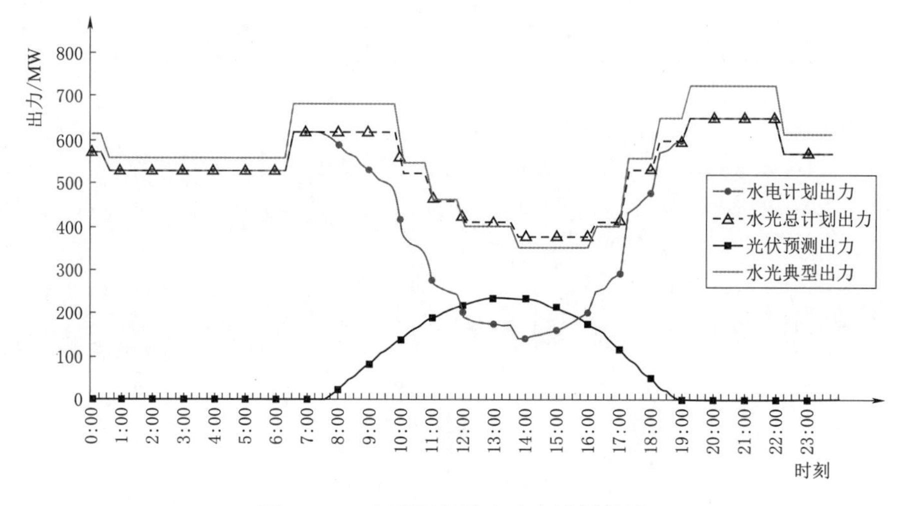

图 7-39　水光互补发电出力计划曲线

当日 18:00，根据电网运行需要，电网调度部门下达调度指令增加水电站发电出力。电网调度调整后的水光互补发电出力计划曲线如图 7-40 所示，水光互补协调运行日发电量为 1451.1 万 kW·h，光伏电站发电过程不变，水电站日发电量为 1280.8

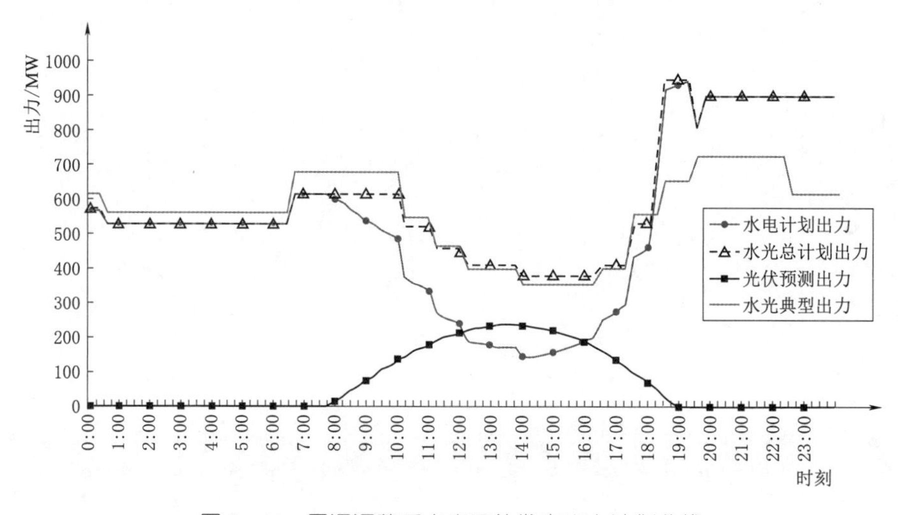

图 7-40　网调调整后水光互补发电出力计划曲线

万 kW·h，对应日出库流量 504m^3/s。

水光互补协调运行总发电出力过程严格按照下达的发电任务出力曲线和调度调节指令运行，日发电量（1457.6 万 kW·h）比计划发电量（1451.1 万 kW·h）多 6.5 万 kW·h，电量误差 0.45%（图 7-41）。

对电量偏差进行分析可见，光伏电站实际发电出力与光功率预测曲线存在一定偏差，实际最大发电出力 274MW，比预测最大发电出力 238MW 增加 36MW，实际日发电量 188 万 kW·h，比预测发电量增加 17.7 万 kW·h，误差 10%（图 7-42）。

光伏电站实际日发电量比预测发电量的增加导致水电站日发电量降低，水电站实际日发电量 1269.6 万 kW·h，比电网调度指令调整后计划发电量 1280.8 万 kW·h 减少 11.2 万 kW·h。水电站实际日发电量 1269.6 万 kW·h 对应日出库流量 518m^3/s，比电网调度指令调整后日出库流量 504m^3/s 多 14m^3/s，出库水量偏差为 2.8%。水电站实际发电出力曲线与计划发电出力曲线如图 7-43 所示。

拉西瓦水电站当日发电量 2823 万 kW·h，当日平均出库流量 627m^3/s，水库水位变幅 0.8m（图 7-44）。

7.3.3 龙羊峡水光互补协调运行水量平衡试验分析

通过对龙羊峡水光互补协调运行水量平衡试验中的冬季典型发电出力曲线试验、夏季典型发电出力曲线试验和网调干预试验等进行分析，可以看出：

（1）各种试验条件下，龙羊峡水光互补协调运行能够按照下达的总发电出力曲线运行，偏差和延时均非常小，水光互补协调运行总电量偏差小于 1%。

（2）光功率预测误差会对水电站的发电出力过程产生一定影响，但对出库水量影响较小，水量偏差小于水量调度允许误差 5%。

（3）日前发生的出库水量偏差可在后续制定发电出力计划时进行修正，确保一段时间内水量调度按计划执行，水光互补协调运行后对水量平衡没有影响。

（4）试验期间拉西瓦水库水位日变幅最大 0.8m，水位控制在允许变幅范围内，与水光互补前拉西瓦水库水位变幅相比未增加，且拉西瓦水库水位变幅增加主要受拉西瓦电站负荷大幅变化影响，龙羊峡水电站出库流量过程改变不是拉西瓦水库水位变化的主要原因。

（5）拉西瓦水库有一定的水量反调节能力，通过拉西瓦水库对龙羊峡水库出库流量进行补偿调节，可以有效消除龙羊峡水光互补协调运行出库流量变化对下游梯级电站的影响，满足水量调度要求。

（6）拉西瓦水电站承担的电网调峰任务，未受到龙羊峡水光互补协调运行后出库流量过程变化的影响。

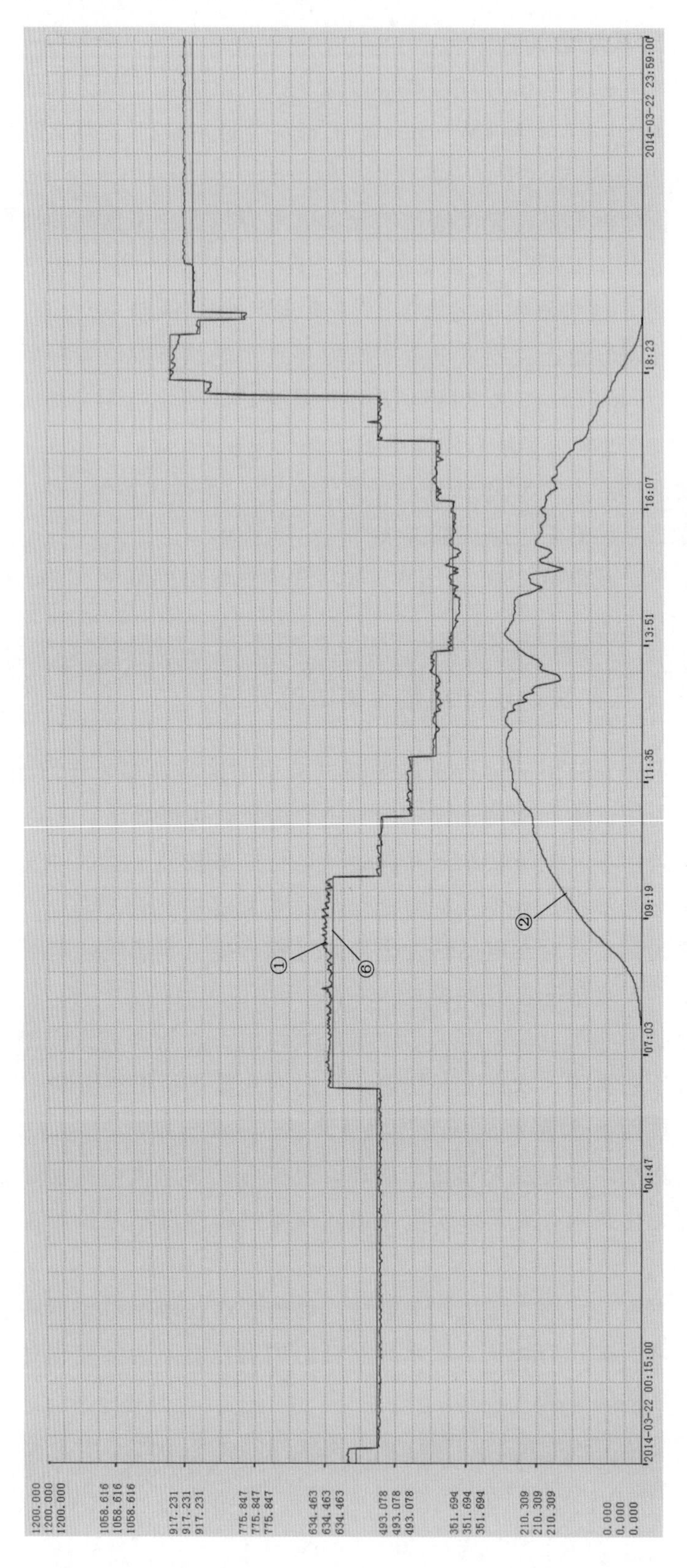

图7-41 网调干预冬季水光互补协调运行水量平衡试验实时发电出力曲线(2014-03-22)

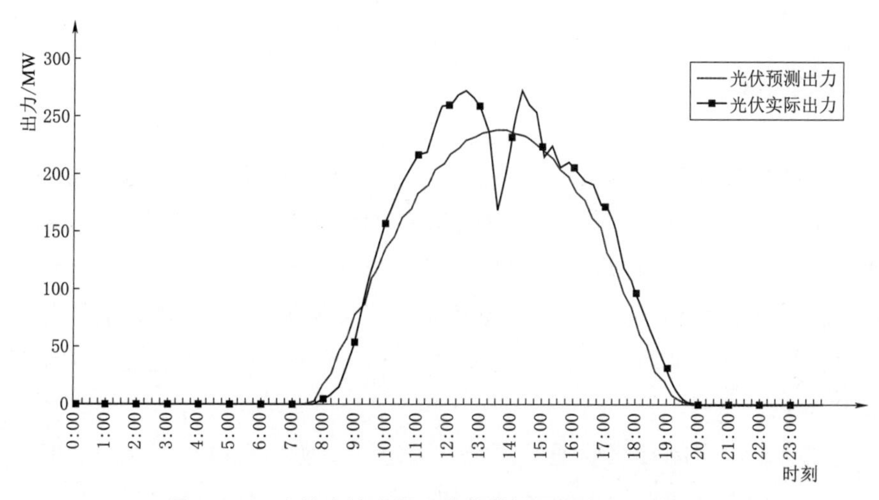

图 7-42　光伏电站实际出力曲线与预测出力曲线对比

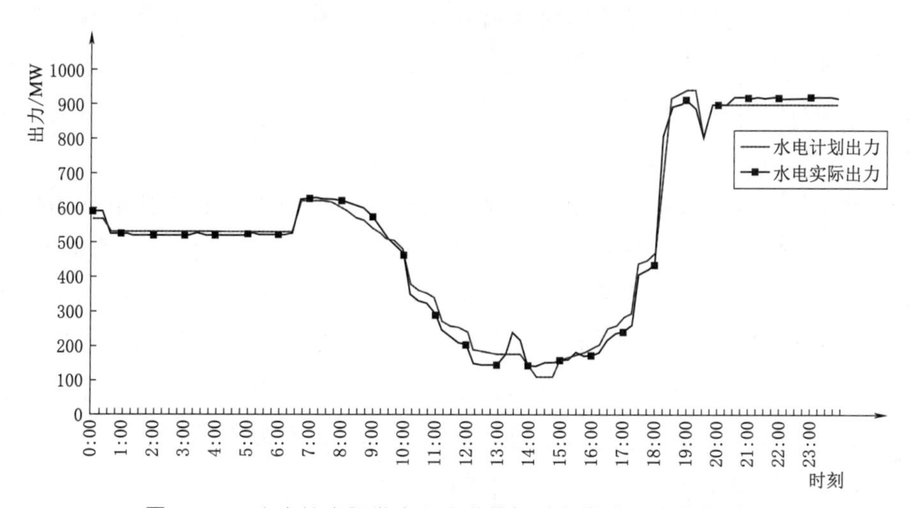

图 7-43　水电站实际发电出力曲线与计划发电出力曲线对比

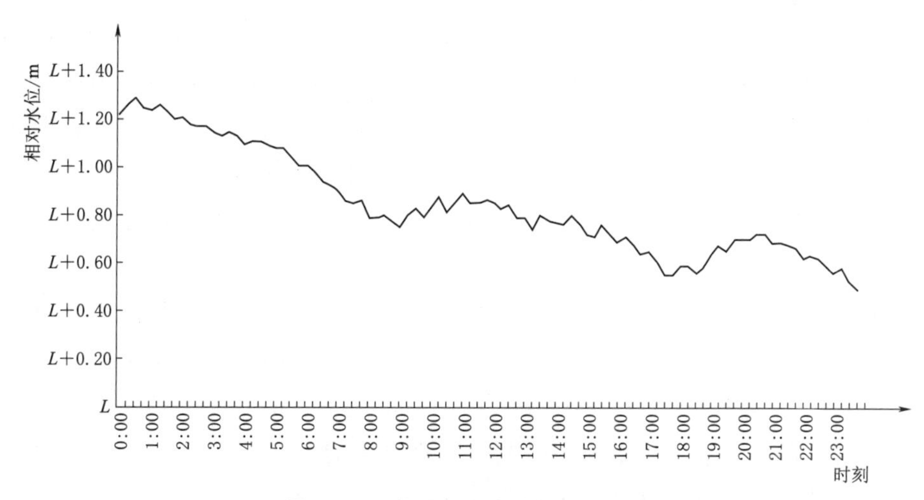

图 7-44　拉西瓦水库水位变化曲线

7.4 本章小结

（1）龙羊峡水光互补协调运行项目投运后，为了验证项目建设过程中理论研究的结论，进行了一系列的试验工作，包括AGC控制试验和AVC控制试验及水量平衡试验等，取得了第一手的试验数据和资料。

（2）通过有功功率给定开环试验确定水光互补协调运行控制系统软件、硬件可行，通过对模拟工况调节目标偏差的记录和分析，调整、确定水光互补协调运行控制系统调节参数。

（3）有功功率给定闭环试验通过对给定固定有功功率发电目标和给定负荷曲线发电目标下进行光伏电站实时发电出力变化跟踪与调节，同时在给定目标中进行大负荷阶跃有功功率变化、光伏电站连续阶跃有功功率变化和甩全部负荷等试验，通过试验数据分析认为水光互补协调运行控制系统控制策略可行，水光互补协调运行实时总发电出力满足电网调度部门给定的发电目标，水电机组成组控制能够满足对光伏电站实时发电出力变化的补偿，水电机组运行安全、平稳。

（4）网调联调试验时，龙羊峡水电站水电机组的控制方式和光伏电站的控制方式都采用“远方”控制方式。试验过程中电网调度部门大负荷频繁变化给定负荷曲线，水电机组都能够在跟踪光伏电站出力变化的同时及时响应调度指令；电网调度部门对光伏电站进行连续减负荷后再增负荷的试验，水光互补协调运行控制系统能够及时响应电网调度指令，实现调度目标；电网调度部门连续两次对给定的负荷曲线进行大扰动，水光互补协调运行控制系统都能够根据控制策略进行发电目标跟踪，及时调整实时出力，实现电网调度部门给定的发电目标。

（5）水量平衡试验前，通过对龙羊峡水电站发电出力曲线分析，结合水电站运行调峰规律及光伏电站发电特性，制定水光互补协调运行的冬季及夏季典型出力曲线。经对比分析得出，水光互补协调运行后，龙羊峡水库日出库水量不变，出库流量过程发生改变，对黄河上游水量调度不会产生影响；对下游拉西瓦水库水位变幅会产生影响，但水库水位变幅及变化率满足拉西瓦水库果卜错落体稳定的库水位运行要求；通过拉西瓦水库的调节，龙羊峡水电站水光互补协调运行后对梯级水电站下游用水不产生影响。

（6）水量平衡试验时，按照“以水定电”原则，以龙羊峡水电站的出库流量确定水电站计划发电出力，按照光伏电站的光功率预测结果确定光伏电站的计划发电出力。试验过程中，龙羊峡水光互补协调运行能够按照下达的总发电出力曲线运行，总电量偏差小于1%；由于光功率预测误差对水电站的发电出力过程产生一定影响，但对龙羊峡水库出库水量影响不大，水量偏差小于5%。试验期间，拉西瓦水库水位日变幅与水光互补前相比未增加；通过拉西瓦水库对龙羊峡水库出库水量进行补偿调节，可以有效消除龙羊峡水光互补协调运行出库流量变化对下游梯级水电站的影响，满足水量调度要求；拉西瓦水电站承担的电网调峰任务，未受到龙羊峡水光互补协调运行后出库流量过程变化的影响。

附录A

龙羊峡水光互补项目的水光互补协调运行控制调节模拟过程表（11:10:00—11:15:51）

时间	光伏发电出力/MW	方案一（12s调节响应步长为t_1，7MW调节幅值限值为p_1）			方案二（9s调节响应步长为t_2，10MW调节幅值限值为p_2）		
		水电发电出力/MW	实际总发电出力/MW	备注	水电发电出力/MW	实际总发电出力/MW	备注
11:10:00	265.91	84.09	350.00		84.09	350.00	
11:10:03	265.29	84.09	349.38	t_1死区不计算	84.09	349.38	t_2死区不计算
11:10:06	265.29	84.09	349.38	t_1死区不计算	84.09	349.38	t_2死区不计算
11:10:09	265.29	84.09	349.38	t_1死区不计算	84.09	349.38	p_2死区不调节
11:10:12	264.79	84.09	348.88	p_1死区不调节	84.09	348.88	t_2死区不计算
11:10:15	264.42	84.09	348.51	t_1死区不计算	84.09	348.51	t_2死区不计算
11:10:18	264.30	84.09	348.39	t_1死区不计算	84.09	348.39	p_2死区不调节
11:10:21	264.17	84.09	348.26	t_1死区不计算	84.09	348.26	t_2死区不计算
11:10:24	264.17	84.09	348.26	p_1死区不调节	84.09	348.26	t_2死区不计算
11:10:27	263.80	84.09	347.89	t_1死区不计算	84.09	347.89	p_2死区不调节
11:10:30	263.55	84.09	347.64	t_1死区不计算	84.09	347.64	t_2死区不计算
11:10:33	263.30	84.09	347.40	t_1死区不计算	84.09	347.40	t_2死区不计算

续表

时间	光伏发电出力/MW	方案一（12s 调节响应步长为 t_1，7MW 调节幅值限值为 p_1）			方案二（9s 调节响应步长为 t_2，10MW 调节幅值限值为 p_2）		
		水电发电出力/MW	实际总发电出力/MW	备注	水电发电出力/MW	实际总发电出力/MW	备注
11:10:36	263.18	84.09	347.27	p_1 死区不调节	84.09	347.27	p_2 死区不调节
11:10:39	263.06	84.09	347.15	t_1 死区不计算	84.09	347.15	t_2 死区不计算
11:10:42	262.93	84.09	347.02	t_1 死区不计算	84.09	347.02	t_2 死区不计算
11:10:45	262.56	84.09	346.65	t_1 死区不计算	84.09	346.65	p_2 死区不调节
11:10:48	262.06	84.09	346.16	p_1 死区不调节	84.09	346.16	t_2 死区不计算
11:10:51	261.32	84.09	345.41	t_1 死区不计算	84.09	345.41	t_2 死区不计算
11:10:54	260.58	84.09	344.67	t_1 死区不计算	84.09	344.67	p_2 死区不调节
11:10:57	259.71	84.09	343.80	t_1 死区不计算	84.09	343.80	t_2 死区不计算
11:11:00	258.84	91.16	350.00	**p_1 越限调节**	84.09	342.93	t_2 死区不计算
11:11:03	258.47	91.16	349.63	t_1 死区不计算	84.09	342.56	p_2 死区不调节
11:11:06	257.23	91.16	348.39	t_1 死区不计算	84.09	341.32	t_2 死区不计算
11:11:09	256.49	91.16	347.64	t_1 死区不计算	84.09	340.58	t_2 死区不计算
11:11:12	256.24	91.16	347.40	p_1 死区不调节	84.09	340.33	p_2 死区不调节
11:11:15	254.87	91.16	346.03	t_1 死区不计算	84.09	338.97	t_2 死区不计算
11:11:18	254.13	91.16	345.29	t_1 死区不计算	84.09	338.22	t_2 死区不计算
11:11:21	253.88	91.16	345.04	t_1 死区不计算	96.12	350.00	**p_2 越限调节**
11:11:24	252.39	91.16	343.55	p_1 死区不调节	96.12	348.51	t_2 死区不计算
11:11:27	252.02	91.16	343.18	t_1 死区不计算	96.12	348.14	t_2 死区不计算

续表

时间	光伏发电出力/MW	方案一（12s 调节响应步长为 t_1，7MW 调节幅值限值为 p_1）			方案二（9s 调节响应步长为 t_2，10MW 调节幅值限值为 p_2）		
		水电发电出力/MW	实际总发电出力/MW	备注	水电发电出力/MW	实际总发电出力/MW	备注
11:11:30	251.53	91.16	342.69	t_1 死区不计算	96.12	347.64	p_2 死区不调节
11:11:33	251.03	91.16	342.19	t_1 死区不计算	96.12	347.15	t_2 死区不计算
11:11:36	250.29	99.71	350.00	**p_1 越限调节**	96.12	346.41	t_2 死区不计算
11:11:39	249.79	99.71	349.50	t_1 死区不计算	96.12	345.91	p_2 死区不调节
11:11:42	249.42	99.71	349.13	t_1 死区不计算	96.12	345.54	t_2 死区不计算
11:11:45	249.42	99.71	349.13	t_1 死区不计算	96.12	345.54	t_2 死区不计算
11:11:48	248.43	99.71	348.14	p_1 死区不调节	96.12	344.54	p_2 死区不调节
11:11:51	247.93	99.71	347.64	t_1 死区不计算	96.12	344.05	t_2 死区不计算
11:11:54	247.93	99.71	347.64	t_1 死区不计算	96.12	344.05	t_2 死区不计算
11:11:57	247.06	99.71	346.78	t_1 死区不计算	96.12	343.18	p_2 死区不调节
11:12:00	247.06	99.71	346.78	p_1 死区不调节	96.12	343.18	t_2 死区不计算
11:12:03	246.57	99.71	346.28	t_1 死区不计算	96.12	342.69	t_2 死区不计算
11:12:06	246.57	99.71	346.28	t_1 死区不计算	96.12	342.69	p_2 死区不调节
11:12:09	246.32	99.71	346.03	t_1 死区不计算	96.12	342.44	t_2 死区不计算
11:12:12	246.32	99.71	346.03	p_1 死区不调节	96.12	342.44	t_2 死区不计算
11:12:15	246.44	99.71	346.16	t_1 死区不计算	96.12	342.56	p_2 死区不调节
11:12:18	246.44	99.71	346.16	t_1 死区不计算	96.12	342.56	t_2 死区不计算
11:12:21	246.44	99.71	346.16	t_1 死区不计算	96.12	342.56	t_2 死区不计算

续表

时间	光伏发电出力/MW	方案一（12s 调节响应步长为 t_1，7MW 调节幅值限值为 p_1）			方案二（9s 调节响应步长为 t_2，10MW 调节幅值限值为 p_2）		
		水电发电出力/MW	实际总发电出力/MW	备注	水电发电出力/MW	实际总发电出力/MW	备注
11:12:24	246.94	99.71	346.65	p_1 死区不调节	96.12	343.06	p_2 死区不调节
11:12:27	247.06	99.71	346.78	t_1 死区不计算	96.12	343.18	t_2 死区不计算
11:12:30	247.06	99.71	346.78	t_1 死区不计算	96.12	343.18	t_2 死区不计算
11:12:33	246.82	99.71	346.53	t_1 死区不计算	96.12	342.93	p_2 死区不调节
11:12:36	246.82	99.71	346.53	p_1 死区不调节	96.12	342.93	t_2 死区不计算
11:12:39	246.82	99.71	346.53	t_1 死区不计算	96.12	342.93	t_2 死区不计算
11:12:42	246.82	99.71	346.53	t_1 死区不计算	96.12	342.93	p_2 死区不调节
11:12:45	246.20	99.71	345.91	t_1 死区不计算	96.12	342.31	t_2 死区不计算
11:12:48	246.07	99.71	345.78	p_1 死区不调节	96.12	342.19	t_2 死区不计算
11:12:51	246.07	99.71	345.78	t_1 死区不计算	96.12	342.19	p_2 死区不调节
11:12:54	246.07	99.71	345.78	t_1 死区不计算	96.12	342.19	t_2 死区不计算
11:12:57	245.95	99.71	345.66	t_1 死区不计算	96.12	342.07	t_2 死区不计算
11:13:00	245.82	99.71	345.54	p_1 死区不调节	96.12	341.94	p_2 死区不调节
11:13:03	245.45	99.71	345.17	t_1 死区不计算	96.12	341.57	t_2 死区不计算
11:13:06	245.45	99.71	345.17	t_1 死区不计算	96.12	341.57	t_2 死区不计算
11:13:09	245.20	99.71	344.92	t_1 死区不计算	96.12	341.32	p_2 死区不调节
11:13:12	245.20	99.71	344.92	p_1 死区不调节	96.12	341.32	t_2 死区不计算
11:13:15	244.96	99.71	344.67	t_1 死区不计算	96.12	341.07	t_2 死区不计算

续表

时间	光伏发电出力/MW	方案一（12s调节响应步长为t_1，7MW调节幅值限值为p_1）			方案二（9s调节响应步长为t_2，10MW调节幅值限值为p_2）		
		水电发电出力/MW	实际总发电出力/MW	备注	水电发电出力/MW	实际总发电出力/MW	备注
11:13:18	244.96	99.71	344.67	t_1死区不计算	96.12	341.07	p_2死区不调节
11:13:21	245.08	99.71	344.79	t_1死区不计算	96.12	341.20	t_2死区不计算
11:13:24	245.08	99.71	344.79	p_1死区不调节	96.12	341.20	t_2死区不计算
11:13:27	245.45	99.71	345.17	t_1死区不计算	96.12	341.57	p_2死区不调节
11:13:30	245.70	99.71	345.41	t_1死区不计算	96.12	341.82	t_2死区不计算
11:13:33	247.06	99.71	346.78	t_1死区不计算	96.12	343.18	t_2死区不计算
11:13:36	249.30	99.71	349.01	p_1死区不调节	96.12	345.41	p_2死区不调节
11:13:39	249.30	99.71	349.01	t_1死区不计算	96.12	345.41	t_2死区不计算
11:13:42	250.78	99.71	350.50	t_1死区不计算	96.12	346.90	t_2死区不计算
11:13:45	251.28	99.71	350.99	t_1死区不计算	96.12	347.40	p_2死区不调节
11:13:48	252.52	99.71	352.23	p_1死区不调节	96.12	348.64	t_2死区不计算
11:13:51	253.51	99.71	353.22	t_1死区不计算	96.12	349.63	t_2死区不计算
11:13:54	254.01	99.71	353.72	t_1死区不计算	96.12	350.12	p_2死区不调节
11:13:57	254.25	99.71	353.97	t_1死区不计算	96.12	350.37	t_2死区不计算
11:14:00	255.25	99.71	354.96	p_1死区不调节	96.12	351.36	t_2死区不计算
11:14:03	255.25	99.71	354.96	t_1死区不计算	96.12	351.36	p_2死区不调节
11:14:06	255.87	99.71	355.58	t_1死区不计算	96.12	351.98	t_2死区不计算
11:14:09	256.73	99.71	356.45	t_1死区不计算	96.12	352.85	t_2死区不计算

续表

时间	光伏发电出力/MW	方案一（12s 调节响应步长为 t_1，7MW 调节幅值限值为 p_1）			方案二（9s 调节响应步长为 t_2，10MW 调节幅值限值为 p_2）		
		水电发电出力/MW	实际总发电出力/MW	备注	水电发电出力/MW	实际总发电出力/MW	备注
11:14:12	257.48	92.52	350.00	**p_1 越限调节**	96.12	353.59	p_2 死区不调节
11:14:15	258.10	92.52	350.62	t_1 死区不计算	96.12	354.21	t_2 死区不计算
11:14:18	258.72	92.52	351.24	t_1 死区不计算	96.12	354.83	t_2 死区不计算
11:14:21	258.72	92.52	351.24	t_1 死区不计算	96.12	354.83	p_2 死区不调节
11:14:24	259.58	92.52	352.11	p_1 死区不调节	96.12	355.70	t_2 死区不计算
11:14:27	259.58	92.52	352.11	t_1 死区不计算	96.12	355.70	t_2 死区不计算
11:14:30	259.58	92.52	352.11	t_1 死区不计算	96.12	355.70	p_2 死区不调节
11:14:33	259.83	92.52	352.36	t_1 死区不计算	96.12	355.95	t_2 死区不计算
11:14:36	259.96	92.52	352.48	p_1 死区不调节	96.12	356.07	t_2 死区不计算
11:14:39	259.96	92.52	352.48	t_1 死区不计算	96.12	356.07	p_2 死区不调节
11:14:42	259.83	92.52	352.36	t_1 死区不计算	96.12	355.95	t_2 死区不计算
11:14:45	259.83	92.52	352.36	t_1 死区不计算	96.12	355.95	t_2 死区不计算
11:14:48	259.83	92.52	352.36	p_1 死区不调节	96.12	355.95	p_2 死区不调节
11:14:51	260.58	92.52	353.10	t_1 死区不计算	96.12	356.69	t_2 死区不计算
11:14:54	261.44	92.52	353.97	t_1 死区不计算	96.12	357.56	t_2 死区不计算
11:14:57	262.06	92.52	354.59	t_1 死区不计算	96.12	358.18	p_2 死区不调节
11:15:00	262.31	92.52	354.83	p_1 死区不调节	96.12	358.43	t_2 死区不计算
11:15:03	262.31	92.52	354.83	t_1 死区不计算	96.12	358.43	t_2 死区不计算

续表

时间	光伏发电出力/MW	方案一（12s 调节响应步长为 t_1，7MW 调节幅值限值为 p_1）			方案二（9s 调节响应步长为 t_2，10MW 调节幅值限值为 p_2）		
		水电发电出力/MW	实际总发电出力/MW	备注	水电发电出力/MW	实际总发电出力/MW	备注
11:15:06	262.31	92.52	354.83	t_1 死区不计算	96.12	358.43	p_2 死区不调节
11:15:09	263.18	92.52	355.70	t_1 死区不计算	96.12	359.30	t_2 死区不计算
11:15:12	263.55	92.52	356.07	p_1 死区不调节	96.12	359.67	t_2 死区不计算
11:15:15	263.68	92.52	356.20	t_1 死区不计算	96.12	359.79	p_2 死区不调节
11:15:18	264.42	92.52	356.94	t_1 死区不计算	96.12	360.54	t_2 死区不计算
11:15:21	265.53	92.52	358.06	t_1 死区不计算	96.12	361.65	t_2 死区不计算
11:15:24	266.53	83.47	350.00	**p_1 越限调节**	83.47	350.00	**p_2 越限调节**
11:15:27	267.27	83.47	350.74	t_1 死区不计算	83.47	350.74	t_2 死区不计算
11:15:30	269.25	83.47	352.73	t_1 死区不计算	83.47	352.73	t_2 死区不计算
11:15:33	270.00	83.47	353.47	t_1 死区不计算	83.47	353.47	p_2 死区不调节
11:15:36	273.22	83.47	356.69	p_1 死区不调节	83.47	356.69	t_2 死区不计算
11:15:39	274.83	83.47	358.31	t_1 死区不计算	83.47	358.31	t_2 死区不计算
11:15:42	275.58	83.47	359.05	t_1 死区不计算	83.47	359.05	p_2 死区不调节
11:15:45	277.31	83.47	360.78	t_1 死区不计算	83.47	360.78	t_2 死区不计算
11:15:48	278.05	71.95	350.00	**p_1 越限调节**	83.47	361.53	t_2 死区不计算
11:15:51	278.68	71.95	350.62	t_1 死区不计算	71.32	350.00	**p_2 越限调节**
11:15:54	278.80	71.95	350.74	t_1 死区不计算	71.32	350.12	t_2 死区不计算
11:15:57	279.05	71.95	350.99	t_1 死区不计算	71.32	350.37	t_2 死区不计算

附录B

水光互补协调运行 AGC 及 AVC 控制试验方案

1　水光互补协调运行 AGC 及 AVC 控制试验原则与目的

1.1　水光互补协调运行试验原则

水光互补运行的原则是“以水定电、协调互补、清洁高效、安全可靠”，保障龙羊峡水电站防洪、发电、灌溉、供水等综合利用功能不变，最大限度利用光伏电站的电能。

水光互补协调运行时，水光互补协调运行 AGC 控制软件不参与电网一次调频，与水电站一次调频功能并行工作。

1.2　水光互补协调运行试验目的

按照光伏电站、龙羊峡水电站各季节典型负荷曲线，在龙羊峡水电站日总发电量不变，日出库水量不变，参与水光互补协调运行试验的水电机组出力对光伏电站发电出力补偿的基础上，水电站水库出库流量过程随水电站发电出力曲线变化而改变。根据试验数据及分析结果，对控制策略进行验证和完善优化。

1.3　水光互补协调运行试验内容

水光互补协调运行的试验包括 AGC 试验和 AVC 试验。

1.4　水光互补协调运行试验方法

在水光互补协调运行 AGC 功能模式下，光伏电站不进行有功功率调节，给定光伏电站和水电机组总有功功率，水光互补协调运行 AGC 软件读取光伏电站实时发电有功功率（取自龙羊峡水电站侧 QF9 间隔实际测量值），当实时发电有功功率偏离给定的总有功功率达到设定值时，剩余有功功率在参与水光互补协调运行调节的水电机组间分配。当光伏电站发电量由于光照等原因变化时，变化值超出预设值时，AGC 调节参与水光互补协调运行的水电机组发电出力，维持总有功功率不变。

在水光互补协调运行 AVC 功能模式下，给定龙羊峡水电站 330kV 母线电压范围曲线，光伏电站动态无功补偿装置在无功补偿范围内调节变化，水电站水光互补协调运行 AVC 软件自动读取 330kV 母线的电压，当实际电压偏离给定电压范围达到设定值时，自动调整参与水光互补协调运行的水电机组的无功功率。

龙羊峡水光互补项目研究开发了一套 AGC、AVC 控制软件，一套发电曲线自动生成软件，一套光伏发电曲线模拟软件，一套水光互补协调运行控制系统分析软件。通过本次试验验证上述软件的功能及性能。

试验过程中可根据现场实际情况对试验方案做局部的调整和补充。

2 试验具备的条件

2.1 龙羊峡水电站

（1）330kV B1 母线、B2 母线、B3 母线合环运行。

（2）1 号、2 号、4 号水电机组机电设备运行正常。

（3）主变压器中性点运行方式：2 号主变压器、4 号主变压器中性点接地刀闸合闸。

（4）330kV 开关站 GIS 设备运行正常。

（5）水电站侧 330kV 出线设备运行正常。

（6）水电站内各公用及辅助设备运行正常。

（7）电气二次设备运行正常。

水电机组调速系统、水电机组励磁系统、水电站计算机监控系统运行正常；继电保护及安全自动装置按要求投入；与光伏电站、网调、省调通信畅通；水电站远程监控光伏电站功能正常。

2.2 恰龙Ⅰ线（光伏电站接入龙羊峡水电站 330kV 线路）

（1）恰龙Ⅰ线运行正常。

（2）两侧继电保护正常投入。

（3）两侧通信正常，信息传输准确。

2.3 光伏电站

（1）330kV 母线及 1 号、2 号主变压器运行正常。

（2）35kVⅠ段、Ⅱ段母线运行，1 号、2 号接地变压器运行正常。

（3）320 个光伏发电子阵全部并网运行正常。

（4）无功补偿装置 SVG 正常投入运行正常。

（5）外来电源为主供电源，站用变压器 70T、80T 备用。

2.4 其他要求

（1）试验组织机构已建立，两站之间及站内各部位与指挥机构的通信正常，联络、指挥信号正常。

（2）图纸、资料完整，相关记录表格已经准备就绪。

3 试验安全注意事项

（1）试验工作严格按试验方案步骤进行，并按要求执行每步的安全措施；所有试验相关人员均需了解试验步骤和安全事项，按级服从组织机构安排。

（2）试验前，必须认真组织运行人员、试验参与人员学习本调试方案，必须做好事故预案和安全技术措施，确保水电机组安全运行。

（3）为保证本次试验顺利地进行，不影响水电站水电机组设备和电网的安全运行，试验时操作员站 A 作为试验操作站，试验操作由电站运行值班员进行；操作员站 B 由其他运行值班员进行监控，预备处理紧急情况，试验进行时如非紧急情况运行人员不得对试验水电机组进行发电出力或电压调节。

（4）试验时，应设专人在现场监视水电机组运行情况，并与中控室保持联系。如遇出力或频率大范围波动，立即进行手动调节；并在操作员站 A 上立即退出 AGC 或 AVC。

（5）试验时，严格按调试步骤进行；根据不同的试验内容和目的，采取不同安全措施，确保不影响非试验水电机组运行；在进行后一项试验前，之前相应内容的试验应已完成且结果合格。

（6）AGC 或 AVC 的所有功能都经过开环试验，试验结果正确，方可实行闭环试验。

（7）AGC 闭环试验时，未参与水光互补协调运行 AGC 成组控制的水电机组需将调速器调节系统切换至“电手动”方式运行，参与 AGC 成组的水电机组需留有运行人员在机旁，如遇发生因调试引起的紧急情况，由中控室指挥机旁人员稳定水电机组出力，防止有功功率波动对电网造成影响。

（8）如遇电网事故或其他异常情况，立即停止试验，待事故或异常处理正常后方可继续试验。

（9）AVC 闭环试验时，未参与水光互补协调运行 AVC 成组控制的水电机组需将励磁调节器调节系统切换至“现地”方式运行。现场所有人员避免靠近励磁功率柜，严禁在励磁功率柜附近逗留。

（10）在远方闭环试验时，按电网调度中心指令进行试验。除保证站内闭环所需安全措施外，还需与电网调度中心时刻保持联系。

（11）试验人员与中控室、调度自动化 AGC 或 AVC 专责人员、值班人员联系时，应采用监控机房、中控室固定电话（对讲机）。同时，如实、完整记录试验数据（包括未加入水光互补协调运行的水电机组相关数据），在每张数据表后，分别由记录人和检查人在试验结果栏中签字确认。

（12）试验时，如遇到与试验相关的程序、逻辑、数据等需调整时，应做好安全措施，在确保安全并经试验组织机构批准后实施，实施的同时应做好记录，并由相关人员签字。

（13）试验完成后，应退出水电站和单机的 AGC 或 AVC 功能，并检查确认。

4 AGC 试验

4.1 AGC 功能设定参数

（1）调试水头为 129.00m，对应的每台水电机组发电出力 320MW。

（2）水电站总有功容量范围：0～960MW，试验调节范围 0～960MW，单次调节幅度 20～300MW（根据现场实际进行参数调整）。

（3）单台水电机组调节范围 0～320MW，其中设置 100～220MW 为水电机组振动区。（根据现场实际进行参数调整）。

（4）水电站有功调节变幅 0～320MW。

（5）给定总有功功率不变时，AGC 响应光伏电站有功功率变化最小值（调节幅值限值）20～50MW（根据试验可调整），两次调节最小时间间隔（调节响应时间步长）10s（根据试验可调整）。

4.2 AGC 功能投及闭锁条件测试

1. AGC 投退及闭锁条件

（1）功能执行条件（以下条件全部具备）：AGC 功能投入；有功功率给定方式或负荷曲线方式投入；至少 1 台水电机组成组可调；水电站开关站 LCU 在线。

（2）水电机组成组可调条件（以下条件全部具备）：水电机组加入水光互补协调运行成组控制；水电机组 LCU 在线，水电机组发电态；水电机组无事故；水电机组非维护态及调速器正常。

（3）延时 5s 退出功能条件（以下条件具备其一）：水电机组处于发电态且有功功率数据质量故障；水光互补协调运行 AGC 的两台应用服务器均非主控；水电机组非维护态且非在线。

（4）延时 60s 退出功能条件（以下条件具备其一）：水光互补协调运行 AGC 控制权投网调且电站与网调通信故障；水光互补协调运行系统与光伏电站通信故障且光伏电站加入水光互补协调运行 AGC。

（5）光伏电站自动退出水光互补协调运行 AGC 条件为光伏电站事故或光伏电站 AGC 切换至电网调度端远控或光伏电站非发电态。

2. AGC 功能投退及闭锁条件测试

（1）检查人机界面上相应逻辑关系是否正确。

（2）按照附表 1～附表 4 所列试验方法逐一测试，观察结果状态是否正确。

（3）按附表 1 所述条件逐一破坏其中一条件，观察结果状态显示是否正确。

（4）试验完毕后，恢复闭锁条件至正常运行状态。

附表 1　　水光互补协调运行 AGC 功能执行条件试验

序号	闭锁条件	试验方法	试验结果	备注
1	AGC 功能投入	人工操作		
2	有功功率给定方式或负荷曲线方式投入	人工操作		
3	至少一台水电机组成组可调	置值模拟		
4	开关站 LCU 在线	置值模拟		

附表 2　　水电机组成组可调条件试验

序号	闭锁条件	试验方法	试验结果	备注
1	水电机组加入水光互补协调运行成组控制	人工操作		
2	水电机组 LCU 在线	置值模拟		
3	水电机组发电态	置值模拟		
4	水电机组无事故	置值模拟		
5	水电机组非维护态	人工操作		
6	调速器正常	置值模拟		

附表 3　　水光互补协调运行 AGC 功能退出试验

序号	闭锁条件	试验方法	试验结果	备注
1	非维护态水电机组有功功率测量通道故障	置值模拟		
2	水光互补协调运行 AGC 的两台应用服务器均非主控	置值模拟		
3	水电机组非维护态且非在线	置值模拟		
4	AGC 控制权投网调且电站与网调通信故障	置值模拟		
5	水光互补协调运行系统与光伏电站通信故障且光伏电站加入水光互补协调运行 AGC	置值模拟		
6	有功功率突变 50MW	置值模拟		

附表 4　　光伏电站自动退出水光互补协调运行 AGC 条件

序号	闭锁条件	试验方法	试验结果	备注
1	光伏电站事故	置值模拟		
2	光伏电站 AGC 切换至电网调度端远控	置值模拟		
3	光伏电站非发电态	置值模拟		

4.3　指令安全测试

1. 试验目的

检验异常情况下，AGC 的处理功能。

2. 试验步骤

(1) 将运行 AGC 程序的应用程序服务器与计算机监控系统主网断开，以保证命令不会下发到水电机组。

(2) 检查人机界面上相应逻辑关系是否正确。

(3) 按照附表 5 所列试验方法和条件逐一测试，观察结果状态是否正确。

(4) 试验结束后，恢复数据库设置点数据，保证数据库点同监控系统实时数据一致。

附表 5　　指令安全测试

<table>
<tr><th rowspan="2">序号</th><th rowspan="2">异常情况</th><th rowspan="2">试验方法</th><th rowspan="2">AGC 处理情况</th><th colspan="2">报警</th><th rowspan="2">备注</th></tr>
<tr><th>画面</th><th>事件</th></tr>
<tr><td>1</td><td>有功功率给定值在调节上下限之外</td><td>人工操作</td><td></td><td></td><td></td><td></td></tr>
<tr><td>2</td><td>有功功率给定值越变幅</td><td>人工操作</td><td></td><td></td><td></td><td></td></tr>
<tr><td>3</td><td>有功功率给定值在振动区范围内</td><td>人工操作</td><td></td><td></td><td></td><td></td></tr>
<tr><td>4</td><td>AGC 未投时，修改有功功率给定值</td><td>人工操作</td><td></td><td></td><td></td><td></td></tr>
<tr><td>5</td><td>负荷曲线方式切换为站内给定方式</td><td>人工操作</td><td></td><td></td><td></td><td></td></tr>
<tr><td>6</td><td>负荷曲线方式下，修改有功功率给定值</td><td>人工操作</td><td></td><td></td><td></td><td></td></tr>
<tr><td>7</td><td>控制权在调度模式下，修改有功功率给定值</td><td>人工操作</td><td></td><td></td><td></td><td></td></tr>
<tr><td>8</td><td>控制权在厂控模式下，修改调度有功功率给定值</td><td>置值模拟</td><td></td><td></td><td></td><td></td></tr>
</table>

4.4　软硬件安全性试验

1. 试验目的

观察应用服务器运行主、备机重启等硬件异常情况下，AGC 能否正确响应、能否避免发出异常指令、水轮发电机组出力能否保持稳定。

2. 试验方法

重启应用服务器或重启计算机监控系统，观察并记录试验结果。

4.5　AGC 开环试验

1. 试验目的

在开环模式运行环境进行全面检查测试，验证水光互补协调运行 AGC 功能及水光互补协调运行相关效果。

2. 试验内容

申请电网调度同意后，投入水光互补协调运行 AGC 功能，站控开环模式，使水轮发电机组“可控”，并安排专人把其他水电机组调速器在机旁盘上将控制方式由“自动”切至“电手动”，查看参与水光互补协调运行 AGC 成组控制的水电机组有功功率分配情况，并验证控制策略。

3. 安全措施

（1）试验过程中，安排人员在机旁调速器控制盘值守。

（2）投入水光互补协调运行 AGC 功能，模式为“开环”模式。根据调试要求，投入参与水光互补协调运行成组控制的水电机组，未参与成组控制的水电机组调速器在机旁盘上将控制方式切为“电手动”方式。

（3）试验结束后退出水光互补协调运行 AGC，并汇报电网调度中心。

4.5.1 有功功率给定开环试验

1. 有功功率给定开环试验（无光伏电站）

（1）分别选择水电站 4 台水电机组中的 1 台、2 台、3 台、4 台机组加入水光互补协调运行 AGC 成组控制。

（2）设定总有功功率，以 50MW 调节幅值增加有功功率，当试验水电机组增至最大有功功率额定出力时，记录有功功率分配情况。

（3）以 50MW 调节幅值减少有功功率，当减至最小有功功率时，记录有功功率分配情况。

2. 有功功率给定开环试验（有光伏电站）

（1）光伏电站加入水光互补协调运行 AGC。

（2）分别选择 4 台水电机组中的 1 台、2 台、3 台、4 台机组加入水光互补协调运行 AGC 成组控制。

（3）设定总有功功率，以 50MW 调节幅值增加有功功率，将试验水电机组增至最大有功功率额定出力，记录有功功率分配情况，以 50MW 调节幅值减少有功功率，减至最小有功功率，记录有功功率分配情况。

（4）模拟光伏电站有功功率小幅值变化

人为设置光伏电站有功功率小幅值变化，观察并记录水光互补协调运行 AGC 响应情况。

利用模拟曲线提取程序读入光伏电站小幅值变化的典型曲线，如附图 1～附图 6 所示，现场试验时可人工选择曲线时长，观察并记录水光互补协调运行 AGC 响应情况。

（5）模拟光伏电站有功功率大幅值变化试验。人为设置光伏电站有功功率大幅值变化，观察并记录水光互补协调运行 AGC 响应情况。

利用模拟曲线提取程序读入光伏电站大幅值变化的典型曲线（附图 1～附图 6），现场试验时可人工选择曲线时长，观察并记录水光互补协调运行 AGC 响应情况。

（6）模拟光伏电站连续变化试验。光伏电站有功功率连续变化指在 AGC 响应调节 10s 以内光伏电站有功功率再次变化。

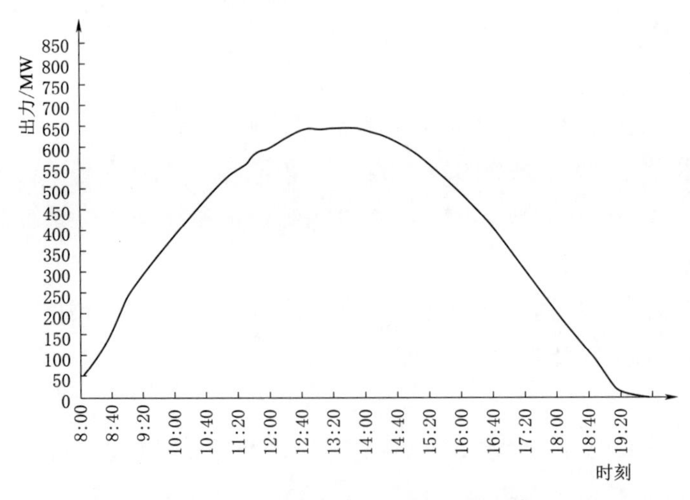

附图1　晴天光伏电站发电出力曲线

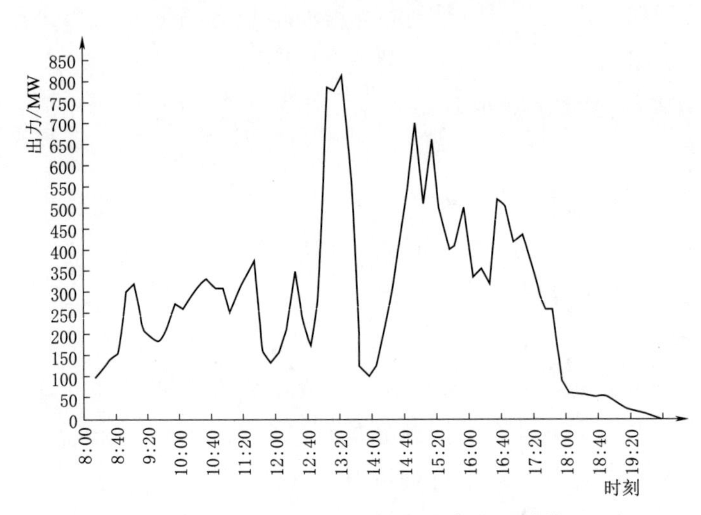

附图2　小雨天气光伏电站发电出力曲线

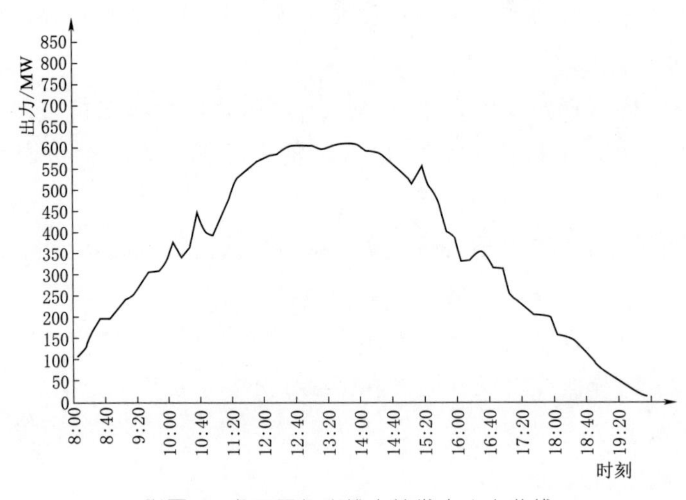

附图3　多云天气光伏电站发电出力曲线

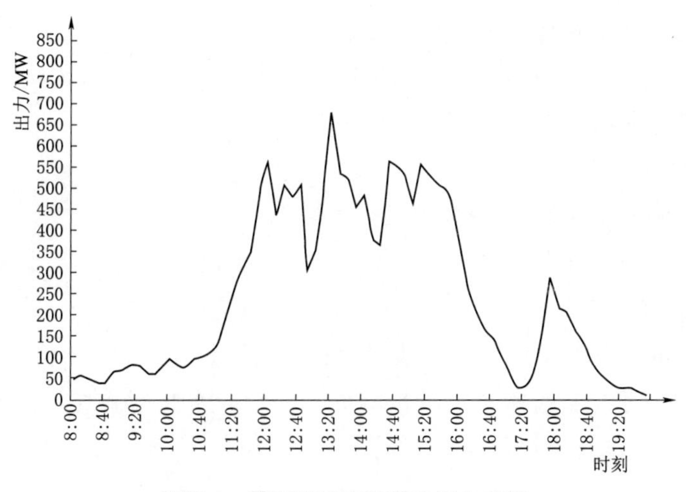

附图 4　阴天光伏电站发电出力曲线

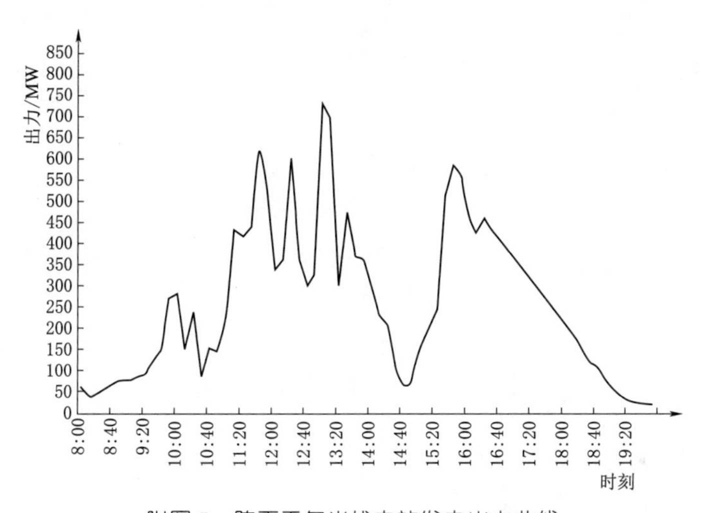

附图 5　阵雨天气光伏电站发电出力曲线

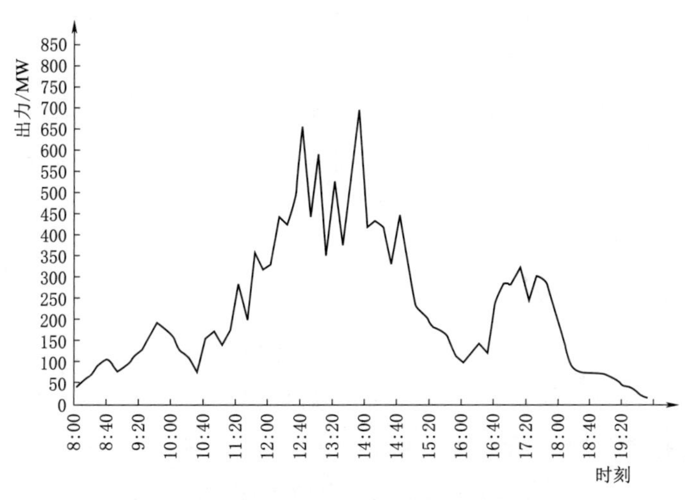

附图 6　阴雨转小雨天气光伏电站发电出力曲线

人为设置光伏电站有功功率连续变化，观察并记录 AGC 响应情况。

利用模拟曲线提取程序读入光伏电站连续变化的典型曲线（附图 1～附图 6），现场试验时可人工选择曲线时长，观察并记录 AGC 响应情况。

4.5.2 负荷曲线给定开环试验

1. 负荷曲线给定开环试验（无光伏电站）

（1）分别选择 4 台水电机组中的 1 台、2 台、3 台或 4 台机组加入水光互补协调运行 AGC 成组控制。

（2）选择水电站典型发电出力曲线设定值（附图 7），投入负荷曲线方式。

（3）现场试验时人工选择曲线时长，观察并记录水光互补协调运行 AGC 有功功率分配情况。

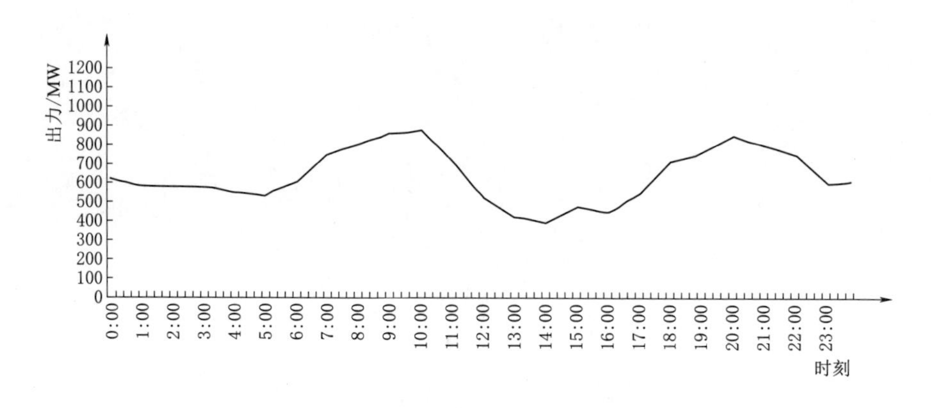

附图 7　龙羊峡冬季典型发电出力曲线

2. 负荷曲线给定开环试验（有光伏电站）

（1）光伏电站加入水光互补协调运行 AGC。

（2）分别选择 4 台水电机组中的 1 台、2 台、3 台或 4 台机组加入水光互补协调运行 AGC 成组控制。

（3）选择水电站典型负荷曲线设定值（附图 7），投入负荷曲线方式。

（4）现场试验时人工选择曲线时长，观察并记录水光互补协调运行 AGC 有功功率分配情况。

（5）模拟光伏电站有功功率小幅值变化。人为设置光伏电站有功功率小幅值变化，观察并记录水光互补协调运行 AGC 响应情况。

利用模拟曲线提取程序读入光伏电站小幅值变化的典型曲线（附图 1～附图 6），现场试验时可人工选择曲线时长，观察并记录水光互补协调运行 AGC 响应情况。

（6）模拟光伏电站有功功率大幅值变化试验。人为设置光伏电站有功功率大幅值变化，观察并记录水光互补协调运行 AGC 响应情况。

利用模拟曲线提取程序读入光伏电站大幅变化的典型曲线（附图 1～附图 6），现场试验时可人工选择曲线时长，观察并记录水光互补协调运行 AGC 响应情况。

（7）模拟光伏电站有功功率连续变化试验。光伏电站有功功率连续变化指在 AGC 响应调节 10s 以内光伏电站有功功率再次变化。

人为设置光伏电站有功功率连续变化，观察并记录 AGC 响应情况。

利用模拟曲线提取程序读入光伏电站连续变化的典型曲线（附图 1～附图 6），现场试验时可人工选择曲线时长，观察并记录 AGC 响应情况。

4.6 AGC 闭环试验

1. 试验目的

在闭环模式实际运行环境进行全面检查测试，在调试过程中对光伏电站发电曲线及龙羊峡水电站补偿后的发电曲线进行对比分析，对龙羊峡水电站水电机组、调速器等设备调节性能和系统响应及调节时间进行评估，进一步优化调节参数。

2. 试验内容

申请电网调度同意后，投入水光互补协调运行 AGC，站控闭环模式。投入参与水光互补协调运行成组控制的水电机组，并安排专人将其他水电机组调速器控制方式由“自动”切至“电手动”，查看参与成组控制的水电机组有功功率分配情况，并验证安全策略。

3. 安全措施

（1）试验过程中，安排人员在机旁调速器控制盘值守。

（2）投入水光互补协调运行 AGC，根据调试要求，投入参与水光互补协调运行成组控制的水电机组，未参与成组控制的水轮发电机组调速器控制方式切为“现地”方式，模式为“闭环”模式。

（3）试验结束后退出水光互补协调运行 AGC，并汇报电网调度中心。

4.6.1 有功功率给定闭环试验

1. 有功功率给定闭环试验（无光伏电站）

（1）分别选择 1 号、2 号、4 号水电机组中的 1 台、2 台、3 台机组加入水光互补协调运行 AGC 成组控制。

（2）设定总有功功率，以（20MW、30MW、50MW、100MW、200MW、300MW）不同调节幅值增有功功率，当试验水电机组增至最大有功功率额定出力时，记录有功功率分配情况。

（3）以（20MW、30MW、50MW、100MW、200MW、300MW）不同调节幅值分步减少有功功率，记录减至最小有功功率的有功功率分配情况。

2. 有功功率给定闭环试验（有光伏电站）

（1）光伏电站加入水光互补协调运行 AGC。

(2) 分别选择 1 号、2 号、4 号水电机组中的 1 台、2 台或 3 台机组加入水光互补协调运行 AGC 成组控制。

(3) 设定总有功功率，以（20MW、30MW、50MW、100MW、200MW、300MW）不同调节幅值分步增有功功率，记录试验水电机组增至最大有功功率的有功功率分配情况。

(4) 以（20MW、30MW、50MW、100MW、200MW、300MW）不同调节幅值分步减有功功率，记录减至最小有功功率的有功功率分配情况。

(5) 调整调节参数，对比分析实验数据，确定合理的调节参数，达到水光互补协调运行的目的。

(6) 光伏电站有功功率小幅值变化闭环试验。光伏电站加入水光互补协调运行 AGC，分别选择 1 号、2 号、4 号水电机组中的 1 台、2 台或 3 台机组加入水光互补协调运行 AGC 成组控制，总有功功率设定值不变。

光伏电站手动增、减 0～100MW 有功功率，分次试验（调节幅值 20MW），观察并记录水光互补协调运行 AGC 响应情况。

(7) 光伏电站有功功率大幅值变化闭环试验。光伏电站加入水光互补协调运行 AGC，分别选择 1 号、2 号、4 号水电机组中的 1 台、2 台或 3 台机组加入水光互补协调运行 AGC 成组控制，总有功功率设定值不变。

光伏电站手动增加、减有功功率 150MW、200MW、250MW，分次试验（光伏电站可以通过跳各区负荷开关，或通过光伏电站有功功率设值调节），观察并记录水光互补协调运行 AGC 响应情况。

(8) 光伏电站有功功率连续变化闭环试验。光伏电站加入水光互补协调运行 AGC，分别选择 1 号、2 号、4 号水电机组中的 1 台、2 台或 3 台机组加入水光互补协调运行 AGC 成组控制，总有功功率设定值不变。

光伏电站有功功率频繁连续变化（通过光伏电站有功功率设值调节），观察并记录水光互补协调运行 AGC 有功功率分配情况。

4.6.2 负荷曲线给定闭环试验

1. 负荷曲线给定闭环试验（无光伏电站）

(1) 根据正常运行的前三日龙羊峡水电站水电机组运行情况，生成水电站试验日负荷曲线。生成试验负荷曲线，报电网调度审批下达后，按电网调度下达的负荷曲线实施。

(2) 分别选择 1 号、2 号、4 号水电机组中的 1 台、2 台或 3 台机组加入水光互补协调运行 AGC 成组控制。

(3) 投入试验负荷曲线方式，现场试验时可人工选择曲线时长，观察并记录水光互补协调运行 AGC 有功功率分配情况。

2. 负荷曲线给定闭环试验（有光伏电站）

（1）根据正常运行的前三日龙羊峡水电站水电机组运行情况，生成水电站试验日负荷曲线。叠加光伏电站光功率预测日负荷曲线，生成日发电计划曲线，报电网调度审批下达后，按电网调度下达的负荷曲线实施。

（2）光伏电站加入水光互补协调运行AGC，分别选择1号、2号、4号水电机组中的1台、2台或3台机组加入水光互补协调运行AGC成组控制。

（3）投入日发电计划曲线方式，现场试验时可人工选择曲线时长，观察并记录水光互补协调运行AGC有功功率分配情况。

（4）投入日发电计划曲线方式，光伏电站有功功率小幅值变化，现场试验时可人工选择曲线时长，观察并记录水光互补协调运行AGC有功功率分配情况。

（5）投入日发电计划曲线方式，光伏电站有功功率大幅值变化，现场试验时可人工选择曲线时长，观察并记录水光互补协调运行AGC有功功率分配情况。

（6）投入日发电计划曲线方式，光伏电站有功功率连续变化，现场试验时可人工选择曲线时长，观察并记录水光互补协调运行AGC有功功率分配情况。

（7）对比分析实验数据，验证水光互补协调运行后的光伏电站出力曲线平滑效果。

4.7 网调联调试验

1. 试验目的

水光互补协调运行AGC功能及水电站水电机组控制权交电网网调，进行远方AGC控制试验，在网调联调模式实际运行环境进行全面检查测试，在调试过程中对光伏电站发电曲线及龙羊峡水电站补偿后的曲线进行对比分析，对水电站水电机组、调速器等设备调节性能和系统响应及调节时间进行评估，进一步优化调节参数。

2. 试验内容

汇报电网调度同意后，将水光互补协调运行AGC控制方式投“远方”，1号、2号、4号水电机组中参与成组控制试验的水电机组控制方式投“远方”，并安排专人将其他水电机组调速器控制方式由“自动”切至“电手动”，查看参与成组控制AGC的水电机组有功功率分配情况，并验证安全策略。

3. 安全措施

（1）试验前与电网调度核对远传信号的接收、传送正常。

（2）试验过程中，安排人员在机旁调速器控制盘值守。

（3）根据调试要求，投入参与水光互补协调运行成组控制的水电机组，未参与成组控制的水电机组调速器控制方式切为“电手动”方式。

（4）试验结束检查现场各部设备运行正常，并汇报电网调度中心。

4.7.1 有功功率给定网调联调试验

1. 有功功率给定网调联调试验（无光伏电站）

（1）AGC 控制模式切换至电网调度远方控制模式。

（2）分别选择 1 号、2 号、4 号水电机组中的 1 台、2 台或 3 台机组加入水光互补协调运行 AGC 成组控制。

（3）设定总有功功率，以（20～50MW）不同调节幅值分步增加有功功率，记录试验水电机组增至最大有功功率额定出力的有功功率分配情况。

（4）以（20～50MW）不同调节幅值分步减少有功功率，记录减至最小有功功率的有功功率分配情况。

2. 有功功率给定网调联调试验（有光伏电站）

（1）AGC 控制模式切换至电网调度远方控制模式。

（2）光伏电站加入水光互补协调运行 AGC，分别选择 1 号、2 号、4 号水电机组中的 1 台、2 台或 3 台机组加入水光互补协调运行 AGC 成组控制。

（3）设定总有功功率，以（20～50MW）不同调节幅值分步增加有功功率，当试验水电机组增至最大有功功率额定出力时，记录有功功率分配情况。

（4）以（20～50MW）不同幅值分步减少有功功率，当减至最小有功功率时，记录有功功率分配情况。

4.7.2 光伏电站有功功率连续变化联调试验

（1）AGC 控制模式切换至电网调度远方控制模式。

（2）光伏电站加入水光互补协调运行 AGC，分别选择 1 号、2 号、4 号水电机组中的 1 台、2 台或 3 台机组加入水光互补协调运行 AGC 成组控制。

（3）光伏电站有功功率频繁连续变化（通过光伏电站有功功率设值调节），观察并记录水光互补协调运行 AGC 有功功率分配情况。

5 AVC 试验

1. 试验目的

本次试验研究水电机组无功调节能力是否能够取代无功补偿装置，或减少光伏电站无功补偿配置容量，为光伏电站无功补偿配置设计积累经验。

2. 试验步骤

（1）龙羊峡水电站的 AVC 退出。

（2）光伏电站投入无功补偿装置，逐步增加无功功率，观察记录光伏电站侧主变高、低压侧电压变化和龙羊峡电站 330kV 母线电压变化，手动调节水电站无功功率，稳定 330kV 母线电压在电力系统允许范围内，记录无功功率调节值。

（3）光伏电站逐步减少无功功率，观察记录光伏电站侧主变压器高、低压侧电压变化和龙羊峡电站330kV母线电压变化，手动调节水电站无功功率，稳定330kV母线电压在电力系统允许范围内，记录无功功率调节值。

（4）当出现下列情况之一时，即停止试验：光伏电站35kV母线电压超出±10%时（根据试验情况调整超出值）；水电机组进相无功功率超过50Mvar；水轮发电机定子温度超过105℃；龙羊峡水电站6.3kV母线电压超出±10%时。

（5）分析对比试验数据，检验水电站无功补偿效果。

5.1 AVC功能参数设定

（1）水电站3台水电机组参与水光互补协调运行AVC成组控制，光伏电站加入水光互补协调运行AVC控制。

（2）单台水电机组无功功率调节范围：滞相120Mvar，进相0～80Mvar。

（3）水电站电压调节死区0.4kV，水电站无功功率调节死区5Mvar。

（4）水电站电压调节最大变幅3kV。

5.2 AVC功能投退及闭锁条件测试

1. AVC功能投退条件

（1）成组可调条件。水电机组加入水光互补协调运行AVC成组控制、水电机组LCU在线、水电机组发电态、水电机组无事故、水电机组非维护态且励磁系统正常。

（2）AVC功能执行条件（以下条件全部具备）：水光互补协调运行控制系统AVC功能投入；电压给定方式或电压曲线方式投入；至少1台水电机组参与水光互补协调运行AVC成组控制；水电站开关站LCU在线。

（3）延时5s退出条件（以下条件具备其一）：水电机组处于发电态且无功功率数据质量故障；运行水光互补协调运行AVC的两台应用服务器均非主控；水电机组非维护态且非在线；母线电压数据质量全部故障。

（4）延时60s退出条件。AVC控制权投网调且电站与网调通信故障。

（5）水电机组增无功功率闭锁条件（以下条件具备其一）：定子电流越上限；转子电流越上限；机端电压越上限。

（6）水电机组减无功功率闭锁条件为机端电压越下限。

2. 功能投退及闭锁条件测试

（1）检查人机界面上相应逻辑关系是否正确。

（2）按照附表6～附表10所列试验方法逐一测试，观察结果状态是否正确。

（3）按照附表6所述条件逐一破坏其中一条件，观察结果状态显示是否正确。

（4）试验完毕后，恢复闭锁条件至正常运行状态。

附表 6　　水光互补协调运行 AVC 功能执行条件试验

序号	闭锁条件	试验方法	试验结果	备注
1	水光互补协调运行 AVC 功能投入	人工操作		
2	电压给定方式或电压曲线方式投入	人工操作		
3	至少 1 台水电机组成组可调	置值模拟		
4	开关站 LCU 在线	置值模拟		

附表 7　　水电机组成组可调条件试验

序号	闭锁条件	试验方法	试验结果	备注
1	水电机组加入水光互补协调运行 AVC 成组控制	人工操作		
2	水电机组 LCU 在线	置值模拟		
3	水电机组发电态	置值模拟		
4	水电机组无事故	置值模拟		
5	水电机组非维护态	人工操作		
6	励磁系统正常	置值模拟		

附表 8　　水光互补协调运行 AVC 功能退出试验

序号	闭锁条件	试验方法	试验结果	备注
1	水光互补协调运行 AVC 功能退出	人工操作		
2	非维护态水电机组无功测量通道故障	置值模拟		
3	水电机组无功突变	置值模拟		
4	母线电压通道故障	置值模拟		
5	机端电压突变	置值模拟		
6	非维护态水电机组 LCU 离线	置值模拟		
7	两台应用程序服务器主机非主控	置值模拟		
8	AVC 控制权投网调且电站与网调通信故障	置值模拟		

附表 9　　水电机组增无功闭锁条件试验

序号	闭锁条件	试验方法	试验结果	备注
1	定子电流越上限	人工操作		
2	转子电流越上限	置值模拟		
3	机端电压越上限	置值模拟		

附表 10　　水电机组减无功闭锁条件试验

闭锁条件	试验方法	试验结果	备注
机端电压越下限	置值模拟		

5.3 AVC 指令安全测试

1. 试验目的

检验异常情况下，AVC 的处理功能。

2. 安全措施

运行 AVC 程序的应用程序服务器的网线断开，使其脱离监控系统，以保证命令不会下发到水电机组。试验结束后，恢复数据库设置点数据，保证数据库点同监控系统实时数据一致。

3. 试验步骤

(1) 将运行 AVC 程序的应用程序服务器与计算机监控系统主网断开，以保证命令不会下发到发电机组。

(2) 检查人机界面上相应逻辑关系是否正确。按照附表 11 所列试验方法和条件逐一测试，观察结果状态是否正确。

(3) 试验结束后，恢复数据库设置点数据，保证数据库点同监控系统实时数据。

附表 11　　指令安全测试

序号	异常情况	AVC 处理情况	报警		试验方式及安全措施	备注
			画面	事件		
1	电压给定值在调节上下限之外				直接人工操作	
2	电压给定值越变幅				直接人工操作	
3	AVC 未投时，修改电压给定值				直接人工操作	
4	控制权在调度模式下，修改电压给定值				直接人工操作	
5	控制权在厂控模式下，修改调度电压给定值				置值模拟	

5.4 软硬件安全性试验

1. 试验目的

观察应用服务器运行主、备机重启等硬件异常情况下，AVC 能否正确响应、能否避免发出异常指令、水电机组出力及电压能否保持稳定。

2. 试验方法

重启应用服务器或重启计算机监控系统，观察并记录试验结果。

5.5 水光互补协调运行 AVC 开环试验

1. 试验目的

在开环模式进行全面检查测试，验证 AVC 功能。

2. 试验内容

申请调度同意后，投入水光互补协调运行 AVC 功能，站控“开环”模式，使水电机组“可控”，并安排专人将其他水电机组励磁调节器控制方式由“远方”切至“现地”，查看参与水光互补协调运行 AVC 成组控制的水电机组无功功率分配情况，并验证安全策略。

3. 安全措施

（1）试验过程中，安排人员在机旁励磁调节器控制盘值守。

（2）投入水光互补协调运行 AVC 功能，模式为“开环”模式，根据调试要求，投入参与水光互补协调运行 AVC 成组控制的水电机组，未参与成组控制的水电机组控制方式切为“现地”方式。

（3）试验结束后退出水光互补协调运行 AVC，并汇报电网调度中心。

4. 电压给定方式开环试验

（1）分别选择 4 台水电机组中的 1 台、2 台、3 台或 4 台机组加入水光互补协调运行 AVC 成组控制。

（2）设定投入母线电压给定方式，在 344～354kV 之间，改变母线电压给定值，记录无功功率分配情况。

5.6 水光互补协调运行 AVC 闭环试验

1. 试验目的

在“闭环”模式运行环境进行全面检查测试，验证 AVC 功能。

2. 试验内容

申请电网调度同意后，投入水光互补协调运行 AVC，站控“闭环”模式，使水电机组“可控”，并安排专人将其他水电机组励磁调节器控制方式由“远方”切至“现地”，查看参与水光互补协调运行 AVC 成组控制的水电机组无功功率分配情况，并验证安全策略。

3. 安全措施

（1）试验过程中，安排专人在机旁励磁调节器控制盘值守。

（2）投入水光互补协调运行 AVC 功能，根据调试要求，模式为“闭环”模式，投入参与水光互补协调运行 AVC 成组控制的水电机组，未参与成组控制的水电机组励磁系统控制方式切为“现地”方式。

（3）试验结束后退出水光互补协调运行 AVC，并汇报电网调度中心。

5.6.1 电压给定方式闭环试验

1. 电压给定方式闭环试验（无光伏电站）

（1）分别选择 4 台水电机组中的 1 台、2 台或 3 台机组加入水光互补协调运行 AVC 成组控制。

（2）设定投入母线电压给定方式，在 344～354kV 之间，改变母线电压给定值，记录无功功率分配情况。

2. 电压给定方式闭环试验（有光伏电站）

（1）光伏电站加入水光互补协调运行AVC成组试验。

（2）分别选择4台水轮发电机组中的1台、2台或3台机组加入水光互补协调运行AVC成组控制。

（3）设定投入母线电压给定方式，在344～354kV间，改变母线电压给定值，记录无功功率分配情况。

5.6.2 光伏电站最大出力时的AVC闭环试验

（1）选择某个晴天，下午14:00光伏电站出现最大出力时，光伏电站加入水光互补协调运行AVC成组控制。

（2）选择3台水电机组中的1台机组加入水光互补协调运行AVC成组控制。

（3）光伏电站的4套无功补偿装置逐套连续切除。

（4）记录龙羊峡母线电压初始值，观察记录母线电压变化情况，记录无功功率分配调节情况。

5.6.3 光伏电站最小出力时的AVC闭环试验

（1）晚上22:00光伏电站无出力时，光伏电站加入水光互补协调运行AVC成组控制。

（2）选择3台水电机组中的1台机组加入水光互补协调运行AVC成组控制。

（3）光伏电站的4套无功补偿装置逐套连续切除。

（4）记录龙羊峡水电站330kV母线电压初始值，观察记录母线电压变化情况，记录无功功率分配调节情况。

参 考 文 献

[1] 黄河龙羊峡水电站勘测设计重点技术问题总结 [M]. 北京：中国电力出版社，2003.

[2] 全球能源互联网发展合作组织. 中国 2060 年前碳中和研究报告 [R]. 北京：全球能源互联网发展合作组织，2020.

[3] 李晖，刘栋，姚丹阳. 面向碳达峰碳中和目标的我国电力系统发展研判 [J]. 中国电机工程学报，2021，41 (18)：6245-6259.

[4] 肖先勇，郑子萱. “双碳”目标下新能源为主体的新型电力系统：贡献、关键技术与挑战 [J]. 工程科学与技术，2022，54 (1).

[5] 赵争鸣. 太阳能光伏发电及其应用 [M]. 北京：科学出版社，2005.

[6] 安源. 水光互补协调运行的理论与方法研究 [D]. 西安理工大学博士论文，2018.

[7] 重点解决调峰问题 实现可再生能源消纳目标——电力规划设计总院解读《“十四五”可再生能源发展规划》[N]. 中国电力报，2022，6.

[8] 晏志勇，彭程，袁定远，等. 全国水力资源复查工作概述 [J]. 水力发电，2006，32 (1)：8-11，25.

[9] 净玥. 我国的太阳能资源 [J]. 现代家电，2004 (2)：15.

[10] 李春来，杨小库，等. 太阳能与风能发电并网技术 [M]. 北京：中国水利水电出版社，2005.

[11] 黄强，王义民. 水能利用 [M]. 北京：中国水利水电出版社，2009.

[12] 龚传利，王英鑫，陈小松，等. 龙羊峡水光互补自动发电控制策略及应用 [J]. 水电站机电技术，2014 (6)：63-64，114.

[13] 郭鹏慧，段振国. 龙羊峡水电站 AGC 控制策略的研究与实施 [J]. 水电站机电技术，2008，31 (5)：18-20，43.

[14] 朱松林，张劲，吴国威. 变电站计算机监控系统及其应用 [M]. 北京：中国电力出版社，2008.

[15] 朱松林，张劲，乐全明，等. 变电站计算机监控系统相关技术 [M]. 北京：中国电力出版社，2009.

[16] 张毅，王德宽，王桂平，等. 面向巨型机组特大型水电站监控系统的研制开发 [J]. 水电自动化与大坝监测，2008 (1)：24-29.

[17] 刘娟楠，王守国，王敏. 水光互补系统对龙羊峡水电站综合运用影响分析 [J]. 电网与清洁能源，2015，31 (9)：83-87.

《大规模清洁能源高效消纳关键技术丛书》编辑出版人员名单

总 责 任 编 辑　王春学
副总责任编辑　殷海军　李　莉
项 目 负 责 人　王　梅
项 目 组 成 员　丁　琪　邹　昱　高丽霄　汤何美子　王　惠
　　　　　　　　蒋雷生

《新型能源消纳——水光互补研究与实践》

责任编辑　李　莉　丁　琪
封面设计　李　菲
责任校对　梁晓静　张伟娜
责任印制　冯　强